명상하는 뇌

Altered Traits
by Daniel Goleman and Richard J. Davidson

명상하는 뇌

1판 1쇄 발행 2022. 5. 1.
1판 5쇄 발행 2024. 6. 10.

지은이 대니얼 골먼·리처드 데이비드슨
옮긴이 김완두·김은미

발행인 박강휘
편집 태호 디자인 조명이 마케팅 윤준원 홍보 최정은
발행처 김영사
등록 1979년 5월 17일(제406-2003-036호)
주소 경기도 파주시 문발로 197(문발동) 우편번호 10881
전화 마케팅부 031)955-3100, 편집부 031)955-3200 | 팩스 031)955-3111

값은 뒤표지에 있습니다.
ISBN 978-89-349-4360-0 03400

홈페이지 www.gimmyoung.com 블로그 blog.naver.com/gybook
인스타그램 instagram.com/gimmyoung 이메일 bestbook@gimmyoung.com

좋은 독자가 좋은 책을 만듭니다.
김영사는 독자 여러분의 의견에 항상 귀 기울이고 있습니다.

뇌를 재구성하는
과학적 마음 훈련

명상하는 뇌

Altered Traits

Science Reveals How Meditation Changes
Your Mind, Brain, and Body

대니얼 골먼×리처드 데이비드슨
김완두 · 김은미 옮김

김영사

한국 독자에게

우리의 책이 한국에 번역 출간된다는 소식을 들으니 무척 기쁩니다. 우리는 지난 10년간 명상과학 연구가 얼마나 빠르게 발전하고 있는지 이 책에 소개했습니다. 이 책이 한국의 명상 문화 발전에 작은 보탬이 될 수 있다면, 그리고 한국 문화에 깊이 자리하고 있는 명상을 재발견할 수 있는 기회가 될 수 있다면, 우리의 노력은 헛되지 않았다고 생각합니다. 나아가 한국의 훌륭한 과학자들이 명상을 접하고 세계의 명상과학 연구에 기여할 수 있도록 동기 부여가 된다면 더할 나위 없이 행복할 것 같습니다.

2020년 초 이후 코로나19의 세계적인 대유행으로 전 지구적인 삶의 위기가 찾아왔습니다. 그리고 이번 팬데믹이 곧 끝난다 할지라도 언제 또 이러한 위기가 닥칠지 모릅니다. 인류의 웰빙을 지속적으로 증진할 수 있는, 간편하면서도 널리 보급할 수 있는 방법이 절실히 필요합니다. 이 책이 그러한 방법을 모색하는 프로그램과 프로젝트를 촉발할 수 있기를 바랍니다. 또한 그 과정에서 한국인들이 가장 앞장서기를, 세계의 본보기가 되어주기를 간절히 기도합니다.

대니얼 골먼Daniel Goleman

리처드 데이비드슨Richard J. Davidson

뇌를 바꾸고 싶다면 어떻게 해야 할까? 혹자는 뇌에 전자 칩을 심거나 컴퓨터를 연결시키는 방법을 꿈꾸기도 하고, 혹자는 뇌의 능력치를 높여주는 약물에 기대를 걸기도 한다. 하지만 기계나 약물을 사용하지 않고도 뇌를 업그레이드하는 근본적인 방법이 존재한다. 바로 '명상'이다.

명상의 원리는 과학적으로 규명되었을까? 자주 받는 질문이다. 실제로 명상에 대해서는 사실에 근거하지 않은 많은 기대와 환상들이 존재해왔다. 그러나 지난 수십 년 동안 의학과 신경과학 분야에서 세계 최고 수준의 명상 수행자들과 일반인들을 대상으로 엄격한 실험 기준을 적용한 많은 연구가 이루어졌다. 이 책에는 바로 그러한 명상에 대한 과학적 연구들의 결과가 집대성되어 있다. 장기간에 걸친 명상은 뇌의 감정 조절 능력과 스트레스 반응성, 면역 체계를 바꿔놓고, 주의력과 사고의 통제력을 더 예리하게 변화시키며, 타인의 관점과 감정을 공감하고 이해하는 능력을 높인다. 명상이 어떻게 인간의 뇌를 변화시킬 수 있는지 과학에 기반을 둔 최신 연구들을 알고 싶다면, 꼭 이 책을 읽어보길 권한다. 진지한 호기심과 애정, 그리고 과학을 기반으로 한 이 책은 명상에 대한 더 깊은 이해를 돕는다.

장동선○궁금한 뇌 연구소 대표, 《뇌 속에 또 다른 뇌가 있다》 저자

당신의 삶을 바꿀 수도 있는 책! 명상이 가진 힘을 보여줄 뿐 아니라, 최대의 효과를 거둘 수 있는 현명한 수련법도 제시한다. 알아차림과 연민으로 가득하고 더 만족스러운 삶으로 안내한다.

아리아나 허핑턴 ○ 허핑턴포스트(현재 허프포스트) 창립자, 《수면 혁명》 저자

강력하고 유쾌하며 획기적이다. 마음챙김과 연민 훈련이 우리 한 사람 한 사람에게, 나아가 지구 전체에 어떻게 도움이 되는지 펼쳐 보인다. 지금까지 읽은 책 중 가장 흥미진진하다!

차드 멍 탄 ○ 전前 구글 소프트웨어 엔지니어, 《너의 내면을 검색하라》 저자

명상에는 심오한 무언가가 있다는, 학생 시절에 함께 공유했던 직감으로부터 성장한 두 저자의 경이로운 앙상블! 이 책은 그 이후에 발견한 것과 이 시점에 그것이 인류에게 결정적으로 중요한 이유를 들려준다.

존 카밧진 ○ MBSR 프로그램 창시자, 《왜 마음챙김 명상인가》 저자

현실적 과학 저널리스트와 선구적 신경과학자의 절묘한 듀엣이 만들어낸 역작! 마음 훈련이 어떻게 뇌와 자아의식을 변화시키는지 밝히고, 더 큰 행복과 의미, 가치를 창조하도록 영감을 준다.

대니얼 시겔 ○ UCLA 정신의학과 임상교수, 《아직도 내 아이를 모른다》 저자

세계에서 가장 저명한 심리학자와 과학 저널리스트가 내놓은 명상과학에 관한 최고의 걸작! 철저한 연구를 통해 명상을 깊이 있게 조명했다. 인간 마음의 숨겨진 잠재력에 관심이 있는 사람이라면 반드시 읽어봐야 한다.

대니얼 길버트○하버드대 심리학과 교수, 《행복에 걸려 비틀거리다》 저자

명상의 효과에 관한 숱한 주장에서 옥석을 가릴 수 있게 돕는다. 오랜 명상 경험과 요즘 늘어나고 있는 과학적 연구들을 토대로 한 이 책은 우리의 삶을 변화시키는 명상의 힘을 조명한다.

조셉 골드스타인○통찰명상협회 공동설립자, 《통찰 명상》 저자

용기 있는 뛰어난 두 개척자의 놀라운 협업! 마음을 변성시키는 데 명상이 미치는 놀라운 영향과 그 과학적 근거, 그리고 실질적인 현실을 공유한다.

빌 조지○하버드대 경영대학원 교수, 《최고는 무엇이 다른가》 저자

차례

Altered Traits

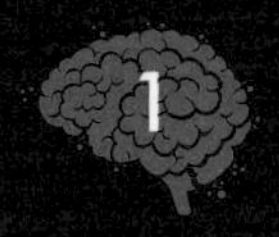

깊고 넓은 명상과학의 세계

청량한 어느 가을 아침, 스티브 대령은 미국 국방부 건물 펜타곤에서 한창 일하는 중이었다. 갑자기 '찢어질 듯한 굉음'이 들리더니 집무실 천장이 무너져 내렸다. 스티브는 잔해 더미에 깔려 의식을 잃고 쓰러졌다. 그날은 바로 2001년 9월 11일이었다. 스티브가 근무하는 사무실 근처 빌딩에 여객기가 충돌했던 것이다.

비행기 동체가 폭발하며 화염 덩어리가 스티브의 사무실을 휩쓸고 지나갔지만, 그는 건물 잔해에 파묻혀 있었기에 목숨을 구할 수 있었다. 스티브는 큰 충격을 받았지만 나흘 뒤 업무에 복귀했고, 며칠 밤을 지새우며 미친 듯이 일해야 했다. 얼마 지나지 않아 그는 1년간 진행되는 이라크 근무에 자원했다.

"극도의 경계심 없이는 쇼핑몰조차도 돌아다닐 수 없었죠. 그래서 이라크로 떠났습니다. 사람들이 어떤 눈으로 쳐다보는지, 늘 신경이 곤두서 있었어요. 완전히 경계 태세로 살았던 거예요.

엘리베이터도 탈 수 없었고, 도로가 막히면 갇혀버린 느낌이 들었어요."

스티브는 외상 후 스트레스 장애Post Traumatic Stress Disorder; PTSD의 전형적인 증상을 겪고 있었다. 그러던 어느 날, 더는 이런 상황을 감당할 수 없음을 깨달았다. 그래서 결국 심리치료사를 찾아갔고, 지금까지도 상담을 받고 있다. 그때 심리치료사가 조심스레 마음챙김 명상mindfulness meditation을 권했다. 스티브는 그때를 이렇게 회상한다.

"마음챙김 명상에는 마음을 좀 더 평온하게 하고, 스트레스를 줄이고, 즉각적으로 상황에 반응하지 않도록 돕는 무언가가 있었어요."

마음챙김 명상을 계속해나가며 자애 명상loving-kindness meditation을 추가하고 집중 수련retreat에도 참여한 결과, PTSD 증상이 나타나는 빈도가 점차 줄어들었고 강도도 약해졌다. 짜증 나고 안절부절못하는 불안 증상은 지금도 간혹 나타나지만, 이제는 그런 증상이 다가오고 있다는 걸 알아차릴 수 있다.

스티브와 같은 사례를 접하면 새삼 명상을 주목하게 된다. 이 책을 공동 집필한 우리, 대니얼 골먼(이하 '댄'으로 약칭) 박사와 리처드 데이비드슨(이하 '리치'로 약칭) 박사는 성인이 된 후로도 꾸준히 명상을 수련해왔다. 그래서 명상에 헤아릴 수 없이 많은 이점이 있음을 잘 알고 있다.

한편 우리 둘 다 과학적 기반에 토대를 두는 학자로서, 이런 이점을 말하기 전에 잠깐 주저하게 되는 것도 사실이다. 명상의 효과로 일컬어지는 것들이 실제로 엄격한 연구를 거쳐 입증된 것은 아니기 때문이다. 그래서 우리는 명상에 어떤 효과가 있고 어떤 효과는 없는지 분명히 밝히는 연구를 시작했다.

명상에 대해 알려진 것들 중 잘못된 정보가 있을 수 있다. 또한 명상에 관한 진실이 전부 다 알려지지 않고 남아 있을 수도 있다.

스티브의 예를 보자. 무수히 많은 사람이 이런 사례를 들려주었고 다양한 형태로 반복되어왔다. 그들은 마음챙김 명상 같은 명상법 덕분에 증상이 완화되었다고 했다. PTSD 환자뿐만 아니라 사실상 모든 정서장애 환자가 그렇게 이야기하기도 한다.

고대로부터 이어져 내려온 명상 수행법의 하나인 마음챙김 명상은 본래 치료 목적으로 고안된 것이 아니다. 최근에야 이 명상법이 현대인들이 겪는 모든 형태의 불안에 대한 치료제로 이용되기 시작했다. 원래 명상의 목적은 우리 존재의 심오한 변성alteration을 향한 마음을 깊이 탐구하는 데 있다. 실제로, 일부 수행 집단에서는 오늘날까지도 명상의 본래 목적을 고수하고 있다.

스티브가 정신적 충격에서 회복하는 데 마음챙김 명상이 도움이 된 것처럼, 명상을 실용적으로 응용하려는 이 같은 시도들이 광범위하게 호응을 얻고 있다. 이런 시도는 명상의 본래 목적처럼 깊이 나아가지는 않는다. 이렇게 폭넓은 접근법은 일반 대중이 다가가기가 쉬워서, 일상에서 최소한의 명상이라도 접할 수 있는 길을 열어주고 있다.

명상을 수련하는 데는 두 가지 길이 있다. 하나는 깊이를 추구하는 길이고, 다른 하나는 넓이를 추구하는 길이다. 이 두 가지 길은 서로 상당히 다르지만 종종 혼동되곤 한다.

깊이를 추구하는 길은 두 가지 수준으로 구현된다. 하나는 그야말로 순수한 형태의 명상 수행법으로, 예를 들면 동남아시아의 상좌부 불교나 티베트 수행자들이 전통적으로 수행해온 방식이다(이들 수행자를 대상으로 한 연구 결과는 11장에서 살펴볼 것이다). 우리는 이런 가장 집중적인 유형의 수련을 '제1수준'이라 부를 것이다.

이러한 전통적인 요소가 서구 사회로 유입되면서 승려나 수행자와 같은 삶의 방식이 일부 제거되고, 서구의 입맛에 맞는 형태로 바뀌어왔다. 아시아의 전통 수행 정신은 그대로 계승하되, 문화적 차이로 발생한 오해 혹은 방해될 만한 요소들을 뺀 형태의 수련을 '제2수준'이라 한다.

이와는 달리 넓이를 추구하는 접근법도 존재한다. '제3수준'에서는 동일한 명상 수련법들을 영적인 맥락을 제거한 후 일반 대중에게 전파한다. 우리와도 친한 존 카밧진Jon Kabat-Zinn이 창시한 '마음챙김에 기반한 스트레스 완화 프로그램Mindfulness-Based Stress Reduction; MBSR'이 바로 여기에 해당한다. 현재 수천 곳에 달하는 병원과 치료 센터, 그 외의 다양한 시설에서 MBSR를 가르치고 있다. 또 하나의 예로는 초월 명상Transcendental Meditation; TM을 들 수 있는데, 고전적인 만트라 수련자들이 초월 명상을 편하게 이용할 수 있는 형태로 바꿔 현대인들에게 보급하고 있다.

'제4수준'으로는, 훨씬 더 폭넓게 접근 가능한 명상 형태들이 해당된다. 필연적으로 영적인 색채가 가장 희석되어 있다. 그래야 많은 사람이 손쉽게 이용할 수 있기 때문이다. 현재 유행하는 기업 명상 교육이나 쉽게 다운로드받을 수 있는 명상 앱 등이 이 수준에 해당한다.

'제5수준'의 등장도 예상할 수 있다. 지금은 미완의 형태로 존재하지만, 시간이 흐르면 아마 그 수가 점차 증가할 것이고 적용 범위도 넓어질 것이다. 제5수준에서는 과학자들이 연구를 통해 얻은 성과로 혁신과 변형을 이끌 것이고, 덕분에 가장 광범위한 사람들이 혜택을 누릴 것이다. 제5수준의 잠재력은 마지막 장에서 살펴보기로 한다.

우리는 명상을 처음 접했을 때부터 제1수준에서 일어나는 심도 깊은 변형transformation에 매료되었다. 댄은 고대 문헌들을 조사하고 책에 묘사된 방법들을 실천했다. 특히 대학원 재학 시절과 졸업 직후에는 인도와 스리랑카에서 2년 동안 머물면서 더욱 수련에 매진했다. 리치 역시 댄을 따라 아시아에 가서 장기간 체류하면서 집중 수련에 임했고, 명상학자들도 만났다. 최근에는 위스콘신 대학교 연구실에서 전문가 수준의 명상가들의 뇌를 스캔하며 연구를 이어가고 있다.

우리가 그동안 행해온 명상 수련은 주로 제2수준에서 이루어져왔다. 하지만 수련을 처음 시작할 때부터 넓이를 추구하는 방식인 제3수준과 제4수준 역시 중요하게 생각했다. 아시아에서 만난 스승들은 "명상이 고통 완화에 도움이 된다면, 영적 수행자뿐 아니라 일반인들도 혜택을 볼 수 있어야 하지 않을까"라고 말씀하시곤 했다. 우리는 스승들의 조언을 받아들여 명상이 인지적·감정적 효과를 낼 수 있는 방법들을 연구해왔고, 그 결과를 박사 논문에 담았다.

이 책에서 우리가 들려줄 이야기는 개인으로서 그리고 연구자로서 거쳐온 여정을 그대로 담고 있다. 우리는 하버드에서 대학원을 다니던 1970년대부터 지금까지 가까운 친구이자 공동 연구자로 함께해왔다. 또한 비록 통달의 경지 근처에도 도달하지 못했지만, 내면을 성찰하는 기술인 명상을 수련해왔다.

우리 둘 다 심리학자로 훈련받았지만, 이 책을 쓰는 데는 보완적인 방법도 활용했다. 댄은 10년 이상 《뉴욕 타임스New York Times》에 글을 실어온 노련한 과학 저술가다. 리치는 위스콘신대학교에 건강한 마음 센터Center for Healthy Minds를 설립해 센터장을 맡고 있는 신경과학자다. 또한 같은 대학교 와이즈먼 센터Waisman Center 뇌 영상brain imaging 연구실도 지휘하고 있다. 이 연구실은 자체 기능성 자기공명영상functional Magnetic Resonance Imaging; fMRI과 양전자 단층촬영Positron Emission Tomography; PET 스캐너 장비를 구비하고 수백 대의 서버를 이용해 최첨단 데이터 분석 프로그램들을 돌린다. 리치의 연구팀에는 백여 명의 전문가가 있다. 물리학자, 통계학자, 컴퓨터과학자부터 신경과학자와 심리학자는 물론이고 명상 연구자들까지, 아주 다양한 전문가가 포진해 있다.

함께 책을 저술하는 작업은 무척 까다로웠다. 몇 차례 곤란한 상황도 겪었다. 하지만 함께 일하며 느낀 순수한 기쁨이 모든 단점을 덮을 정도였다. 우리는 수십 년 동안 절친한 친구였지만, 직업상 대부분의 기간 동안 따로따로 일해왔다. 이 책은 우리가 다시 함께 작업할 수 있도록 해주었고 커다란 기쁨을 안겨주었다.

당신이 지금 손에 들고 있는 바로 이 책은, 우리가 늘 쓰고 싶었으나 지금까지는 쓸 수 없었던 책이다. 우리의 생각을 뒷받침할 수 있을 정도로 과학이 발전하고 데이터가 축적된 것은 최근에 들어서다. 이제 주춧돌이 놓였으니 즐거운 마음으로 이를 독자들과 공유하고자 한다.

독자들과 의미 있는 여정을 함께하게 되어 기쁘다. 우리의 목표는 명상이 실제로 주는 이점과 사실이 아닌 것 그리고 수행의 진정한 목적을 근본적으로 재해석해 명상에 대한 논의를 더 높은 차원으로 끌어올리는 것이다.

깊은 길

1974년 가을, 인도에서 돌아온 리치가 하버드 대학교에서 정신병리학 세미나에 참석했을 때의 일이다. 담당 교수가 리치를 의미심장하게 흘끗 보더니 깜짝 놀랄 말을 했다. "어떤 사람이 정신

분열증을 앓고 있는지 아닌지는 그 사람의 복장을 보면 알 수 있어!" 머리는 길게 기른 데다 그 시절 케임브리지의 시대정신에 걸맞은 복장, 예를 들어 허리에 벨트 대신 실로 짠 화려한 색상의 띠를 맨다든지 하는 옷차림을 보고 한 말이었다.

이런 일도 있었다. 리치가 하버드 대학교의 교수 한 분께 명상을 주제로 논문을 작성하고 싶다고 하자, 바로 퉁명스러운 반응이 돌아왔다. "그건 자네 경력을 끝장내는 일이야!"

댄도 만트라mantra를 이용한 명상의 효과에 대한 연구를 시작했을 때 비슷한 일을 겪었다. 임상심리학 교수 중 한 명이 소식을 전해 듣고는 의심이 물씬 배어나는 말투로 이렇게 물었다. "내가 담당하고 있는 강박증 환자가 끊임없이 입 밖으로 내뱉는 '제기랄, 제기랄, 제기랄'이라는 말과 만트라가 뭐가 어떻게 다르단 말인가?"• 강박증 환자가 뱉어내는 욕설은 비자발적인 정신병리학적 증상이지만, 조용히 만트라를 반복하는 것은 집중을 위한 자발적이고 의도적인 방법이라고 설명해드렸다. 그러나 그 교수는 전혀 이해하지 못하는 듯했다.

당시 하버드 대학교 학과장들의 전형적인 반응과 같았다. 그들은 의식consciousness에 관한 것이라면 자동 반사적으로 부정적인 반응을 보였다. 어쩌면 티모시 리어리Timothy Leary와 리처드 앨

• 아마도 강박장애가 아니라 투렛 증후군Tourette Syndrome인 사람들이 이따금 폭발적으로 쏟아내는 욕설을 말하는 것일 테지만, 1970년대 초반에는 임상심리학으로 투렛 증후군이라는 진단을 내리는 데 아직 익숙하지 않아 이렇게 표현했을 것이다.

퍼트Richard Alpert가 관련된 악명 높은 사건 때문에 트라우마를 얻은 건 아닐까. 리어리와 앨퍼트가 하버드 학부생들을 대상으로 환각제를 실험했는데, 학과에서 방관하고 있다가 대소동이 벌어졌고 둘이 공개적으로 쫓겨나는 일이 있었기 때문이다. 우리가 하버드에 입성한 것은 그로부터 5년 후의 일이었지만, 여전히 여파가 남아 있었다.

학교에서 만난 교수님들은 명상 연구에 전망이 없다고 했지만, 우리는 엄청난 가능성을 봤다. 명상으로 인한 기분 좋은 상태 너머에 진정한 명상 효과가 있을 것이며, 그것이 바로 지속적으로 유지되는 명상의 **특성**이라고 생각했다.

'변성된 특성altered trait', 즉 명상 수련으로 생기는 새로운 특성은 명상 자체와는 별도로 지속된다. 변성된 특성들은 일상생활에서 우리의 행동 방식을 이루게 된다. 이건 명상할 때만 혹은 직후에만 일어나는 변화가 아니다.

우리는 평생에 걸쳐 '변성된 특성'이라는 개념을 밝히고자 했다. 둘의 노력이 결합되면서 그 비밀을 밝혀낼 수 있었다. 댄은 인도에서 수년간을 보낸 적이 있다. 아시아의 명상 전통들은 변성된 특성을 생성해내는 원천 자원과 방법을 보유하고 있다. 댄은 이러한 전통들을 몸소 경험하고 체험한 초창기 서구인 중 한 명이었다. 댄은 미국으로 돌아온 후 명상에서 오는 유익한 변화들, 그리고 이러한 변화를 얻기 위한 고대의 효과적인 모델들을 현대 심리학에 전파하려 했지만 성공을 거두지 못했다.

리치는 지속적으로 명상을 수련하면서 변성된 특성에 대한 우리의 이론을 뒷받침할 과학적 연구를 수십 년간 계속했다. 리치의 연구팀은 이제 공상 같은 이야기로 치부될 수도 있었던 명상에 대해 신뢰성을 부여하는 데이터를 만들어내고 있다. 또한 그는 이제 막 싹이 튼 연구 분야인 명상신경과학contemplative neuroscience 분야의 선구자로서 차세대 과학자 육성에도 힘쓰고 있다. 그들은 변성된 특성에 대한 증거를 바탕으로 연구를 수행하고 있으며, 그 결과로 또 다른 증거들을 찾아내는 중이다.

'넓은 길'에 대한 흥분의 쓰나미가 한바탕 휩쓸고 지나간 후에 또 다른 경로가 있다는 사실이 망각되는 경우가 종종 있다. 바로 '깊은 길'이 있다는 사실 말이다. 깊은 길이야말로 늘 명상의 진정한 목표다. 우리가 생각하는 명상의 가장 강력한 효과는 건강 개선이나 업무 능력 향상이 아니라, 우리의 더 나은 본성을 향해 나아가 변성된 특성을 발현할 수 있도록 해준다는 것이다.

깊은 길과 관련해서 끊임없이 새로운 발견들이 쏟아지면서, 우리가 지닌 긍정적 잠재력의 상한선에 대한 과학적 모델들이 뚜렷하게 드러나고 있다. 깊은 길을 따라 더 멀리 나아가면 갈수록 무아selflessness, 평정심equanimity, 사랑 가득한 현존loving presence 그리고 편향 없는 연민심impartial compassion과 같은 지속 가능한 특성들, 다시 말해 고도로 긍정적인 변성된 특성들이 함양된다.

연구를 처음 시작했을 때, 우리는 명상의 이러한 효과가 현대 심리학에 큰 뉴스거리가 될 수 있으리라 생각했다. 우리 말에 귀를 기울여주기만 한다면 말이다. 여기서 한 가지 인정하고 넘어가야 할 문제가 있다. 사실 처음에는 '변성된 특성'이라는 개념을 뒷받침해줄 근거가 희박했다. 고도로 숙련된 아시아 수행자들과의 만남, 고대 명상 문헌들에 실린 주장, 비록 초보 수준이지만 이 내면의 기술을 우리 스스로 시도하면서 느꼈던 직감이 이론의 전부였다. 하지만 수십 년의 세월 동안 침묵과 무관심 속에서 연구를 지속해온 끝에, 지난 몇 년간 우리가 초기에 가졌던 직감이 맞음을 보여주는 수많은 연구 결과가 쏟아져 나왔다. 최근에 이르러서야 과학적 데이터가 우리의 직감과 고대 문헌에서 나온 주장을 뒷받침한다는 것을 확인할 수 있었다. 변성된 특성이라는 커다란 변화는 바로 현저하게 다른 뇌 기능이 외부로 드러난 신호였다.

그런 데이터의 상당수는 리치의 연구소에서 나온 것으로, 수십 명의 티베트 수행자를 대상으로 연구한 결과들을 축적한 것이다. 깊은 경지에 이른 수행자 수십 명을 연구 대상으로 삼은 것은 어디에서도 유례가 없는 일이다.

이 놀라운 연구 협력자들은 줄곧 세계의 주요 영적 전통에서 살아 숨 쉬고 있었다. 등잔 밑이 어둡다고, 우리가 미처 알아보지 못했을 뿐이다. 이들은 현대의 사고로는 이해하지 못했던 존재방식이 실재한다는 과학적 논거를 구축하는 데 중요한 역할을 하고 있다. 이제 우리는 존재의 심오한 변화에 대한 과학적 결과를 독자들과 함께 공유할 수 있게 되었다.

이러한 변성된 특성은 '인간의 가능성'에 대한 심리학의 관념적 한계를 극적으로 끌어올리는 변형이다. 깊은 길의 목표인 '깨달음awakening'이라는 개념은 현대의 정서로 보면 기이한 동화처럼 느껴질 것이다. 하지만 리치의 연구소에서 내놓은 연구 결과는 뇌와 행동에 주목할 만한 긍정적 변형들이 일어난다는 사실을 명확히 보여주며, 깊은 길을 추구해온 이들이 오랫동안 묘사해온 것과 같이 그저 신화가 아니라 현실이라는 것을 확신시켜준다.

넓은 길

우리는 '마음과 삶 연구소Mind and Life Institute'의 이사로 활동해왔다. 마음과 삶 연구소는 원래 달라이 라마Dalai Lama와 과학자들이 광범위한 주제에 대해 집중적인 대화를 나누고자 설립되었다.[1] 2000년, 리치를 비롯해 인간 감정에 정통한 최고 전문가들을 모시고 '부정적인 감정'을 주제로 행사를 열었다.[2] 한창 대화가 무르익고 있는데, 달라이 라마가 리치 쪽으로 몸을 돌리더니 우리의 구미를 확 당기는 도전 과제 하나를 제시했다.

달라이 라마는 티베트 불교의 전통에는 오랜 세월을 거쳐 검증된, 부정적인 감정들을 길들이는 데 효과가 있는 다양한 수련법이 있다고 했다. 그러니 이러한 수련법에서 종교적인 색채를 걷어내고 리치의 연구소에서 엄밀히 시험해보자고 제안했다. 만약 그 방법들이 부정적인 감정들을 완화하는 데 도움이 된다면, 많은 사람에게 널리 전파할 수 있을 터였다.

달라이 라마의 조언이 우리 가슴에 불을 지폈다. 그날 밤, 그 후로도 며칠 밤 동안, 우리 둘은 저녁식사 자리에서 이 책에서 다뤄질 연구의 대략적인 방법을 논의하기 시작했다.

달라이 라마가 던져준 도전 과제가 계기가 되어, 리치는 자신이 지휘하는 연구소의 자원을 재정비했다. 다시 말해, 깊은 길과 넓은 길의 서로 다른 효과를 검증하는 데 매진하기 시작한 것이다. 그리고 건강한 마음 센터의 설립자이자 센터장으로서, 증거에 기반한 유용한 응용 사례를 만들어내는 데 박차를 가하기 시작했다. 미취학 아동을 위한 친절 프로그램에서부터 PTSD를 앓는 재향군인들을 위한 치료까지, 학교, 병원, 기업, 심지어 경찰에 적용할 수 있는 프로그램까지.

달라이 라마의 권고는 넓은 길, 다시 말해 전 세계에서 환영받는 명상법을 뒷받침하는 과학 연구를 촉발하는 계기가 되었다. 덕분에 넓은 길에 대한 소문이 블로그와 트위터를 장식하더니, 급기야 간편한 명상 앱들까지 등장했다. 예컨대, 우리가 이 글을 쓰고 있는 이 시점에도 마음챙김 명상의 물결이 지속되고 있고, 수십만 명, 어쩌면 수백만 명이 마음챙김 명상을 수련하고 있다.

그렇지만 마음챙김 명상(혹은 다른 다양한 명상)을 과학이라는 렌즈를 통해 보게 되면, 다음과 같은 질문을 하게 된다. 명상은 언제 효과가 있고, 언제 효과가 없는가? 이 방법은 모든 사람에게 도움이 되는가? 명상의 이점은 운동의 이점과 어떤 차이가 있는가? 우리는 바로 이런 질문들에 답하기 위해 이 책을 쓰게 되었다.

명상은 무수한 종류의 명상 수련을 포괄하는 두루뭉술한 용어다. 광범위한 체육 활동들을 칭하는 운동이라는 단어와 비슷하다. 운동과 명상 모두 당신이 실제로 무엇을 하느냐에 따라 최종적인 결과가 달라질 수 있다.

여기서 명상 수련을 이제 막 시작하려는 이들 혹은 이런저런 수련법을 살짝 맛만 보아온 사람들에게 실질적으로 도움이 되는 조언을 몇 가지 하고자 한다. 어떤 운동에서 특정 기술을 습득할 때와 마찬가지로 명상을 할 때도 자신에게 맞는 방법을 찾아 꾸준히 수련해야 한다. 그래야 최대의 효과를 볼 수 있다. 일단 자신에게 맞는 명상법을 찾아내고, 매일 실제로 수련할 수 있는 시간을 정하고(단 몇 분이라도 좋다), 한 달 동안 수련을 해보라. 그 후 느낌이 어떤지 살펴보라.

규칙적으로 운동을 하면 더 건강해지듯이, 어떤 명상법이든지 명상 수련을 지속하면 대부분 정신 건강에 도움이 될 것이다. 앞으로 우리가 살펴보겠지만, 이런저런 유형의 명상법에서 취할 수 있는 특정 효과들은 수련에 투입하는 총 시간이 많으면 많을수록 더 커진다.

냉정한 시각

스와미 X, 우리는 그를 이렇게 부르고자 한다. 스와미 X는 우리가 하버드 대학원을 다니던 시절인 1970년대 중반에 아시아에서 미국으로 물밀듯이 몰려든 명상 스승 중 한 명이었다. 그는 우리에게 접근해 와서는 하버드 과학자들이 자신의 요가 역량을 연구 대상으로 삼겠다면 기꺼이 응할 의사가 있노라고 했다. 그리고 연구해보면 자신의 주목할 만한 능력들이 확인될 거라고 했다.

당시는 새로운 기술이었던 바이오피드백biofeedback에 대한 열광이 최고조에 이르렀던 시기였다. 바이오피드백이란 사람들에게 의식적으로 통제할 수 없는 생리 기능, 예컨대 혈압에 대한 정보를 실시간으로 제공하는 기술이다. 바이오피드백 덕분에 사람들은 자신의 신체 활동을 좀 더 건강한 방향으로 유도할 수 있게 됐다. 스와미 X는 자신은 바이오피드백의 도움 없이도 생리 기능을 통제할 수 있다고 주장했다.

기량이 뛰어나 보이는 피험자를 운 좋게 우연히 만났으니, 우리의 기쁨은 이루 말할 수 없이 컸다. 다행히 우리는 비공식적으로 하버드 의과대학교 매사추세츠 정신건강센터Massachusetts Mental Health Center의 생리학 실험실 사용을 허락받았다.*

* 심리학과 교수 데이비드 샤피로David Shapiro가 운영하는 연구실로, 그 연구팀에 소속된 다른 연구자들로는, MBSR의 창시자인 존 카밧진, 그리고 당시 매사추세츠 정신건강센터의 심리학과 인턴이었으며 나중에 듀크대 의과대학의 정신의학과 행동의학 분야 교수

그런데 이게 웬일이란 말인가. 드디어 스와미 X의 역량을 시험해볼 수 있는 날이 되어 그에게 혈압을 낮춰보라고 요청했지만 오히려 혈압이 올라갔다. 반대로 혈압을 올려보라고 하자 거꾸로 혈압이 내려갔다. 시험 결과를 알려주자 스와미 X는 우리가 자신에게 "독이 든 차"를 줘서 능력을 발휘하지 못하게 했다고 억지를 썼다.

생리학적 기록을 확인하자 스와미 X는 호언장담하던 정신적 재주들 중 아무것도 보여줄 수 없다는 사실이 드러났다. 용케도 심장에 잔떨림atrial fibrillation(심방 근육이 국부적으로 불규칙하고 잦은 수축 운동을 하는 병적인 상태—옮긴이)을 일으키는 데 성공하기는 했다. 생물학적 재주라기에는 위험성이 높았다. 그때 사용한 방법을 그는 "개 삼매三昧(dog samadhi)"라고 했다. 그게 무슨 의미인지는 지금도 알 수 없다.

스와미 X는 비디(인도 전역에서 유행하는 싸구려 담배로, 담뱃잎 몇 조각을 그냥 식물의 잎으로 감싼 것)를 피우러 남자 화장실로 사라지는 일도 종종 있었다. 얼마 지나지 않아 인도에 있는 친구들에게 텔레그램을 받고 알게 되었는데, 자칭 '스와미'는 사실 신발 공장의 전직 공장장으로 아내와 두 아이를 버리고 큰돈 한번 벌어보겠다고 미국으로 건너온 사람이었다.

가 된 리처드 서위트Richard Surwit 등이 있었다. 데이비드 샤피로는 그 후 하버드를 떠나 UCLA 교수진에 합류했는데, 거기서 요가의 생리적 효과에 대해 연구했다.

스와미 X는 제자들을 끌어모으기 위한 홍보 수단으로 우리를 이용하려 했던 게 분명하다. 그후 그는 실제로 사람들 앞에서 하버드 과학자들이 자신의 명상 역량을 연구했었다고 주장했다. 과학적 연구 대상이 된 경험을 재가공해 과대광고로 활용한 초창기 사례라고 볼 수 있다.

이와 같은 교훈적 사건들을 염두에 둘 때, 오늘날의 명상 연구 물결을 개방적이지만 회의적인 시각으로 바라보게 된다. 사실 그것이 올바른 과학자의 마음가짐이기도 하다. 마음챙김 운동mindfulness movement이 등장해 학교, 기업은 물론이고 사적인 삶의 영역까지 급속도로 확산되는 것을 보면서(광범위한 접근법이란 말이 딱 들어맞는다) 보통은 마음이 흡족해진다. 하지만 연구 결과가 너무 자주 왜곡되고 과장되어 과학이 판촉물처럼 이용되는 것을 보면 한숨이 절로 나온다.

명상과 돈벌이의 결합은 강매, 실망, 심지어 스캔들과 같은 유감스러운 이력으로 이어지는 지름길이다. 명상을 팔기 위해 과학적 연구를 완전히 오도하거나, 의심스러운 주장을 하거나, 왜곡하는 일이 너무나 빈번하게 일어나고 있다. 예를 들어, 한 회사는 "마음챙김 명상이 어떻게 당신의 뇌를 바로잡고, 스트레스를 감소시키고, 업무 능력을 향상시키는가"라는 제목의 글을 블로그에 올렸다. 이런 주장들은 견고한 과학적 발견에 의해 타당성이 입증된 것일까? 그럴 수도 있고 아닐 수도 있다. 중요한 것은 '아닐 수 있다'는 사실이 너무 쉽게 간과되고 만다는 것이다.

열띤 주장 덕분에 입소문을 탔지만 근거가 부족한 결과를 몇 가지 살펴보자. 명상은 뇌의 집행 센터executive center인 전전두피질PreFrontal Cortex; PFC을 두껍게 하여 활성화시키는 반면, 투쟁-회피-긴장fight-flight-freeze 반응(스트레스 원인에 대한 개인의 반응을 크게 활동성 반응기제와 부동성 반응기제로 나눌 수 있다. 투쟁·회피 반응은 활동성으로서 자신이 처한 상황을 도전적으로 바꾸거나, 상황을 도피하려는 반응이다. 긴장 반응은 부동성으로서 상황을 바꾸거나 회피가 불가능할 때 자신의 자리에서 얼어붙는 반응이다.—옮긴이)을 촉발하는 편도체amygdala의 크기를 줄어들게 해 안정화시킨다. 명상은 뇌의 감정에 대한 반응점을 좀 더 긍정적인 영역으로 이동시킨다. 명상은 노화를 늦춘다. 명상은 당뇨병부터 주의력 결핍 과잉 행동 장애Attention Deficit Hyperactivity Disorder; ADHD에 이르는 다양한 질병을 치료하는 데 이용할 수 있다.

그러나 좀 더 면밀히 살펴보면, 이런 주장의 근거가 되는 연구들은 모두 저마다 한계가 있다. 따라서 이러한 연구들에서 발견한 결과가 확실하다고 주장하려면 더 많은 실험과 확증이 필요하다. 앞서 언급한 발견들이 추가적인 검증을 잘 통과할 수도 있다. 하지만 통과하지 못할 수도 있다.

예를 들어, 편도체 축소를 보고한 연구에서는 편도체 부피를 측정하는 데 사용한 방법의 정확도가 떨어진다. 현재 널리 인용되는 노화 지연을 보고한 연구는 명상뿐 아니라 특별한 식이요법과 집중적인 운동이 혼합된 대단히 복합적인 치료법을 사용했다.

즉 명상 자체만의 효과를 판독할 수 없다.

그럼에도 소셜 미디어에는 검증이 덜 된 주장들이 넘쳐난다. 과장광고 문구가 유혹적이긴 하다. 그래서 우리는 자연과학에 기초한 냉철한 관점을 제공함으로써, 과장광고만큼의 설득력을 지니지 못한 연구들을 걸러내고자 한다.

현재는 무엇이 타당하고 무엇이 의심스러운지, 혹은 완전히 터무니없는지 구별할 수 있는 확실한 지침이 거의 없는 상태다. 명상에 대한 열망의 물결이 커지고 있는 현 상황을 고려할 때, 보다 냉정한 시각을 유지하려는 우리의 시도는 다소 늦은 감도 있긴 하다.

여기서 잠시 멈추고 이 책의 전체 구성을 살펴보자. 1장부터 3장까지는 우리가 명상을 접하게 된 과정 그리고 과학적 직감을 따라 명상을 탐구의 대상으로 삼게 된 과정을 다룰 것이다. 4장부터 12장까지는 과학적 여정에 대해 서술하며, 각 장에서 주의attention나 연민compassion 같은 특정한 주제를 집중적으로 다룬다. 각 장의 말미에는 이러한 과정을 통해 어떤 결론을 도출해 냈는지에 관심 있는 이들을 위해 논의한 내용들을 간략하게 요약해둘 것이다. 11장과 12장에서는 드디어 우리가 오랫동안 추구해온 목적지에 도달한다. 즉 이제껏 연구 대상이 된 명상가들 중 가장 높은 경지에 이른 이들에게서 발견한 놀라운 사실들을 독자들과 공유할 것이다. 13장에서는 명상이 세 가지 수준의 수련자들, 즉 초보자, 장기 수련자, 전문가 수준 수련자에게 각각 어떠한 효과를 미치는지 열거할 것이다. 그리고 마지막 장에서는 미래가 무엇을 가져다줄 것인지, 그리고 이러한 발견들이 어떤 식으로 우리 개개인뿐 아니라 사회에도 더 큰 도움을 줄 수 있을 것인지 숙고해볼 것이다.

가속화된 명상 연구

일찍이 1830년대에, 헨리 데이비드 소로Henry David Thoreau와 랠프 월도 에머슨Ralph Waldo Emerson은 재미 삼아 미국의 초월주의자 동료들과 함께 동양의 명상 기법들을 시도해보았다. 당시 아시아의 고대 영적 문헌들이 최초로 영어로 번역되어 나오고 있었고, 그 책들을 읽고 자극을 받아 모험에 나선 것이다. 하지만 그들에겐 그러한 문헌들을 뒷받침해줄 수련법에 대한 교본이 없었다. 그로부터 거의 한 세기가 흐른 뒤, 지크문트 프로이트Sigmund Freud는 정신분석 전문의들에게 내담자의 이야기를 듣는 동안 주의를 고르게 기울이라고 조언했다. 하지만 역시 구체적인 방법은 제시하지 않았다.

서구 세계가 좀 더 진지하게 명상 수련에 임하게 된 것은 불과 몇십 년 전밖에 되지 않았다. 동양에서 명상 스승들이 찾아오고, 한 세대에 걸쳐 서구인들이 명상을 공부하러 아시아로 떠났다가 그중 일부가 지도자가 되어 돌아오면서 제대로 명상을 접할 수

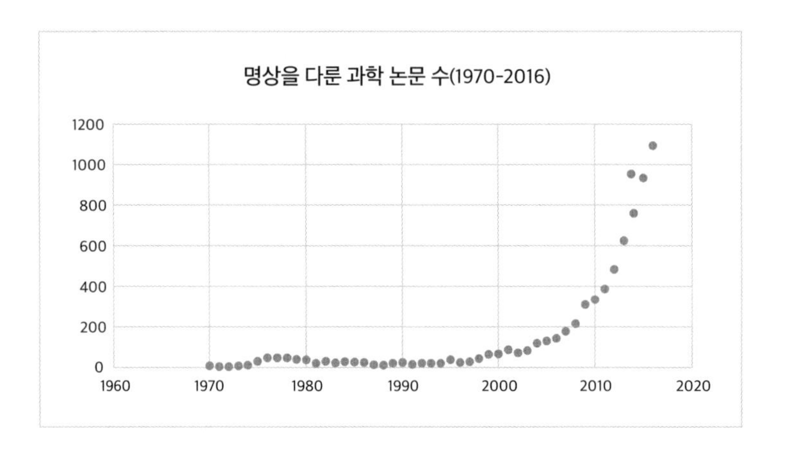

있게 된 것이다. 이러한 시도들은 지금 목격하는 바와 같이 넓은 길의 추구를 가속화했고, 또한 깊은 길을 가고자 하는 이들에게 새로운 가능성을 제시해주었다.

우리가 명상에 대한 연구를 발표하기 시작한 게 1970년대인데, 이때만 해도 이러한 주제를 다룬 과학 논문은 극소수에 불과했다. 하지만 최근에는 증가세가 지속되며 총 논문 수가 6,838편에 달했다. 2014년에는 한 해 동안 925건의 논문이 발표됐고, 2015년에는 1,098건, 2016년에는 1,113건의 논문이 나왔다.*

* 이 검색에 사용된 키워드들은 명상, 마음챙김 명상, 연민 명상, 자애 명상이다.

우리가 쏘아 올린 작은 공

때는 2001년 4월, 장소는 위스콘신 대학교 매디슨 캠퍼스의 플루노센터 맨 꼭대기 층이다. 그날 오후 우리는 명상 연구 결과에 대한 과학적 대화를 나누기 위해 달라이 라마와 함께 모여 있었다. 그런데 한 사람이 보이지 않았다. 바로 프란시스코 바렐라Francisco Varela였다. 칠레 출신의 신경과학자로, 파리 소재 프랑스 국립과학연구센터French National Center for Scientific Research; CNRS의 센터장이기도 했다. 바렐라는 이날 모임을 조직한 마음과 삶 연구소의 공동 설립자 중 한 명이었다.

바렐라는 진지한 명상 수련자이기도 했다. 그는 숙련된 명상가들과 과학자들 간의 전면적인 협업 가능성을 알아보았다. 바렐라의 연구 모델은 이제 리치의 연구실뿐 아니라 다른 연구실에서도 표준적인 관행으로 자리 잡았다.

바렐라는 이날 모임에 참석할 예정이었지만, 간암이 심각하게 악화되는 바람에 올 수 없었다. 그는 프랑스에 있는 자택에서 임종을 기다리고 있었다.

영상 통화와 화상 회의가 보급되기 전이었지만, 리치와 함께 일하던 연구자들이 어찌어찌해서 리치의 연구실과 바렐라의 파리 아파트 침실을 영상으로 연결했다. 달라이 라마는 열심히 들여다보며 바렐라에게 직접 말을 건넸다. 두 사람 모두 이것이 이번 생에서 마지막으로 마주하는 순간이라는 사실을 직감하고 있었다.

달라이 라마는 바렐라가 과학의 발전과 보다 더 큰 선善을 위해 해온 일들에 감사를 표했다. 그리고 강해져야 한다고, 우리는 영원히 연결되어 있을 거라고 했다. 방 안에 함께 있던 리치와 다른 이들의 눈에서 눈물이 흘러내렸다. 그 순간의 의미를 다들 알고 있었기 때문이었다. 회의가 끝나고 며칠 뒤, 바렐라는 세상을 떠났다.

그로부터 3년 후인 2004년, 바렐라가 종종 말하던 꿈을 현실로 바꾸는 사건이 일어났다. 개리슨 연구소Garrison Institute라는 곳에 역사상 처음으로 백여 명의 과학자, 대학원생, 박사 후 과정의 연구원들이 모였다. 뉴욕에서 허드슨강을 따라 한 시간 정도 올라간 곳에 자리 잡고 있는 이 연구소에서의 모임은 이후 연례 행사로 발전해 여름학회Summer Research Institute; SRI가 되었고, 명상에 대한 정밀한 연구를 발전시키는 무대가 되었다.

이 모임을 주선한 것도 마음과 삶 연구소였다. 마음과 삶 연구소는 1987년 달라이 라마, 프란시스코 바렐라, 변호사이자 사업가인 애덤 엥글Adam Engle이 공동 설립한 기관으로, 우리도 창립 이사였다. 마음과 삶 연구소의 임무는 '과학과 명상을 통합함으로써 고통을 완화하고 번영을 촉진'하는 것이었다.

마음과 삶 연구소 부설 SRI는 대학원 시절의 우리처럼 명상을 연구하고 싶어 하는 사람들에게 연구 환경을 제공할 수 있을 것 같았다. 우리는 고립된 채 길을 개척해야 했지만, 우리와 같은 길을 걷고자 하는 학자들이 공동체를 이뤄 함께 나아갈 수 있을 것 같았다. 그러면 각자 속한 기관에서 홀로 연구하고 있더라도, 멀리서나마 서로 영감을 나누며 연구를 심화할 수 있지 않겠는가.

SRI에 대한 상세한 구상이 싹튼 것은 매디슨에 있는 리치의 집에서였다. 애덤 엥글과 대화를 나누다가 떠올린 생각이었다. 얼마 후 리치와 몇 명의 학자가 함께 첫 번째 여름 프로그램을 조직했고, 이들이 일주일 동안 교수진을 맡아 인지 신경과학 관점에서 바라본 주의attention와 심상mental imagery 등의 주제에 대해 강의했다. 그 후 이 책을 쓰고 있는 현재까지 열세 차례나 더 모임이 이루어졌다. 이 중 두 번의 모임은 유럽에서 있었고, 앞으로는 아시아와 남아메리카에서 만남이 이루어질지도 모른다.

SRI를 시작하면서 마음과 삶 연구소는 프란시스코 바렐라를 기려 그의 이름을 딴 '바렐라 연구 지원 프로그램'을 만들었다. 지원 금액은 최대 25,000달러로, 이러한 종류의 연구에 많은 연구비가 필요하다는 점을 고려하면 꽤 적은 금액이다. 하지만 이 연구비를 수령한 수십 건의 연구가 이후 마음과 삶 연구소와 미국 연방 보조금 지급 기관에서 6천만 달러 이상의 후속 연구비를 따냈으니, 프로그램의 위상은 대단하다고 할 수 있다. 이러한 시도는 풍성한 결실을 맺었다. SRI에 참여한 대학원생 50여 명이 지금까지 명상에 관한 논문을 수백 편 발표했다.

이런 젊은 과학자들이 대학에서 자리를 잡게 됨에 따라 명상 관련 연구를 하는 연구자들의 수가 더욱더 증가했다. 이들은 원래도 증가 추세에 있던 명상 관련 연구에서 적지 않은 비중을 차지하고 있다.

이와 동시에 연구 주제를 이 분야로 바꾸는 기성 과학자들의 수도 점점 더 늘어났다. 값진 수확을 거두는 연구들이 속속 등장한 데 따른 변화였다. 그 결과, 위스콘신 대학교에 있는 리치의 뇌 연구실에서 그리고 스탠퍼드, 에모리, 예일, 하버드 등의 수많은 의과대학에 속한 다른 과학자들의 연구실에서 나온 발견들이 언론의 머리기사를 장식하는 것이 일상적인 일이 되었다.

명상의 인기가 날로 높아지고 있는 걸 보면서, 명상을 냉철한 시선으로 바라볼 필요가 있다고 느낀다. 정통 과학에 의해 입증된 신경학적 · 생리학적 이점들이 우리가 언론이나 페이스북, 광고성 이메일을 통해 접한 이점과 반드시 일치하지는 않기 때문이다. 대대적으로 광고했던 효과들 중에는 과학적 가치가 없는 것들도 있다.

명상에 대한 기사들은 매일 잠깐의 명상으로 신체적·정신적으로 삶을 나아지게 한다는 내용이 대부분이다. 이런 뉴스가 입소문을 타고 퍼져나가면서, 세계적으로 수백만의 사람이 일상 속에서 잠깐잠깐 짬을 내 규칙적으로 명상을 하기 시작했다.

하지만 명상과 관련해서는 그보다 훨씬 더 큰 가능성들이 존재한다. 그리고 몇 가지 위험성도 있을 수 있다. 이제 언론의 주요 기사들이 놓치고 있는 더 큰 차원의 이야기를 들려줄 때가 된 것 같다.

우리는 여기서 다양한 색채가 담긴 직물을 짜기 위해 여러 가닥의 실을 사용할 것이다. 한 가닥은 수십 년에 걸친 우리의 우정, 그리고 처음에는 요원하고 불가능할 것만 같았지만 온갖 장애물을 극복하며 꾸준히 추구해온 우리의 더 큰 목적의식에 대한 이야기다. 다른 한 가닥은 '우리가 경험하는 것이 뇌를 재형성한다'는 신경과학적 연구 결과에 관한 것이다. 이러한 증거는 '명상으로 마음을 훈련하면 뇌가 재구성된다'는 우리 이론을 뒷받침하는 토대가 된다. 그리고 이러한 변형의 정도를 보여주기 위해 우리가 그동안 발굴해낸 수많은 연구 결과가 또 하나의 가닥을 이룰 것이다.

처음에는 하루에 단 몇 분간 수련하는 것만으로도 놀랄 만한 효과들을 거둘 수 있다. 물론 언론에 등장한 모든 효과를 경험할 수 있다는 건 아니다. 하지만 명상의 효과는 수련에 더 많은 시간을 투입하면 할수록 더 커진다. 그리고 명상 수련의 최고 수준에 도달하면 진짜 '변성된 특성'들이 나타난다. 과학자들이 전에는 결코 관찰하지 못했던, 하지만 우리가 몇십 년 전 대학원 시절부터 제안했던 뇌의 변성된 특성 말이다.

고대의 단서

Altered Traits

우리 이야기는 1970년 11월 어느 이른 아침에 시작된다. 그날 인도 부다가야의 석탑 꼭대기는 근처의 네란자라강에서 피어난 영묘한 안개에 싸여 시야에서 사라졌다. 전설에 따르면, 석탑 앞에는 붓다가 앉아서 명상하다가 깨달음을 얻었다고 하는 바로 그 보리수나무의 후손이 우뚝 서 있었다.

그날 아침, 댄은 안개 속을 지나다가 나이 지긋한 티베트 승려가 느릿느릿 걷는 것을 어렴풋이 보았다. 그 수도승은 동이 튼 성지를 천천히 걸어가는 경행經行을 하고 있었다. 짧게 자른 백발에 두꺼운 안경을 쓴 그는 염주를 굴리면서 붓다를 현자로 찬양하는 산스크리트어 만트라를 부드럽게 염송하고 있었다. "무니, 무니, 마하무니, 마하무니야 스바하!Muni, muni, mahamuni, mahamuniya swaha!" 무니muni는 산스크리트어로, '현자'라는 뜻이다.

며칠 후 댄은 우연히 친구들의 손에 이끌려 바로 그 승려 쿠누 라마Khunu Lama를 찾아가게 되었다. 쿠누 라마는 난방도 되지 않는 암자에서 살고 있었는데, 암자의 콘크리트 벽에서는 늦가을의 냉기가 뿜어져 나오고 있었다. 가구라고는, 밤에는 침대로 낮에는 소파로 쓰이는 나무판자인 투켓tucket과 경전을 읽기 위한 작은 독서대뿐이었다. 그 방은 수도승에게 걸맞은 곳이었다. 개인 소지품은 전혀 없었고 그야말로 텅 비어 있었다.

쿠누는 이른 아침부터 늦은 밤까지 늘 책을 앞에 펼쳐놓은 채 침상에 앉아 있곤 했다. 방문객이 불쑥불쑥 찾아올 때면(티베트에서는 언제든 그런 일이 일어날 수 있다), 언제나 변함없이 상냥한 눈빛과 따뜻한 말로 반갑게 손님을 맞았다.

쿠누가 보여준 특성, 자신을 찾아온 사람 누구에게나 사랑 가득한 관심을 보여주는 점, 존재의 편안함, 온화한 현존 등이 댄에게 무척 긍정적인 인상을 주었다. 하버드 대학교에서 임상심리학을 공부하며 연구했던 성격적 특성personality traits과 상당히 달랐다. 임상심리학 연구는 부정적인 특성, 즉 신경증적 패턴이나 중압감, 노골적인 정신병리학에 초점을 맞췄다.

쿠누에게는 인간 본성의 더 나은 측면들이 느껴졌다. 예를 들어, 쿠누의 겸손함에 관한 특별한 일화가 있다. 어느 수도원장이 쿠누의 수련 정도를 인정해서 수도원 꼭대기 층의 특별실을 숙소로 쓰라고 하고, 그를 보좌할 수 있는 수도승도 보내주었다. 그러나 쿠누는 모든 호의를 거절하며 자신은 아무것도 없는 간소한 방을 선호한다고 말했다는 이야기다.

쿠누 라마는 티베트 수행의 모든 유파가 존경하는 몇 안 되는 대가master 중 한 사람이었다. 심지어 달라이 라마조차 쿠누를 찾아가, 자비로 가득한 보살의 삶으로 이끄는 안내서인 샨티데바Shantideva의《입보리행론Bodhicharyavatara》에 대한 강설을 들었다고 한다. 달라이 라마는 이 책을 가르칠 때마다 이 주제에 대해선 쿠누가 자신의 스승이라고 언급한다고 한다.

쿠누 라마를 만나기 전, 댄은 인도 요기인 님 카롤리 바바Neem Karoli Baba와 함께 몇 달을 보냈다. '마하라지'라는 존칭으로 불리는 님 카롤리는 람 다스Ram Dass의 스승으로 알려지면서 서구 세계에서 새롭게 유명세를 얻은 인물이었다. 애초에 댄이 인도로 오게 된 이유도 바로 그 때문이었다. 람 다스는 앞서 언급한 바 있는 리처드 앨퍼트(동료 교수 티모시 리어리와 함께 환각제를 이용한 실험을 하다가 해고된 하버드대 교수)로, 님 카롤리의 제자가 되면서 이름을 람 다스로 바꾼 것이다. 그 시절 람 다스는 미국 전역을 여행하며 자신이 어떻게 하버드대 교수 리처드 앨퍼트에서 나이 든 요기의 추종자 람 다스로 변신하게 되었는지, 매혹적인 이야기를 들려주고 있었다. 그런 님 카롤리 바바를 댄이 우연히 만나게 된 것이다. 때는 1968년으로, 마침 하버드는 크리스마스 방학 기간이었고, 댄은 그 기간에 인도에서 님 카롤리와 함께 지내다 막 돌아온 람 다스를 마주쳤다. 그리고 그 우연한 만남이 계기가 되어, 결국 댄은 인도 여행을 추진하게 되었다.

댄은 1970년 가을 하버드 대학의 박사 과정 여행 장학금을 간

신히 받아냈고, 수소문 끝에 카롤리 바바가 히말라야산맥의 구릉 지대에 자리한 작은 아쉬람(수도원)에 머무르고 있다는 사실을 알아냈다. 사두(수행자)의 삶을 살고 있는 마하라지에게 세속적인 소유물이라고는 더운 날 몸에 두르는 남성용 면 치마와 추운 날 몸을 감싸는 묵직한 격자무늬 양모 담요가 전부로 보였다. 마하라지는 정해진 일정도 따르지 않았고, 어떤 조직을 가지고 있지 않았으며, 요가 자세나 명상법을 가르쳐주는 프로그램을 열지도 않았다. 대부분의 사두와 마찬가지로 마하라지는 정처 없이 돌아다니는 떠돌이 생활을 했다. 그리고 아쉬람이든 사원이든 집이든, 그때그때 방문한 곳의 베란다에서 주로 시간을 보냈다.

마하라지는 늘 고요한 행복 상태에 있는 것 같았고, (역설적으로 들릴 수도 있지만) 동시에 함께하는 모든 사람에게 주의를 기울였다.[1] 마하라지에게서 댄이 받은 깊은 인상은 지극히 평온하면서 다정다감하다는 것이었다. 쿠누와 마찬가지로 마하라지는 찾아오는 모든 사람에게 똑같은 관심을 보였다. 마하라지를 찾아오는 방문객들은 고위직 정부 관료부터 거지에 이르기까지 다양하기 그지없었지만, 신분의 고하에 따른 차별 같은 건 전혀 없었다.

말로 표현할 수 없는 마하라지의 마음 상태에는 범상치 않은 무언가가 있었다. 댄이 마하라지를 만나기 전에는 그 누구에게서도 경험하지 못했던 것이었다. 무엇을 하고 있든지 간에 마하라지는 아무런 노력을 들이지 않고도 편안한 마음을 지속적으로 유지하면서 더없이 행복하고 사랑이 가득한 공간에 머무는 듯했다.

마하라지가 어떤 상태에 있든, 마음의 일시적인 오아시스가 아니라 지속적인 존재 방식 같았다. 다시 말해, 심신이 완전히 건강한 상태가 유지되는 것처럼 보였다.

패러다임을 넘어서

아쉬람에 머무르는 마하라지를 매일 방문하기 시작하고 두 달 정도가 지났다. 댄과 그의 친구 제프(지금은 종교 가수 크리슈나 다스Krishna Das로 널리 알려져 있다)는 인도에서 7년간 사두 생활을 한 후, 비자 재발급이 절실했던 또 한 명의 서양인과 함께 여행을 떠났다. 댄은 그 여정을 부다가야에서 끝냈는데, 얼마 후 그곳에서 쿠누 라마를 만나게 되었다.

인도 북부의 비하르 주에 속한 부다가야는 세계 전역의 불교도들이 찾아오는 순례지였고, 대부분의 불교 국가는 이 지역에 자국민들이 머물 수 있는 건물을 두고 있었다. 그중 하나인 비하라vihara는 미얀마 순례자들을 위한 숙박 시설로, 미얀마에 군사 독재 정권이 들어서 국민들의 여행을 금지하기 전에 지어진 곳이었다. 덕분에 방은 많았지만 순례자는 거의 없어서, 곧 이 마을을 배회하는 서양인 방랑자들이 하룻밤 묵어가는 장소가 되었다.

1970년 11월 그곳에 도착한 댄은 과거 태국에서 평화봉사단원으로 일했으며, 당시 미국인으로서는 유일하게 비하라에 장기

거주하고 있던 조셉 골드스타인Joseph Goldstein을 만났다. 골드스타인은 그곳에서 4년 이상 머물며 명상의 대가인 아나가리카 무닌드라Anagarika Munindra와 함께 명상을 연구해온 터였다. 작은 체구에 늘 흰옷을 입는 무닌드라는 벵골 지역의 바루아족 혈통으로, 그 일원들은 가우타마 붓다의 시대 이후로 쭉 불교도였다고 한다.[2]

무닌드라는 명성이 자자한 미얀마 대가들 밑에서 위빠사나vipassana(상좌부 불교의 명상법으로, 현재 인기를 끌고 있는 수많은 형태의 마음챙김 명상법을 낳은 원천이자 뿌리다)를 수련했다. 댄의 첫 번째 위빠사나 스승이 된 무닌드라는 자신의 친구 S. N. 고엔카S. N. Goenka를 초대했다. 매우 유쾌하고 체구가 건장한 고엔카가 전직 사업가에서 명상 지도자로 전향한 뒤, 열흘간의 집중 수련을 이끌기 위해 비하라에 왔던 것이다.

고엔카가 명상 지도자가 된 것은 미얀마 승려 레디 사야도Ledi Sayadaw가 확립한 전통에 따른 것이었다. 20세기 초 영국 식민 지배의 영향력에 대응하기 위해 문화 부흥 운동을 이끌었던 레디 사야도는 그 일환으로써 일반인들에게 명상을 널리 알리는 혁명적인 변화를 일으켰다. 미얀마 문화에서 명상은 수백 년 동안 승려들의 전유물이었지만, 고엔카는 한때 미얀마의 경리국장이었던 우 바 킨U Ba Khin(U는 미얀마의 존칭이다)으로부터 위빠사나를 배웠고, 우 바 킨은 레디 사야도의 가르침을 받았던 농부에게서 명상법을 배웠다.

댄은 열흘짜리 코스를 연달아 다섯 번 참여하면서 이 풍요로운 명상법을 집중적으로 수행했다. 댄 외에도 백여 명의 동료 여행자가 수업을 함께 들었다. 1970~1971년의 겨울은 이렇게 모인 집단이 아시아 국가들의 비전祕傳 수련법을 마음챙김 명상으로 전환하고 전 세계인에게 널리 보급하는 과정에서 중대한 시기였다. 조셉 골드스타인을 필두로 한 이 수업의 참가자들은 서구에 마음챙김 명상을 전파하는 데 중요한 역할을 하게 된다.•

댄은 대학 시절부터 하루에 20분씩 두 차례 명상하는 습관을 들였다. 그리고 열흘간 이어진 수련에 참가하고 나니 어떤 새로운 수준에 도달하게 되었다. 고엔카는 단순히 숨이 들어오고 나가는 감각에 주목하는 방법으로 시작했다. 겨우 20분이 아니라 하루에 몇 시간이나 그렇게 하는 것이었다. 이런 식으로 집중력을 함양하고 나면, 그다음에는 몸의 어느 부위에서 어떤 감각이 일어나는지 몸 전체를 체계적으로 훑어보는 것으로 바뀐다. 그러면 '내 몸, 내 무릎'이라고 한정적으로 알아차리던 것에서 벗어나, 지속적으로 감각이 변하는 것을 알아차리게 되고 끝없이 변화하는 감각의 바다가 펼쳐진다. 알아차림awareness의 급진적인 전환이 일

• 마하라지와 함께 다른 명상가들도 거기 모여 있었다. 그중에는 크리슈나 다스와 람 다스 본인도 있었다. 이 외에도 샤론 샐스버그Sharon Salzberg, 존 트래비스John Travis, 웨스 니스커Wes Nisker가 있었는데, 그들 모두 위빠사나 지도자가 되었다. 또 다른 참석자 미라바이 부시Mirabai Bush는 그 후 대학 수준에서의 명상 교육 실시를 권장하는 데 헌신하는 조직인 '사회 속에서 명상하는 마음센터The Center for Contemplative Mind in Society'를 설립했고, 구글에서 실시한 마음챙김과 감성지능에 대한 첫 번째 강좌를 공동 설계했다.

어나는 것이다.

이런 전환의 순간은 마음챙김의 경계선에 도달했음을 의미한다. 그곳에서는 마음의 일상적인 상태, 다시 말해 마음이 조수처럼 밀려 들어왔다 밀려 나가는 상태를 관찰하게 된다. 마음챙김을 통해 그저 감각의 흐름만 주목하게 되는 것이다. 나아가, 마음 본성에 대한 통찰을 얻을 수 있다. 우리가 감각들을 어떻게 '내 것'이라 인식하게 되는지 알게 된다. 예를 들어, 통증에 대한 통찰을 얻게 되면, 순간순간 끊임없이 변화하는 감각의 불협화음에 불과한 통증에 '나'라는 감각을 더하며 '나의 통증'으로 인식하는 과정을 이해하게 된다. 이런 내면의 여정에 대한 설명은 무닌드라의 미얀마 명상 스승인 마하시 사야도Mahasi Sayadaw가 집필한 소책자들에 아주 상세히 담겨 있다. 수련에 관한 조언을 담은 이 소책자들은 등사판으로 비공식 출판되어 손에서 손으로 전해져 내려온 터라 이제는 닳고 닳은 상태다. 낡아서 다 해진 그 소책자들에는 마음챙김 단계와 그 너머의 단계들 그리고 또 그것을 넘어선 단계들에 대한 상세한 설명이 담겨 있었다.

이 책들은 수천 년 동안 꾸준히 마음을 '해킹hacking'하는 비법으로 사용된, 마음을 변형시키는 길을 알려주는 실용적인 안내서다.•• 이 상세한 안내서를 바탕으로 제자들을 일대일 맞춤으로

•• 물론 그런 문헌들의 일부 내용은 너무 비현실적이라서 진지하게 볼 가치가 없어 보였다. 특히 초능력을 얻는 내용은 파탄잘리Patanjali가 쓴 《요가수트라Yoga-sutra》와 상당히 흡사하다. 하지만 이 문헌들은, 이를테면 천이통千耳通(모든 소리를 마음대로 들을 수 있는 불가사의한

가르친다면, 명상의 대가가 되는 길로 이끌 수 있을 것이다.

이 안내서들이 공유하는 전제는 삶을 명상으로 가득 채우고 수련을 성실히 하면 존재가 놀랄 만큼 변화한다는 것이다. 쿠누와 마하라지 그리고 댄이 인도 전역을 여행하는 도중에 만난 여러 스승이 지닌 특성들이 모두 일치한다는 사실이 그런 가능성을 확인해주는 듯하다.

유라시아 전역의 영적 문헌은 결국 하나로 수렴된다. 일상적인 걱정, 병적인 집착, 자기중심주의, 양가감정, 충동성으로부터의 내적인 자유를 얻는 것에 관한 것이다. 그리고 내면의 자유란 자신에 대한 걱정으로부터 해방, 어떠한 어려운 상황에서도 평정심을 유지할 수 있는 것, 지금 여기에서 명료하게 깨어 있는 '현존' 그리고 모든 사람에 대한 사랑 가득한 관심이라 할 수 있다.

이와는 대조적으로, 불과 한 세기가량의 역사를 가진 현대 심리학은 인간 잠재력의 이런 영역에 대해 어떠한 단서도 제공하지 못했다. 댄의 전공 분야인 임상심리학은 고도의 불안 같은 특정 문제를 찾아 바로잡는 데 집착했다. 하지만 아시아의 심리학은 더 넓은 렌즈들을 가지고 우리 삶을 바라보고 있었고, 인간의 긍정적 측면을 강화하는 방법들을 보여주었다. 이런 사실을 깨달은

능력) 같은 '능력'이 영적으로는 아무런 의미가 없다고 일축한다. 실제로《라마야나Ramayana》같은 몇몇 인도 서사시에는, 악한들이 수년간의 금욕적인 명상 수행을 통해 그러한 능력들을 얻었지만, 그들에게는 윤리적 규범이 없었기에 그들의 악행이 지속되는 이야기가 실려 있다.

댄은 인도에서 하버드로 돌아가는 즉시, 심리학에서 꿈꾸었던 어떠한 개념보다도 훨씬 널리 영향을 미치는 이 내적인 수련을 동료들에게 알리겠노라 결심했다.[3]

인도로 오기 직전, 댄은 대학 시절 처음으로 명상을 시도했던 경험과 이 주제에 관한 몇 안 되는 영문 자료들을 바탕으로 논문을 한 편 썼다. 지속적이고 극도로 자비로운ultra benign 의식의 존재를 제안하는 글이었다.[4] 당시 과학의 관점에서 볼 때 의식에는 크게 '깨어 있는 상태' '잠자는 상태' '꿈꾸는 상태'가 있었다. 각 상태에는 특정한 뇌파 신호가 있었다. 그리고 아직 논란의 여지가 있고 과학적 증거도 부족하지만 또 다른 상태도 있었다. 산스크리트어로 '사마디samadhi(삼매三昧)'라고 부르는, 전혀 흐트러지지 않은 완전한 몰입, 즉 명상을 통해 도달하는 상태였다.

당시 댄이 인용할 수 있었던 사마디 관련 과학적 연구 사례는 단 하나뿐이었고, 그것조차도 다소 의심스러웠다. 연구원이 가열된 시험관을 사마디 상태의 수행자에게 갖다 댔는데, 뇌파 검사 Electroencephalogram; EEG 결과, 수행자가 고통을 느끼지 못한 것으로 추정된다는 보고였다.[5]

지속적이고 극도로 연민심 가득한 존재의 특질에 대한 연구를 어디서도 구할 수 없어서 댄은 가설을 세울 수밖에 없었다. 그런데 그 희귀한 의식을 구현하고 있다고 생각되는 존재들을 여기 인도에서 만난 것이다. 아니, 만난 것 같았다.

인도 문명 안에서 싹튼 종교인 불교와 힌두교, 자이나교는 모두 이런저런 형태로 '해탈liberation'이라는 개념을 공유한다. 하지만 심리학은 우리의 추측이 우리가 보고 싶은 것을 보게 한다는 것을 알고 있다. 인도 문화는 '해탈한' 사람의 강력한 원형原型을 지니고 있었다. 그리고 댄은 그러한 렌즈들이 소망의 투사를 쉽게 조장할지도 모른다는 것, 다시 말해 널리 퍼진 강력한 믿음 체계로 인해 완벽함에 대한 이미지가 가짜로 만들어졌을지도 모른다는 것을 알고 있었다. 그래서 존재의 이 희귀한 특성에 대한 의문은 해결되지 않은 채 남았다. 이러한 특성들이 존재하는 것이 사실일까, 아니면 동화에 불과할까?

반항아의 탄생 과정

인도 거의 모든 가정에서는 집에 제단을 두듯 차량에도 제단을 둔다. 길거리에서 흔히 보이는 느려터지고 거대한 타타 트럭이라면 그리고 운전자가 시크교도라면, 분명히 시크교의 창시자로 존경받는 구루 나나크Nanak의 사진이 있을 것이다. 운전자가 힌두교도라면 하누만, 시바 혹은 두르가 같은 신의 사진이 있을 것이고, 좋아하는 성자나 구루의 사진도 함께 있을지 모른다. 운전석은 그런 사진들 때문에 매일 기도를 행하는 인도 가정의 신성한 장소인 푸자puja 제단이 된다.

1972년 가을에 인도에서 하버드로 돌아온 후 댄이 케임브리지에서 몰고 다니던 진홍색 폭스바겐 밴은 그 자체가 신전이 되었다. 계기판에 여러 초상화를 투명 테이프로 붙여놓았고, 님 카롤리 바바와 그 외에 그가 들어본 적 있는 다른 성인들도 한 자리씩 차지하고 있었다. 아주 세속적인 분위기의 니티야난다Nityananda 초상, 환하게 미소 짓는 라마나 마하리쉬Ramana Maharshi, 가수 바비 맥퍼린 덕분에 대중화된 자신의 표어 "Don't worry. Be happy"와 함께 약간 즐거워하는 표정을 짓고 있는 콧수염을 기른 메허 바바Meher Baba가 바로 그 주인공들이었다.

댄은 〈스트레스 반응에 대한 심신 개입법으로써의 명상 연구〉라는 박사 논문을 쓰고 있던 차였다. 연구에 필요한 실험 기술을 습득하기 위해 정신생리학 강좌를 듣고 있었다. 그는 어느 날 저녁, 강의가 열리는 윌리엄 제임스 홀에서 멀지 않은 곳에 진홍색 밴을 주차했다. 윌리엄 제임스 홀 14층의 강의실 안에는 몇 안 되는 학생이 탁자에 빙 둘러앉아 있었다. 리치가 우연히 댄의 옆자리에 앉았고, 그렇게 둘은 처음 만났다.

우리는 수업이 끝난 후 이야기를 나누다 같은 목표를 추구하고 있다는 것을 알게 되었다. 둘 다 명상이 어떤 이익을 가져다줄 수 있는지를 보여주는 연구를 하고 싶어 했다. 그래서 필요한 방법을 배우고자 정신생리학 세미나를 수강하고 있었던 것이다.

대화가 끝날 무렵 댄은 리치에게 그의 아파트까지 차로 데려다주겠다고 제안했다. 당시 리치는 지금의 아내 수전과 동거하고 있었다. 리치는 댄을 따라나섰다가 폭스바겐 계기판 위의 푸자 제단을 보고 놀라 눈이 휘둥그레졌다. 리치는 낯선 광경에 놀라긴 했어도 댄과 함께 차를 타고 가게 되어 내심 기뻤다. 학부 시절부터 심리학 학술지들을 폭넓게 읽고 있었는데, 별 이름도 없는《자아초월심리학 저널Journal of Transpersonal Psychology》에서 우연히 댄의 논문을 본 적이 있었다.

리치는 당시를 이렇게 회상한다. "하버드에 다니는 누군가가 그런 논문을 쓰다니, 너무너무 흥분이 되더라고요." 대학원을 지원할 당시 리치는 하버드를 선택해야 할 계시 중 하나로 그 사건을 떠올렸다. 댄 역시 기쁘기는 마찬가지였다. 자신이 쓴 논문을 누군가 그토록 진지하게 받아들였다니 그럴 만했다.

리치가 맨 처음 의식에 관심을 갖게 된 것은 영국의 소설가 올더스 헉슬리Aldous Huxley, 영국 정신과 의사 랭R. D. Laing, 독일의 종교철학자 마르틴 부버Martin Buber 같은 저자들의 책을 읽고서였다. 대학원에서 연구를 막 시작했을 무렵에는《지금 여기에 있으라Be Here Now》를 쓴 람 다스의 영향도 받았다.

하지만 리치는 브롱크스에 있는 뉴욕 대학의 업타운 캠퍼스에서 심리학을 전공하던 동안에는 자신의 관심사를 숨기고 있었다. 스키너B. F. Skinner를 따르는 열성적인 행동주의 심리학자들이 그곳 심리학과를 장악하고 있었기 때문이었다.* 그들에게는 관찰

* 스키너의 '급진적 행동주의'의 핵심 개념은, 모든 인간 활동은 특정한 자극(파블로프가 종을 울리는 것)이 주어지면 (처음에 먹이에 의해) 강화되는 특정한 반응(개가 종소리에 반응하여 침을 흘리는 것)을 하게 되는 학습된 연상에서 비롯된다는 것이었다.

가능한 행동만이 심리학의 적절한 연구 대상이 된다는 가설이 확고했다. 마음속을 들여다보는 것은 의심스러운 노력이자 금기시되는 시간 낭비였다. 그들에 따르면, 정신생활은 행동을 이해하는 일과 아무런 관련이 없었다.••

한번은 이런 일도 있었다. 리치가 이상심리학 강의를 신청했는데, 교재가 철저히 행동주의자적 시각에 입각해 있었다. 모든 정신병리학은 조작적 조건화operant conditioning를 토대로 한다고 주장했다. 조작적 조건화란, 특정한 색의 버튼을 쪼면 먹이가 나온다는 것을 비둘기에게 학습시키는 것처럼, 긍정적인 결과를 가져오는 행동에 체계적인 보상을 줌으로써 그 행동을 강화하는 것을 말한다. 하지만 리치는 그 관점이 중요한 것을 놓치고 있다고 생각했다. 이 관점은 마음뿐만 아니라 뇌도 놓치고 있었다. 이런 독단적인 관점을 참을 수 없었던 리치는 강의를 딱 한 주 듣고 수강을 취소했다.

리치는 심리학이 비둘기의 능력을 강화하는 연구가 아니라, 인

•• 리치가 다니던 뉴욕대 심리학과 학과장은 B. F. 스키너에게서 직접 지도를 받으며 하버드대에서 박사 학위를 딴 사람이었다. 그는 조건화를 통해 비둘기를 훈련시키는 자신의 연구를, 그리고 연구실을 가득 채울 만큼 많은 새장 속의 비둘기들도 함께 뉴욕대로 고스란히 옮겨왔다. 그는 행동주의적 관점에서 그렇게 엄격한 편은 아니었지만, 리치가 보기에는 노골적으로 광적인 수준은 아니더라도 너무 단호했다. 그 시절에는 행동주의가 수많은 유명 심리학과를 장악하고 있었는데, 그것은 심리학계에서 보다 일반적으로 벌어지고 있었던 운동, 즉 실험연구를 통해 심리학을 보다 '과학적인' 분야로 만들고자 하는 운동의 결과였다. 그리고 애초에 그런 운동이 일어난 것은 심리학을 지배했던 (실험보다는 주로 임상상의 일화들에 의해 뒷받침되었던) 정신분석 이론들에 대한 반작용이었다.

간의 마음을 연구하는 학문이 되어야 한다는 확고한 신념이 있었다. 그래서 리치는 반항아가 되기로 했다. 엄격한 행동주의 심리학자들의 눈으로 보면, 마음속에서 벌어지는 일에 대한 리치의 관심은 관습을 거스르는 반항이었다.•

리치는 낮에는 행동주의의 흐름과 싸웠고, 밤에는 다른 관심사들을 탐구했다. 밤마다 메이모니스 메디컬 센터Maimonides Medical Center에서 수면 연구를 자원해서 도왔는데, 그 과정에서 EEG로 뇌 활동을 모니터하는 방법을 배웠다. 그때 배웠던 전문 지식이, 그가 연구 현장에서 경력을 쌓는 내내 도움이 되었다.

리치는 백일몽과 비만에 관해 연구했다. 당시 지도 교수는 주디스 로딘Judith Rodin이었다. 리치의 가설은, 백일몽을 꾸면 현재에서 벗어나기 때문에 포만감을 알려주는 몸의 신호에 대한 민감

• 리치는 학과장이 졸업반 우등생들을 대상으로 연 세미나에 참석했다가, 스키너가 1957년에 저술한《언어 행동Verbal Behavior》이 교재로 쓰이는 걸 알고 엄청난 충격을 받는다. 그 책은 인간의 모든 습관이 강화를 통해 학습된다고 주장하면서 대표적 사례로 언어를 들었다. 하지만 이미 몇 년 전에 스키너의 책은 MIT 언어학자 노엄 촘스키Noam Chomsky에 의해 맹렬하고도 아주 노골적인 공격을 받은 바 있었다. 예를 들어, 촘스키는 개가 아무리 많이 인간의 언어를 듣는다 해도, 그리고 아무리 많은 보상을 준다 해도, 개가 말을 하게 만들 수는 없을 것이라고 지적한다. 반면에 인간의 아기는 특별한 강화 없이도 말하는 법을 배운다. 이는 언어 숙달로 나아가게 하는 것이 단순히 학습된 연상이 아닌 선천적인 인지 능력들임을 암시한다. 그 세미나에서 발표할 차례가 되었을 때, 리치는 스키너의 책에 대한 촘스키의 평론을 요약해서 설명했다. 그 후로 그는 학과장이 끊임없이 자신을 방해하려 한다는 사실, 학과에서 내쫓아버리고 싶어 한다는 느낌을 받았다. 그 세미나 때문에 리치는 미칠 지경이었다. 그러다 보니 새벽 3시에 학과장의 연구실에 몰래 들어가 비둘기들을 다 풀어주는 공상을 하기도 했다. 다음 책 참조. Noam Chomsky, "The Case Against Behaviorism," *New York Review of Book*, 1971, 12, 30.

성이 떨어지고, 그래서 먹는 행위를 멈추지 않고 계속하게 된다는 것이었다. 비만은 로딘의 관심 영역이었다. 그래서 리치는 의식에 관한 연구를 백일몽에서부터 시작한 것이었다.[••] 사실 리치에게 그 연구는, 생리학적 척도와 행동주의적 척도를 이용해 마음속에서 실제로 일어나는 일을 조사하는 기술을 알기 위한 명분이었다.

리치는 사람들이 정신적으로 방황하거나 정신적인 일을 할 때 심장이 얼마나 뛰는지, 땀이 얼마나 나는지 모니터링했다. 정신 과정을 추론하기 위해 생리학적 수단을 사용한 첫 번째 사례였고, 당시에는 매우 급진적인 방법이었다.[•••]

기존 학계에서 존중받는 주류적 연구 방법을 의식 연구의 요소에 접목하는 이러한 시도는, 이후 명상에 대한 리치의 연구라고 하면 떠오르는 대명사가 되었다. 하지만 안타깝게도 지난 10여 년간 시대 풍조상 명상에 대한 리치의 관심은 학계에서 거의 지지를 받지 못했다.

그렇긴 해도 명상 자체에만 의존하지 않고 비명상가들까지 설

•• 리치의 논문 지도 교수 주디스 로딘은 당시 자신도 컬럼비아 대학에서 박사 학위를 막 마친 상태였다. 그 후 로딘은 예일대 인문과학대학원장, 예일대 학장을 거쳐 여성 최초로 아이비리그 대학 총장 자리에까지 오르며 심리학 분야에서 성공적인 경력을 이어나갔다. 이 글을 쓰고 있는 현재는, 록펠러재단 이사장에서 막 물러난 상태다.

••• 그런 방법들에 대해서는 뉴욕시립대 교수 존 앤트로버스John Antrobus의 도움을 받았다. 리치는 당시 앤트로버스의 연구실에서 많은 시간을 보내곤 했는데, 그곳은 그에게 자신의 학과 분위기에서 벗어날 수 있는 일종의 도피처였던 셈이다.

득할 수 있었던 연구의 설계는 현명한 대처로 판명되었다. 뉴욕 주립대 퍼처스 캠퍼스에서 처음으로 교수 자리를 얻게 된 것이다. 그곳에 있으면서 리치는 명상에 대한 관심을 계속 간직한 채 새로 떠오르기 시작한 분야인 정서신경과학affective neuroscience, 즉 뇌에서 감정이 어떻게 작용하는지를 연구하는 학문에서 중요한 작업을 수행했다.

한편 댄의 경우, 의식에 대한 관심을 반영해 지원한 어떤 대학에서도 교수직을 구하지 못했다. 그래서 언론계에서 자리 제안이 들어왔을 때 기꺼이 받아들였다. 그렇게 시작된 언론인으로서의 경력은《뉴욕 타임스》의 과학 저술가로 이어지게 되었다. 그곳에서 일하는 동안 댄은 리치를 비롯한 여러 과학자의 정서와 뇌에 관한 연구 결과를 종합해《EQ 감성지능Emotional Intelligence》을 출간했다.[6]

댄은《뉴욕 타임스》에 8백여 건 이상의 기사를 실었으나, 명상과 관련된 기사는 극소수에 불과했다. 명상에 대한 관심이 식어서 그런 것은 아니었다. 둘 다 시간이 날 때마다 계속 집중 수련에 참여하고 있었다. 그렇지만 10여 년간 우리는 공식적으로는 명상이라는 개념을 저 한구석으로 밀어두었다. 그러면서도 사적으로는 장기간의 집중 명상이 한 개인의 진정한 존재very being의 핵심을 질적으로 변화시킬 수 있다는 증거를 계속 찾고 있었다. 우리 둘 다 눈에 띄지 않게 날고 있었던 것이다.

변성된 상태

하버드 심리학과 윌리엄 제임스 홀은 일종의 건축학적 실수라 할 수 있다. 빅토리아 시대의 집들과 하버드 캠퍼스의 낮은 벽돌 건물들 사이에 전혀 어울리지 않는 15층짜리 흰색 슬라브 건물이 바로 윌리엄 제임스 홀이다. 윌리엄 제임스William James는 20세기 초 하버드 대학교 최초의 심리학 교수다. 그는 철학이라는 이론적 세계에서 마음에 대한 좀 더 실험적이고 실용적인 관점을 가져와, '심리학'이라는 학문을 창시하는 데 일조했다. 제임스가 예전에 살던 집은 지금도 학교 근처에 그대로 남아 있다.

하버드 심리학과의 이러한 역사에도 불구하고, 윌리엄 제임스 홀에 둥지를 튼 심리학과 대학원생이었던 우리는 제임스의 저서를 한 페이지라도 읽으라는 과제를 받은 적이 한 번도 없다. 제임스는 이미 오래전에 유행에 뒤처졌기 때문이다. 그래도 그는 우리에게 영감을 주는 존재였다. 가장 큰 이유는, 교수들은 무시했지만 우리를 매료시켰던 주제, 바로 '의식'이라는 주제를 제임스가 심리학에 포함시켰기 때문이었다.

제임스가 살던 시대에, 다시 말해 19세기 말 20세기 초 보스턴의 전문가들 사이에서는 아산화질소(치과 의사들은 이 화합물을 일상에서 효율적으로 사용하면서 '웃음 가스'라는 이름을 붙이기도 했다)를 들이마시는 게 유행이었다. 제임스도 그 유행에 따라 아산화질소를 들이마셨다가 초월적인 순간을 경험했고, 그로 인해 다음과 같은

'흔들리지 않는 확신'을 갖게 되었다고 한다. "정상적인 깨어 있는 의식은 … 의식의 특별한 유형 중 하나에 불과할 뿐이다. 일상적인 의식과 얇디얇은 막으로 분리된, 완전히 다른 의식의 잠재된 형태가 존재한다."[7]

제임스는 (비록 다른 이름으로 칭하기는 했지만) 의식의 '변성된 상태altered state'가 존재한다는 것을 지적한 후 이렇게 덧붙였다. "그 존재를 몰라도 아마 삶을 살아가는 데는 아무 지장이 없을 것이다. 하지만 이 의식에 순간이라도 깨어 있거나 의식 바탕에 살짝 닿기만 해도, 이를 통해 온전함으로 현존하고 있음을 알게 될 것이다."

댄의 기사 서두를 장식한 바 있는 이 구절은 윌리엄 제임스의 《종교적 체험의 다양성The Varieties of Religious Experience》에 등장한다. 의식의 변성된 상태들에 대해 연구할 것을 요구하는 이 책에서 제임스는 이러한 상태들이 보통의 의식과 불연속적으로 존재한다고 보았다. 그리고 이렇게 말했다. "이 의식의 형태들을 무시하고서는 우주에 대해 어떠한 설명도 할 수 없다." 이런 상태들이 존재한다는 것 자체가 "현실에 대해 섣불리 결론을 내려서는 안 된다는 뜻이다."

심리학은 마음 지형을 논의하며 그러한 상태들에 대한 어떠한 설명도 하지 못했다. 심리학의 지형 어디에도 초월적 체험을 위한 자리는 존재하지 않았다. 설사 언급된다 할지라도 초월적 체험들은 덜 바람직한 영역에 귀속되었다. 프로이트에서 시작한 심리학의 초창기 때부터, 변성된 상태들은 진지한 고려의 대상이 되지 못하고, 이러저러한 이유로 정신병적 증상으로 치부되고 말았다. 예를 들어, 프랑스의 시인이자 노벨상 수상자인 로맹 롤랑Romain Rolland은 20세기 초 인도 성자 스리 라마크리슈나Sri Ramakrishna의 제자가 된 후, 자신이 체험한 신비로운 상태를 묘사하는 편지를 프로이트에게 쓴 적이 있다. 프로이트는 이러한 체험을 유아기 퇴행이라고 진단했다.•

1960년대 무렵, 심리학자들은 대개 약물 복용으로 촉발된 변성된 상태들을 인공적으로 유발된 정신병으로 치부했다(환각제의 원래 명칭은 '정신 이상 비슷한 상태를 일으키는' 약물이었다). 이는 명상이 마음을 변화시키는 새로운 방법임에도 조금은 의심스럽게 대하는 태도와 유사해 보였다. 적어도 우리의 학부 시절 지도 교수들은 그랬다.

그런데 1972년이 되자, 갑자기 의식에 대한 열렬한 관심이 케임브리지 시대정신에 포함되었다. 그때 리치는 하버드 대학원에 진학했고, 댄 또한 아시아 체류(두 번 중 첫 번째 체류)를 마무리하고

• 하지만 초월적 경험들은 나중에 에이브러햄 매슬로우Abraham Maslow의 이론들 속에 포함되었다. 그는 초월적 체험들을 '절정 체험peak experiences'이라 불렀다. 1970년대부터, 이미 주변부로 밀려난 인본주의심리학 운동의 끝자락에서, 변성된 특성을 진지하게 받아들이는 '자아초월심리학transpersonal psychology'이라 불리는 운동이 태동하기 시작했다(댄은 자아초월심리학협회의 초대 회장이었다). 댄은 명상에 관한 자신의 첫 번째 논문을《자아초월심리학 저널》에 게재했다. 프로이트와 롤랑에 대해서는 다음 책 참조. Sigmund Freud, *Civilization and Its Discontents*.

박사 논문을 집필하고자 학교에 돌아온 상황이었다. 당시 베스트셀러가 된 찰스 타트Charles Tart의 《의식의 변성된 상태Altered States of Consciousness》는 바이오피드백, 마약, 자기최면, 요가, 명상 그리고 제임스가 말한 "다른 상태들"로 가는 다양한 길에 대한 기사를 모두 모아 소개했다. 당시 풍조를 정확히 담아낸 책이었다.[8] 당시 뇌과학 분야는 신경전달물질을 새롭게 발견하면서 일대 흥분에 휩싸여 있었다. 신경전달물질이란 뉴런에 메시지를 전달하는 화학물질로, 우리를 환희나 절망에 빠뜨리는 기분조절제 세로토닌serotonin도 여기에 속한다.•

신경전달물질에 대한 연구 결과들은 환각제와 같은 약물을 이용해 변성된 상태를 얻고자 하는 행위에 대해 과학적 핑계로 활용되면서 서서히 문화 일반으로 흘러들어갔다. 당시는 가히 환각제 혁명의 시대라 할 만했고, 그 혁명은 우리가 몸담고 있던 하버드 대학교의 심리학과에 뿌리를 두었다. 아마 그래서 '변성된 상태'의 냄새를 풍기는 것이라면 뭐든 좋지 않게 보는 이들이 있었을 것이다.

• 환각제를 둘러싼 흥분과 그것에 매료된 문화 현상은 어느 면에서는 수년 동안 신경전달물질에 대한 지식을 진보시켜온 당시 뇌과학의 파생물이었다. 신경전달물질 수십 종이 1970년대 초에 확인되기는 했지만, 그 기능에 대해서는 거의 밝혀지지 않았었다. 40년이 흐른 지금은 100가지 종류가 넘는 신경전달물질을 식별할 수 있고, 그것들이 뇌에서 무슨 일을 하는지 밝혀 보다 정교한 대규모 목록을 가지고 있을 뿐 아니라, 그것들의 복잡한 상호작용에 대해서도 제대로 인지하고 있다.

내면의 여정

댈하우지는 인도의 펀잡과 히마찰프라데시까지 뻗어나간 히말라야산맥의 한 분지인 다울라다르산맥 하류에 둥지를 틀고 있다. 댈하우지는 19세기 중반 인도 통치를 담당한 영국 관료들이 인도 갠지스평원의 여름 더위를 피할 수 있는 '산간 피서지'로 건설한 곳으로, 주변의 멋진 풍광이 큰 역할을 했다. 식민지 시대의 유산인 그림 같은 방갈로가 지금도 남아 있는 이 산간 피서지는 오랫동안 관광 명소로 사랑받아왔다.

하지만 1973년 여름 리치와 수전이 댈하우지를 찾은 것은 그곳의 풍광 때문이 아니었다. 그들은 열흘간의 집중 수련에 참여하기 위해서 이곳에 왔다. 이렇게 심도 깊은 명상 수련을 체험하는 건 이번이 처음이었다. 집중 수련의 지도를 맡은 이는 다름 아닌 S. N. 고엔카였다. 댄이 몇 년 전 박사 과정 연구원에게 주는 여행 장학금을 받아 인도에서 처음 체류하는 동안 참여한, 부다가야 집중 수련의 지도자가 바로 고엔카였다. 사실 리치와 수전이 집중 수련에 참여하게 된 것도 댄의 권유 때문이었다. 두 사람은 이곳에 오기 전 스리랑카 캔디에서 댄을 만났었다. 댄은 박사 과정 연구원에게 주는 여행 장학금(아시아의 영적 전통들 안에 있는 심리학 체계들을 연구하는 데 지원하는 미국 사회과학연구협의회Social Science Research Council; SSRC 장학금)을 받아 두 번째로 아시아를 방문한 터였다.

댄은 두 사람에게 고엔카가 지도하는 과정을 통해 집중 명상에 입문해보라고 권했다. 수련 과정은 처음부터 약간 혼란스러웠다. 예를 들어, 리치와 수전은 성별로 분리된 커다란 텐트에서 따로 자야 했다. 첫날부터 '고귀한 침묵'을 지켜야 하는 탓에 자신과 텐트를 함께 쓰는 사람이 누군지도 알 수 없었다. 그저 대부분이 유럽인이라는 막연한 인상만 받았을 뿐이었다.

명상실에 들어가니 방석들이 바닥에 깔려 있었다. 하루에 12시간 내내 명상하면서 앉아 있어야 하는 자리였다. 평소처럼 반가부좌로 자리를 잡은 리치는 오른쪽 무릎에 찌릿한 통증이 이는 것을 느꼈다. 늘 오른쪽 무릎이 말썽이었다. 몇 시간씩 앉은 자세로 명상하면서 하루하루 지나자 짜릿하던 통증이 신음소리가 터질 만큼의 불쾌한 통증으로 변했고, 급기야는 다른 쪽 무릎은 물론이고 허리까지 번져나갔다. 바닥에 놓인 방석 말고는 몸을 지탱해주는 것 하나 없이 몇 시간씩 앉아 있는 것에 익숙하지 않은 서양인들에게는 무릎과 허리에 심한 통증이 생기는 일이 다반사였다.

리치는 하루 종일 콧구멍에서 느껴지는 호흡 감각들에 집중하라는 과제를 받았다. 그런데 가장 생생하게 느껴지는 감각은 호흡이 아니었다. 무릎과 허리 부위에서 지속적으로 느껴지던 강렬한 통증이었다. 첫날 수련이 끝나갈 무렵 '이렇게 9일을 더 보내야 한다니 끔찍하군!' 하는 생각이 절로 들었다.

그런데 사흘째 되던 날 커다란 변화가 일어났다. 머리에서 발끝으로, 다시 발끝에서 머리로 몸의 다양한 감각을 신중하고 빈틈없이 주의 깊게 관찰하라는 고엔카의 수행 지침이 있었다. 그 지침에 따라 수행을 하니, 주의의 초점이 자꾸 욱신거리는 통증으로 향하기는 해도 평온감과 행복감 또한 느껴지기 시작했다.

얼마 후에는 완전한 몰입 상태에 빠져들었다. 집중 수련이 끝나갈 무렵에는 한 번에 최대 네 시간 연속으로 앉아 있을 수 있게 되었다. 리치는 불이 다 꺼진 이후에도 명상실로 가서 몸의 감각을 대상으로 꾸준히 명상했다. 어떤 때는 새벽 1~2시까지 명상을 지속하곤 했다.

이 집중 수련에서 리치는 행복감을 경험했다. 집중 수련을 마친 후 리치는 엄청난 행복감을 느낄 수 있도록 마음을 변성하는 방법이 있을 거라고 강하게 확신했다. 무작위로 떠오르는 연상들이나 갑작스러운 두려움, 분노 그 외 모든 것에 지배당할 필요가 없었다. 우리가 키의 손잡이를 다시 쥘 수 있었다.

집중 수련을 마친 후에도 며칠은 여전히 행복감에 도취된 기분이었다. 수전과 함께 댈하우지에 머무르는 동안, 마음은 계속 하늘로 날아올랐다. 버스를 타고 들판과 초가집, 산악지대를 지나고, 사람들로 붐비는 평원의 도시들을 가로질러 시끌벅적한 델리의 도로에 도착하자, 그러한 황홀경도 서서히 잦아들기 시작했다.

그러한 명상 상태를 사라지게 하는 데 가장 큰 영향을 미친 것은 아마 수전과 리치가 걸린 위장병이었을 것이다. 둘은 델리에서 뉴욕 케네디 공항까지 가장 저렴한 비행기를 이용했는데, 중간에 프랑크푸르트에서 환승할 때까지 계속 괴로워했다. 24시간

꼬박 여행한 후 뉴욕에 도착하니, 부모님들이 마중 나와 있었다. 여름 내내 아시아에서 지낸 자식들을 한시라도 빨리 보고 싶은 마음에 공항까지 달려온 것이었다.

수전과 리치가 세관을 빠져나왔을 때 그들을 맞이한 가족들은 충격을 받고 공포에 질린 듯했다. 둘은 인도풍으로 옷을 입은 데다 지치고 병든 기색이 역력했다. 가족들은 두 사람을 끌어안는 대신 기겁한 채, "대체 무슨 짓을 하고 다니는 거니? 꼴이 정말 말이 아니구나!"라고 외쳤다.

가족들이 사는 뉴욕 북부 시골집에 도착하자 절반이나마 남아 있던 명상의 황홀경이 바닥을 치고 말았다. 리치의 기분은 비행기에서 내렸을 때 자신의 모습만큼이나 끔찍했다.

리치는 댈하우지의 집중 수련에서 도달했던 상태를 되살리려고 애썼지만 이미 사라지고 없었다. 어떤 면에서는 환각제를 먹었던 경험과 비슷했다. 기억은 생생했지만 그 기억들이 체화되지 않았고 영속적인 변화로 남지도 않았다. 그저 기억으로만 남았다.

번쩍 정신이 들게 했던 이 경험은 불타오르는 과학적 질문으로 바뀌었다. 명상을 통해 경험한 황홀경과 같은 상태는 얼마나 오래 지속될까? 어떠한 시점에서 이러한 효과를 지속적인 특성이라 생각할 수 있을까? 그러한 변화가 기억의 안갯속으로 사라지지 않고 지속적으로 체화되도록 하는 것은 무엇일까? 그리고 그 마음의 지형에서 자신은 어디에 있었던 것일까?

명상가를 위한 안내서

리치가 내면적으로 어디쯤에 있었는지를 상세히 설명해줄 수 있는 책이 있다. 수년 전 댄이 인도에 처음으로 체류했을 때 무닌드라가 한번 공부해보라며 권했던 두꺼운 책《청정도론淸淨道論 Visuddhimagga》이다. 책의 제목은 불교의 언어인 팔리어로 '정화의 길'을 의미한다. 부다가야에서 탐독했던 등사판 소책자들의 고대 원전이었다.

수백 년의 세월이 흘렀음에도《청정도론》은 상좌부 불교 전통을 따르는 미얀마와 태국 같은 지역의 명상가들에게 가장 신뢰할 만한 수행 지침서로 남아 있다. 그리고 현대적 해석을 거쳐 오늘날 '마음챙김 명상'의 뿌리인 통찰 명상insight meditation의 기본 틀을 제공하는 책이다.

마음의 가장 미묘한 영역을 가로지르는 법을 다루는 이 명상 안내서는 명상 상태의 세심한 현상학과 열반涅槃(산스크리트어로는 니르바나nirvana, 팔리어로는 닙바나nibbana)에 이르기까지 상태들의 진행 과정을 보여준다. 이 책에 따르면, 완전한 평화라는 고속도로를 정주행하려면, 한편으로는 고도의 집중을, 다른 한편으로는 매우 주의 깊은 알아차림 상태를 유지해야 한다.

또한 이 책은 숙련된 명상의 경지로 향해 가는 길에 만나게 되는 경험을 있는 그대로 설명하고 있다. 예를 들어, 집중의 길은 호흡에 주의를 돌리는 단순한 집중 훈련으로 시작된다(혹은《청정도론》에서 제시하는 40가지 집중 대상 가운데 어떤 것을 선택해도 무관하다). 초보자라면 완전한 집중과 방황하는 마음 사이에서 왔다 갔다 할 가능성이 높다.

처음에는 생각의 흐름이 폭포수처럼 밀려오는데, 초보자들은 이 때문에 마음이 자기 뜻대로 되지 않는다고 느끼면서 낙담하기도 한다. 사실 생각이 급류처럼 흐른다는 느낌이 드는 것은 우리의 자연스러운 상태에 세심한 주의를 기울였기 때문일 수 있다. 아시아 문화권에서는 이렇게 자연스러운 상태를 "원숭이처럼 들뜬 마음"이라고 부른다. 마음이 미친 듯이 날뛰기 때문이다.

《청정도론》에 따라 수행하면서 집중력이 강화되면, 방황하던 생각들이 우리를 마음의 뒷골목 어딘가로 끌어내리기보다는 점점 차분하게 가라앉는다. 생각의 흐름도 점점 느려져 강처럼 흐르다가 마침내 호수처럼 잔잔해진다. 명상 수련 중 마음 가라앉히기에 대한 고대의 은유처럼 말이다.

집중 상태가 지속되면, 한 단계 진보했음을 나타내는 첫 번째 중요한 징표인 '근접 삼매access concentration'에 이르게 된다. 이때는 주의가 이리저리 흐트러지는 일 없이 선택한 목표에 지속적으로 고정된다. 이 수준의 집중에 도달하면 기쁨과 평온이 함께 찾아오고, 가끔은 섬광 같은 감각 현상이 나타나기도 하며, 몸이 가벼워지는 느낌이 들기도 한다.

'근접'이라는 말은 완전한 집중, 즉 쟈나jhana(선정禪定)라고 불리는 완벽한 몰입에 도달하기 직전임을 암시한다. 쟈나는 산스크리트어 사마디와 유사한 상태이기도 하다. 쟈나 상태에서는 마음을 흐트러지게 하는 생각들이 완전히 사라진다. 마음이 강한 황홀감과 행복감으로 가득 차고, 주의가 명상 대상 단 하나에만 집중된 채로 계속 유지된다.

《청정도론》은 이보다 더 높은 수준의 쟈나 7가지를 더 열거한다. 쟈나의 수준들은 환희, 황홀감, 평온감 같은 미묘한 감정들이 느껴지는 정도에 따라 나뉜다. 애쓰지 않아도 집중이 유지되는 상태가 확고한 정도에 따라 쟈나 수준이 정해진다. 쟈나 상태 총 여덟 단계 중 네 번째 단계부터는 상대적으로 거친 감각인 행복감조차도 떨어져 나가고, 흔들리지 않는 집중과 평정심만 남게 된다. 그리고 가장 높은 8단계 쟈나에서는 '생각이 있는 것도 아니고 생각이 없는 것도 아닌' 미묘한 상태의 정제된 의식이 있다.

가우타마 붓다의 시대에는 사마디 상태의 완전히 집중된 몰입이 요기들을 해방으로 이끄는 지름길로 알려져 있었다. 전설에 따르면, 붓다 역시 고행자들과 함께 이 방법을 수행했지만, 그 길에서 벗어난 후 명상의 혁신적인 방법을 발견했다고 한다. 그것은 바로 의식 자체를 들여다보며 알아차리는 방법이다.

붓다는 쟈나만이 해방된 마음으로 가는 길은 아니라고 선언했다. 강한 집중이 엄청난 도움이 되기는 하지만, 붓다의 길은 다른 종류의 내적인 알아차림, 즉 통찰의 길로 방향을 바꾼 것이다.

다른 것들은 모두 배제한 채 오로지 하나에만 완전히 집중할 게 아니라, 마음속에 떠오르는 모든 것에 열려 있어야 한다. 주의를 기울이며 의식하지만 반응하지는 않는 '마음챙김' 상태를 유지하는 힘은 일념집중one-pointedness 능력에 따라 달라진다.

마음챙김 상태에서 명상가는 마음속에 무엇이 찾아오든 아무 반응 없이 그저 알아차릴 뿐이다. 그게 생각이든 소리든 어떠한 감각적 인상이든 반응하지 않고, 그저 주시하고 오고 가게 둔다. 여기서 핵심은 바로 '가게 두는 것'이다. 방금 떠오른 것에 관해 너무 많이 생각하거나 그로 인해 어떤 반응이 일어나게 두면, 마음챙김의 태도를 잃어버린 것이다. 그때의 반응이나 생각을 다시 마음챙김의 대상으로 삼지 않는다면 말이다.

《청정도론》은 주의 깊게 지속되는 마음챙김이 어떻게 우리를 최후의 깨달음인 니르바나를 향한 일련의 단계로 이끌어주는 더 세심한 통찰 수련으로 이어지는지 알려준다. 마음챙김은 우리 경험에서 연이어 '실제로 일어나는 것들을 명료하고 집중적으로 알아차리는 것'이다.[9]

통찰 명상으로의 전환은 생각과 알아차림의 관계에서 일어난다. 보통 우리의 생각은 우리가 무언가를 하도록 강요한다. 다시 말해, 싫어하는 것들은 싫어하는 것대로, 낭만적인 환상은 환상대로 감정과 행동을 유발한다. 그러나 강한 마음챙김 상태에서는 싫어하는 생각이나 낭만적인 환상 모두 똑같다. 그저 순간순간 지나가는 마음일 뿐이다. 우리는 하루 종일 생각에 쫓길 필요가 없다. 생각들은 마음이라는 극장 안에서 반복적으로 상영되는 짧은 영화나 예고편, 편집본과 다르지 않다.

마음을 일련의 과정으로 이해하고 나면, 생각의 유혹에 휩쓸리는 대신 통찰의 길로 들어서게 된다. 거기서 우리는 내면의 쇼와 우리의 관계를 거듭거듭 바꿔가면서 앞으로 나아간다. 매 순간 의식의 본질에 대해 더 많이 통찰하게 되는 것이다.

연못의 진흙이 가라앉으면 물속을 들여다볼 수 있듯이, 생각의 흐름이 잠잠해지면 우리의 정신이라는 집합체를 훨씬 더 명료하게 관찰할 수 있다. 예를 들어, 그 과정에서 명상가는 당혹스러울 정도로 빠르게 변화하는 순간순간을 지각하게 된다. 평소에는 장막 뒤 어딘가에 있어서 인지되지 않았을 뿐, 마음을 관통하며 질주하고 있었던 것이다.

리치가 명상에서 경험한 황홀경도 이렇게 진보하는 과정에서 도달하는 지점 중 하나였을 것이다. 하지만 그러한 황홀경은 기억의 안개 속으로 사라지고 없었다. 일시적으로 변성된 상태에 지나지 않았던 것이다.

인도에는 수년 동안 동굴에서 홀로 지내며 사마디의 심원한 상태들을 달성해낸 어느 수행자에 대한 이야기가 전해져 내려온다. 어느 날 내면 여행의 종착지에 도달한 것에 만족한 수행자는 산속 거처에서 내려와 마을로 향했다.

그날 시장은 사람들로 북새통이었다. 수행자가 군중 사이를 헤집고 앞으로 나아가는데, 때마침 지방 영주가 코끼리를 타고 지나가고 있어 사람들이 황급히 길을 터주느라 서로 이리저리 뒤엉혔다. 그때 수행자 앞에 서 있던 어린 소년이 뒤로 물러서면서 수행자의 맨발을 밟았다.

몹시 아팠던 수행자는 화가 나서 소년을 때리려고 지팡이를 들어 올렸다. 그러다 갑자기 자신이 무엇을 하려고 하는지를, 소년을 때리려 했던 자신의 분노를 알아차렸고, 바로 몸을 돌려 동굴로 돌아가 수련을 다시 시작했다고 한다.

이 이야기는 명상으로 고양된 황홀경과 영구적인 변화의 차이를 말해준다. 사마디(혹은 쟈나) 같은 일시적인 상태를 뛰어넘는 존재 자체의 지속적인 변성이 존재할 수 있다. 《청정도론》에 따르면, 이러한 변성이야말로 통찰의 길에서 가장 높은 단계에 도달해 거둘 수 있는 진정한 결실이다. 탐욕, 이기심, 분노, 악과 같이 부정적이고 강한 감정들은 사라지고, 평정심·친절함·연민심·기쁨 같은 긍정적 특성들이 그 자리를 채운다.

이러한 특성들은 명상의 다른 전통들과도 궤를 같이한다. 특정 수준에 도달하기까지 축적되는 변성적 경험에서 이러한 특성들이 나타나는지, 아니면 순전히 수련에 많은 시간을 투자했기 때문인지는 알 수 없다. 하지만 리치가 경험한 명상의 황홀경(첫 번째 쟈나는 아닐지라도 아마 근접 삼매 어디쯤에 해당하는 상태)은 변성된 특성이라고 부르기에는 충분하지 않았다.

통찰의 길을 통해 깨달음에 도달할 수 있다는 붓다의 발견은 그 시대의 요가 전통에 대한 도전이었다. 당시 요가 전통에서는 다양한 수준의 사마디, 즉 환희로 가득한 완전한 몰입에 이르기 위한 집중 명상의 길을 따르고 있었기 때문이다. 당시에 변성된 특성에 이르는 가장 좋은 방법을 두고 벌어진 논쟁의 핵심은, 통찰과 집중의 대립이었다.

잠시 환각제가 한창 유행하던 시기인 1960년대에 벌어진 또 다른 논쟁을 살펴보자. 당시 강력한 환각제인 LSD의 한 중독자는 "LSD를 하면 티베트 승려들이 20년 걸려 성취한 것을 경험할 수 있습니다. 단 20분 만에 얻을 수 있어요"라고 말한 적이 있다. 약물로 유도된 변화 상태를 수행의 결과와 동일하게 생각한 것이다.•

완전히 틀린 말이다. 약물로 유발된 상태의 문제는 화학물질이 몸에서 사라지고 나면 예전 그대로, 원래의 사람으로 돌아간다는 것이다. 하지만 리치가 발견했듯이, 명상으로 유발된 황홀경도 서서히 사라지는 건 마찬가지였다.

• Luria Castell Dickinson, Shella Weller, "Suddenly That Summer," *Vanity Fair*, 2012, 7, p. 72. 신경학자 올리버 색스Oliver Sacks도 마음을 변성시키는 약물에 대한 자신의 탐구에 관해서 비슷한 글을 쓴 적이 있다. "사람들은 명상 혹은 무아지경을 유도하는 유사한 기법들을 통해 초월 상태에 이를 수 있다. 어떤 약물은 그 지름길로 안내한다. 원한다면 언제라도 약물은 초월에 이르게 한다." Oliver Sacks, "Altered States," *The New Yorker*, 2012, 8, 27, p. 40. 하지만 약물은 변성된 상태를 유도할 수는 있으나, 변성된 특성을 만들어내는 데는 도움이 되지 않는다.

3

하나의 가설

Altered Traits

댄은 1973년 두 번째로 아시아를 찾았다. 이번에는 사회과학연구협의회의 박사 후 연구원 신분이었고, '민족심리학' 연구를 목적으로 내세웠다. 마음과 그 가능성을 분석하기 위해 아시아의 체계들을 조사하려는 것이었다. 댄은 처음 6개월간 스리랑카의 구릉지 마을 캔디에서 지냈고, 며칠에 한 번씩 명상 이론과 수련에 학식이 뛰어난 독일 출신의 상좌부 불교 승려 니야나포니카 테라Nyanaponika Thera를 찾아가 이야기를 나누었다. (이후 스리랑카를 떠난 댄은 인도 다람살라에서 수개월 머물며 티베트 기록 보관소 겸 도서관Library of Tibetan Works and Archives에서 연구를 계속했다.)

니야나포니카의 저술들은 주로 아비담마Abhidhamma를 다뤘다. 아비담마는 변성된 특성으로 의식을 변화시킬 수 있도록 인도하는 마음 설계도다. 이전까지 댄이 읽었던 명상 안내서들이 마음을 위한 수행 지도서였다고 하면, 아비담마는 이러한 안내서에 대한 분석적인 해설서였다. 그렇다고 해서 단순히 심리학적 체계에 그치는 것이 아니라 마음의 중요한 요소들이 무엇인지, 내면의 지형을 횡단하며 우리의 핵심 존재에 지속적인 변형을 일으킬 수 있는 방법은 무엇인지 상세히 설명하고 있었다.

어떤 부분들은 심리학과 밀접한 연관성을 보였다. 특히 마음의 '건강한' 상태와 '건강하지 못한' 상태 간의 차이를 역동적으로 요약한 부분은 상당히 설득력 있었다.• 우리의 정신 상태는 일정한 범위 안에서 너무도 빈번하게 요동친다. 가장 두드러지게 나타나는 상태는 탐욕, 이기심, 나태, 동요 등으로, 모두 마음의 지도에서 건강하지 못한 상태에 속한다.

반면에 건강한 상태에는 차분함, 침착함, 마음챙김, 현실에 근거한 자신감 등이 있다. 흥미롭게도, 건강한 상태들에 속하는 회복탄력성, 유연성, 적응성 등은 마음과 몸에 모두 적용된다.

건강한 상태는 건강하지 못한 상태를 억제하는데, 반대의 경우도 마찬가지다. 이 길을 따라 잘 전진하고 있는지 아닌지는 일상생활에서 우리가 보이는 반응들이 건강한 상태들을 향해 이동하고 있는지를 보면 알 수 있다.

깊은 집중에 몰두해 있는 동안 명상가의 건강하지 못한 상태들은 억제된다. 하지만 시장에 나왔던 그 수행자의 경우처럼, 집중

• 'healthy'와 'unhealthy'. 이 둘은 보통 학계에서는 'wholesome'과 'unwholesome' 'mental factor' 등으로 번역되어 통용되기도 한다.

적인 사마디 상태가 사라지면 언제든 건강하지 못한 상태가 예전 처럼 강력하게 다시 떠오를 수 있다. 반대로 고대의 불교심리학에 따르면, 통찰 수련의 수준이 점점 더 깊어지면 급진적인 변형이 일어나고, 결국 명상가의 마음은 건강하지 못한 여러 상태로부터 벗어나게 된다.

고도의 경지에 이른 수행자는 아무런 노력 없이도 건강한 쪽에 안착해 자신감, 회복탄력성 등을 가질 수 있다. 이러한 아시아의 심리학을, 댄은 몇 세기에 걸쳐 검증을 거친 실용적인 마음 모델로, 즉 정신 훈련이 어떻게 하여 고도로 긍정적인 변성된 특성으로 이어지는지 설명하는 하나의 이론으로 보았다. 2천 년이 넘는 세월 동안 명상 수련을 인도해온 것이 바로 이 이론이었다. 이렇게 체계적인 명상 이론은 전통 안에서 검증되어왔고, 우리를 충분히 매료시킬 만했다.

1973년 여름에는 리치와 수전도 6주 동안 캔디에 머물렀다. 앞 장에서 말했던, 고엔카와의 황홀하면서도 정신이 명료해지는 집중 수련을 위해 인도로 향하기 전이었다. 함께 캔디에서 지내는 동안 리치도 한 번은 정신적 웰빙 모델에 대한 조언을 얻고자 댄과 함께 험난한 정글을 뚫고 외딴 암자에 있는 니야나포니카를 찾아가기도 했다.*

* 니야나포니카의 원래 이름은 지크문트 페니거Siegmund Feniger였다. 1901년 독일에서 태어난 유대인으로 20대에 이미 불교도였다. 그는 또 다른 독일 태생 불교도인 니야나틸로카 테라Nyanatiloka Thera(안톤 궤스Anton Gueth)의 저서들에서 특히 영감을 받았다. 독일에

아시아에서의 두 번째 체류를 마치고 돌아온 댄은 하버드 대학교 객원 강사로 채용되었다. 그는 1974년 가을 학기에 '의식심리학The Psychology of Consciousness'이라는 제목으로 강의를 시작했다. 당시 풍조에 잘 맞는 시의적절한 강의였다. 적어도 학생 중 상당수는 연구실 밖에서 환각제나 요가, 심지어 명상에 관해서까지 자체 연구를 수행하고 있었다.

의식심리학 강의가 개설되자 수백 명의 학부생이 몰렸다. 강의에서는 명상과 명상으로 변성된 특성들, 불교의 심리학 체계 그리고 당시에는 거의 알려진 게 없었던 주의attention의 역학을 모두 다뤘다. 신청한 학생이 너무 많아, 강의실을 당시 하버드에서 가장 규모가 큰 1,000석 규모의 샌더스 시어터Sanders Theatre로 옮겨야 했다.** 대학원 3년차였던 리치는 조교를 맡았다.***

서 히틀러가 부상하자, 페니거는 당시 실론섬이라 불렸던 스리랑카로 떠나, 콜롬보 근처의 수도원에 머물고 있던 니야나틸로카와 합류했다. 니야나틸로카는 깨달음을 얻은 것으로 알려진(즉 아라한arhant) 미얀마 승려와 함께 명상을 공부했고, 니야나포니카는 나중에 전설적인 미얀마 명상의 대가이자 학자이며 무닌드라의 스승이기도 한 마하시 사야도와 함께 명상을 공부했다.

** 그 강의에는 학생이 아닌 이들도 많이 몰려들었다. 나중에 초기 소프트웨어 성공 기업의 하나인 로터스Lotus를 설립한 미치 케이퍼Mitch Kapor도 그중 한 사람이었다.

*** 리치 말고도 걸출한 경력을 이어간 또 한 명의 조교가 있었다. 바로 하버드 경영 대학원 교수가 된 쇼샤나 주보프Shoshanah Zuboff다. Shoshanah Zuboff, *In the Age of the Smart Machine* (Basic Book, 1989). 그리고 수강생이었던 조엘 맥클리어리Joel McCleary는 지미 카터 행정부의 일원이 되어, 달라이 라마가 처음으로 미국을 방문할 때 국무부 승인을 얻어내는 데 중요한 역할을 했다.

의식심리학이라는 강의명은 물론, 강의에서 다룬 주제 대부분은 당시 심리학의 전통적인 흐름에서 많이 벗어나 있었다. 예상 가능한 결과였지만, 댄은 강의를 마친 후 후속 강의 제의를 받지 못했다. 하지만 그때까지 우리는 여러 저술과 연구를 함께했다. 리치는 이 분야에서 자신의 연구를 계속한다는 생각에 흥분해 있었고, 당장 시작하고 싶어 했다.

스리랑카에서 함께 지낼 때부터 그리고 댄이 의식심리학 강의를 하는 동안, 우리는 계속 논문의 초고를 작성하는 데 매달렸다. 심리학계의 동료들에게 변성된 특성들을 설명하는 논문이었다. 댄의 첫 번째 논문은 어쩔 수 없이 근거가 빈약한 주장들과 연구들을 토대로 대부분 추정에 의해 기술되었지만, 이제 우리는 변성된 특성들에 이르기 위한 설계도, 즉 내면의 변형을 위한 알고리즘을 가지고 있었다. 우리는 이 지도를 당시까지 과학계에 쌓인 얼마 안 되는 데이터와 연결하기 위해 씨름하고 있었다.

케임브리지로 돌아온 후 우리는 오랫동안 대화를 나누며 이 문제를 곰곰이 생각해보았다. 당시 채식주의자였던 우리는 브래틀가에 있는 베일리 아이스크림 가게에서 캐러멜 선데를 먹으며 대화에 열중했다. 바로 여기서 극도로 긍정적인 변성된 특성들에 대한 우리의 첫 번째 서술을 뒷받침할 자료를 종합했다. 그리고 장차 학술지에 실릴 논문을 완성해나갔다.

논문 제목은 '명상과 최면에서 주의의 역할: 의식의 변형에 대한 정신생물학적 관점The Role of Attention in Meditation and Hypnosis:

A Psychobiological Perspective on Transformations of Consciousness'이었다. 여기서 핵심은 바로 '의식의 변형transformations of consciousness'이었다. 당시 우리가 변성된 특성을 칭하기 위해 사용하던 용어였다. 우리는 의식의 변형을 '정신생물학적' 현상으로 보았다(지금은 '신경학적' 변화로 본다). 그리고 최면은 명상과 달리 주로 상태 효과들을 낳을 뿐, 명상처럼 특성 효과들을 가져오지는 않는다고 주장했다.

환각에서 오든 명상에서 오든, 그때 우리가 관심을 가진 것은 변성된 특성이라기보다 변성된 상태였다. 그런 "황홀경을 경험한 후에도 여전히 우리는 예전과 똑같은 얼간이였다." 그 후 학술지에 실린 논문에서는 이 생각을 좀 더 공적인 언어로 표현했다.

우리는 명상을 통해 어떻게 변화될 수 있는지에 대한 아주 기본적인, 하지만 너무 자주 일어나는 혼란에 관해 이야기하고 있었다. 어떤 사람들은 명상 시간 동안, 특히 장기간의 집중 수련 동안 경험했던 놀라운 상태에만 집착하면서 이후의 지속적인 변성에는 거의 주목하지 않는다. 이러한 상태를 자신들의 영속적인 특성으로 바꾸는 데 관심이 없다. 그저 높은 경지만을 가치 있게 여기면서 수련의 진정한 핵심을 놓친다. 지속적인 방식으로 하루하루 우리를 변성시키는 것이야말로 수련의 핵심 중 핵심이다.

우리가 이것을 이해하게 된 것은 좀 더 최근의 일이었다. 어느 날 리치의 연구실에서 어느 장기 명상 수련자가 보여준 명상 상태와 그 상태에서의 뇌 패턴들에 대해 달라이 라마와 이야기할 기회가 생겼을 때였다. 이 명상 전문가가 특정한 종류의 명상, 예를 들어 집중 또는 시각화하고 있을 때, 뇌 영상 데이터는 명상으로 인한 각각의 변화된 상태마다 뚜렷이 다른 신경 단면도neural profile를 보여주었다. 이에 대해 달라이 라마는 이렇게 논평했다.

"오, 그거 좋네요. 수행자의 능력 몇 가지를 보여주는 데 성공했군요."

여기서 달라이 라마가 말한 수행자는 히말라야 동굴에 살며 몇 달 혹은 몇 년 동안 집중적으로 명상을 수행한 사람을 의미했다. 요즘 대중적으로 높은 인기를 끌고 있는 것처럼, 신체 단련을 목적으로 하는 일반적인 요가 수행자를 말한 것이 아니었다.•

이어서 그는 "어떤 사람이 명상가임을 보여주는 진정한 표시는 마음속의 부정적인 감정에서 벗어나는 수련을 했다는 것입니다"라고 덧붙였다.

• 현대의 요가 센터에서 수련하는 수백만의 사람은 오늘날에도 외딴곳을 찾아 은밀하게 수련하는 아시아 요기들의 표준적인 방법들을 그대로 따라 하는 게 아니다. 전통적으로 이런 수련법들의 지도는 한 명의 스승(구루)이 한 명의 제자를 상대로, 즉 일대일로 이루어진다. 요가 스튜디오에서처럼 수업이 이루어지는 게 아니다. 그리고 '현대의 요가' 하면 떠오르는 일련의 자세들은 여러 면에서 전통적인 요가 수련과 다르다. 서서 하는 자세들은 최근에 이루어진 혁신의 산물이다. 일련의 자세들이라는 구성은 일련의 동작들을 행하는 유럽의 운동 방식에서 빌려온 것이다. 그리고 자연에서 생활하는 요기들은 마음을 가라앉히고 명상 상태들을 촉발하기 위해, 현대의 요가 프로그램에서 하는 것보다 프라나야마pranayama(호흡법)를 더 많이 활용한다. 현대의 요가 프로그램은 장시간의 좌식 명상[요가의 원래 목적은 아사나asana(체위법)였다]을 지원하기 위해서라기보다는 피트니스 목적으로 설계되었다. Willam Broad, *The Science of Yoga*(New York: Simon & Schuster, 2012).

이러한 경험의 법칙은《청정도론》의 시대 이전부터 있었다. 중요한 것은 그 과정에서의 황홀경이 아니라 어떤 바람직한 사람이 되느냐다.

우리는 경험을 통해 만들어낸 명상의 지도地圖 그리고 빈약한 과학적 증거를 어떻게 조화시킬 것인지에 대해 고민을 거듭한 끝에 하나의 가설을 세웠다. **"명상을 지속적으로 실천하면 긍정적 변성 상태가 일상이 된다."**

설명하자면 다음과 같다. 긍정적 변성은 명상 수련 이후에도 이어지는 지속적인 변형을 의미한다. 명상을 지속적으로 실천하면 긍정적 변성이 일어나 변형의 결과가 일상에서 나타난다.

그렇다면 반복적인 수련을 통해 친절, 인내, 현존, 편안함 같은 고도로 긍정적인 특성을 계속 구현해내게 하는 생물학적 경로가 존재할지도 모른다. 우리는 그러한 가능성에 강한 호기심을 느꼈다. 그리고 명상이, 앞서 언급한 긍정적 신경 회로의 패턴을 만들어내는 유익한 도구라 주장했다.

1970년대 당시 명상 같은 이국적인 주제에 관심을 보이는 학술지는 두세 개 정도였고, 우리는 그중 한 곳에 논문을 게재했다.[1] 과학적 근거가 부족하긴 했지만, 변성된 특성들에 대한 우리의 생각을 어렴풋하게나마 설명한 첫 번째 논문이었다. "가능성이 곧 증거는 아니다"라는 격언은 우리 논문에도 적용된다. 우리가 가지고 있었던 것은 가능성이었을 뿐, 그 가능성을 확신할 만한 것은 거의 없었고 증거도 희박했다.

우리가 이 주제에 관해 제일 처음 논문을 썼을 때는 우리에게 필요한 증거를 제공할 만한 과학적 연구가 거의 없었다. 그 논문을 게재한 지 몇십 년이 흐른 후에야 리치는 고도로 숙련된 명상가들을 대상으로 과학적 증거를 찾아냈다. 그들의 '일상적' 상태는 명상을 전혀 한 적이 없거나 명상을 약간 경험한 사람들의 '일상적' 상태와 사뭇 달랐다. 이것이 바로 변성된 특성을 나타내는 지표였다(12장 참조).

당시 심리학에 몸담은 어느 누구도 변성된 특성에 대해 이야기하지 않았다. 게다가 우리가 사용한 자료는 심리학자들에게는 대단히 특이한 것이었다. 아시아 밖에서는 입수하기 어려웠던 고대의 명상 안내서들, 집중 명상 수련에 참가했던 우리 자신의 경험 그리고 고도로 숙련된 수행자들과의 우연한 만남이 근거였다. 우리는 심리학의 이단아 혹은 괴짜들이었다. 하버드 대학교 동료 중 일부도 분명히 우리를 그렇게 봤다.

변성된 특성들에 대한 우리의 비전vision은 우리 시대의 심리학과 과학을 훌쩍 뛰어넘은 것이었다. 위험천만한 일이었다.

과학의 발달

창의적인 연구자가 참신한 아이디어를 만들어내면, 그 아이디어는 일련의 사건을 촉발한다. 그 과정은 진화상의 자연변이와 매우 흡사하다. 새로운 아이디어들을 건전한 방법으로 실험하고 평가하기 때문에, 그릇된 가설들은 제거되고 정당한 가설들은 퍼져나간다.[2]

그렇게 하기 위해서 과학은 회의론자와 사색가들 간의 균형을 맞출 필요가 있다. 즉 넓은 그물을 던진 채 상상력을 통해 사유하고, '만약'이라는 문제를 고심하는 사람들을 필요로 한다. 지식의 거미줄은 우리 같은 사색가들이 제시한 원래의 아이디어를 시험함으로써 점점 더 커진다. 보수적인 입장을 고집하는 사람들만 과학을 한다면, 혁신은 거의 일어나지 않을 것이다.

경제학자 조지프 슘페터Joseph Schumpeter가 오늘날 유명세를 얻게 된 것은 '창조적 파괴'라는 개념 덕분이었다. 시장에서 새로운 것이 오래된 것을 붕괴시킨다는 이론이다. 변성된 특성들에 대해 느꼈던 우리의 초기 직감들은 슘페터가 '비전'이라고 칭한 것에 잘 들어맞는다. 분석적인 노력에 방향과 에너지를 제공하는 직관적인 행동을 비전이라 일컬었기 때문이다. 슘페터가 말했듯이, 비전은 "기존의 과학적 사실, 방법, 결과에서는 찾을 수 없던" 새로운 시각에서 사물을 볼 수 있게 해준다.[3]

이런 의미에서 볼 때 우리는 분명 비전을 가지고 있었다. 하지만 긍정적인 영역의 변성된 특성을 탐구하기 위해 이용할 수 있는 방법과 데이터는 변변치 않았다. 그리고 이렇게 심오한 전환을 허락해주는 뇌의 메커니즘에 대해서도 알지 못했다. 우리는 결연히 주장을 펼쳤지만, 이 퍼즐의 중요한 과학적 조각을 찾기에는 시기적으로 너무 앞서 있었다.

우리 논문의 데이터는 명상 상태를 유발하는 방법을 많이 수련하면 할수록, 수련 시간 이후에도 지속적 영향이 더 많이 나타난다는 생각을 살짝, 아주 살짝 뒷받침할 뿐이었다. 그러나 그 후로 수십 년 동안 뇌과학이 발달함에 따라 우리가 제시한 아이디어를 뒷받침해줄 수많은 논리적 증거가 쏟아져 나오기 시작했다.

1973년 리치가 뉴욕에서 열린 신경과학회Society for Neuroscience의 첫 학회에 참석했을 때, 거기 모인 과학자들은 대략 2,500명이었다. 모두가 새로운 분야의 탄생을 기뻐했다. 그리고 오늘날 같은 학회에 신경과학자 30,000명 이상이 참여하게 되리라고는 아무도 예상하지 못했다.* 1980년대 중반이 되자 신경과학회의 초창기 학회장들 중 한 명인 록펠러 대학의 브루스 맥웬Bruce McEwen이 우리에게 과학적 무기를 제공해주었다.

맥웬은 나무두더지로 실험했다. 서열이 높은 나무두더지 한 마리와 서열이 낮은 나무두더지 한 마리를 같은 우리에 28일 동안 두는 실험이었다. 악마 같은 상사와 함께 한 달간 24시간을 일터에 갇힌 직장인의 상황을 설치류 버전으로 재현해낸 것이라 할 만했다. 맥웬의 연구에서 충격적이었던 것은 서열이 낮은 나무두더지의 뇌에 일어난 변화였다. 기억을 담당하는 해마의 수상돌기

---

* 이때는 신경과학이라는 분야가 주로 사람이 아닌 동물들을 대상으로 한 연구들을 토대로 막 형성되고 있던 시절이었다. 신경과학회는 1971년에 첫 회의를 개최했는데, 리치가 이 학회에 처음으로 참석한 것은 5번째 회의 때였다.

가 줄어든 것이었다. 뉴런의 수상돌기는 세포가 쭉 뻗어나가 다른 신경 세포와 연결하는 역할을 해준다. 따라서 수상돌기가 줄어들었다는 것은 기억에 결함이 생겼다는 것을 의미한다.

맥웬의 연구 결과는 뇌 신경과학계에 적지 않은 파장을 일으켰다. 어떤 경험이 뇌에 흔적을 남길 수 있다는 가능성을 열어주었다. 맥웬은 심리학을 위한 성스러운 목표에 초점을 맞추고 있었다. 스트레스를 주는 사건들이 신경에 상처를 줄 수 있으며, 이러한 상처가 쉽게 사라지지 않고 뇌에 흔적을 남길 수 있다는 실험 결과는 당시로서는 상상하기 힘든 일이었다.

실험실 쥐에게 스트레스를 주면 성장에 영향을 미친다는 사실은 널리 알려져 있었다. 맥웬의 실험에서는 강도를 높였을 뿐이었다. 당시 실험용 쥐는 일반적으로 몇 주나 몇 달 동안 계속 우리 안에 갇혀 있는 환경에서 지냈다. 운이 좋다면 운동을 할 수 있는 쳇바퀴를 얻기도 했다.

혼자 지내면서 사회적으로 고립된 실험용 쥐가 있다. 또 한쪽에는 장난감도 많고 오르내릴 장치가 있으며 다채로운 색으로 칠해진 공간에서 친구와 함께 지내는 실험용 쥐가 있다. 바로 캘리포니아 대학교 버클리 캠퍼스의 매리앤 다이아몬드Marian Diamond가 자신의 실험실 쥐들을 위해 만든 환경이었다. 맥웬과 거의 같은 시기에 연구를 진행했던 다이아몬드는, 후자의 쥐들에게서 뉴런을 연결하는 수상돌기 가지들이 두꺼워지고 주의와 자기 조절self-regulation에 중요한 부위인 전전두피질 같은 부위가 커

진 것을 발견했다.[4]

맥웬의 연구는 부정적인 사건이 어떻게 뇌의 부위를 줄어들게 만들 수 있는지 보여준 반면, 다이아몬드의 연구는 긍정적 측면을 강조했다. 그러나 다이아몬드의 연구는 신경과학계에서 별 반응을 이끌어내지 못했다. 아마도 그 내용이 신경과학 분야에 만연한 믿음에 정면으로 도전했기 때문일 것이다. 당시 통념은 우리의 뇌 안에 존재하는 뉴런의 숫자는 출생 시점에 최대치이고, 그 후로는 평생에 걸쳐 조금씩 죽어가면서 계속 줄어든다는 것이었다. 우리의 경험은 뉴런의 숫자와 아무 관련이 없다고 믿고 있었다.

맥웬과 다이아몬드의 연구 결과를 보며, 우리는 이런 궁금증이 들었다. 만약 나쁜 쪽으로든 좋은 쪽으로든 쥐의 뇌에 변화가 일어난다면, 어쩌면 올바른 경험은 유익한 변성된 특성들이 나타나는 방향으로 인간의 뇌를 변형시킬 수 있지 않을까? 명상이 바로 그런 변화가 일어나도록 도움을 주는 내면 운동이지 않을까?

가능성을 잠깐 엿보았을 뿐이지만, 그것만으로도 흥분되었다. 정말로 혁신적인 무언가가 가까운 미래에 등장하리라는 것을 감지했기 때문이었다. 그러나 우리의 직감을 뒷받침해줄 증거가 나오기까지는 수십 년이 걸렸다.

커다란 도약

1992년, 리치는 위스콘신 대학교 사회학과로부터 중요한 세미나에서 강의를 해달라는 요청을 받고 긴장하지 않을 수 없었다. 사회과학 분야에서 수년간 벌어져온 '자연nature'과 '양육nurture'을 둘러싼 논쟁에 끌려 들어가고 있다는 것을 알았기 때문이다. '자연' 진영은 유전자가 행동을 결정한다고 보았고, '양육' 진영은 우리의 경험이 행동을 결정한다고 보았다.

이 논쟁은 길고도 추한 긴 역사를 가지고 있다. 19세기와 20세기 초반 인종 차별주의자들은 흑인, 아메리카 원주민, 유대인, 아일랜드인 그리고 다른 많은 대상에 대한 편견을 지지하는 과학적 근거를 위해 유전학을 방대하게 왜곡해왔다. 인종주의자들은 대상 집단이 교육적·경제적 성취 면에서 지체를 보이면, 기회 불균형이라는 측면을 완전히 무시하고 모든 것을 유전적 운명의 탓으로 돌렸다. 그 결과 사회과학 분야에서 반발이 일었고, 위스콘신 대학교 사회학과의 많은 연구자는 생물학적 설명이라면 뭐든 깊은 회의를 품게 되었다.

그러나 리치는 일부 사회학자들이 생물학적 원인을 모두 집단 간의 유전적 차이로 환원해버리고, 그래서 바꿀 수 없다고 간주하면서 과학적 오류를 범하고 있다고 느꼈다. 그의 관점에서 이러한 사회학자들은 이념적 태도에 휩쓸렸을 뿐이었다.

리치는 자연과 양육 사이의 다툼을 해결하기 위해 '신경가소성neuroplasticity'이라는 개념을 처음으로 제안했다. 그는 이 개념을 통해 반복적 경험이 뇌의 변화와 형성에 관여할 수 있다고 설명했다. 자연과 양육 중 하나를 선택할 필요는 없다. 자연과 양육이 상호작용하며 영향을 미치기 때문이다.

신경가소성이라는 개념은 적대적 관점을 깔끔하게 조화시켰지만, 리치의 이러한 제안은 여전히 기존 과학계의 통념과 거리가 멀었다. 새로운 개념을 뒷받침할 자료가 부족했기 때문이다.

그러나 불과 몇 년 뒤 상황이 바뀌었다. 과학적 발견들이 폭포수처럼 쏟아진 것이다. 예를 들어, 악기 연주에 통달하면 이와 관련된 뇌의 중추들의 크기가 커진다.[5] 예컨대, 왼손 손가락으로 계속 이 줄 저 줄을 재빨리 눌러야 하는 바이올리니스트들은 손가락 놀림을 관장하는 뇌 영역들이 확장되었고, 연주 시간이 길면 길수록 더 커졌다.•

• 바이올리니스트 6명, 첼리스트 2명, 기타리스트 1명, 그리고 그들과 성별과 나이를 맞춘 비음악가 6명으로 이루어진 대조군이 음악 훈련이 뇌에 미치는 영향에 대한 연구에 피험자로 참여했다. 그 음악가들의 훈련 기간은 적게는 7년에서 많게는 17년으로 다양했다. 중요한 것은, 음악가들이 모두 현악기를 연주했으며 오른손잡이였다는 사실이다. 이 음악가들이 연주를 할 때, 왼손은 끊임없이 움직이며 계속 이 줄 저 줄 누르는 역할을 한다. 현악기 연주는 상당한 손재주를 필요로 하며, 따라서 능숙한 연주를 하면 핵심적인 촉감 민감도가 향상된다. 뇌에서 생성되는 자기 신호를 측정하는 것은 전기 신호를 측정하는 것과 상당히 흡사한데(하지만 공간 해상도가 더 높다), 이 측정 기법을 사용했더니 왼손 손가락의 사용과 관련된 피질 표면의 크기가 비음악가들과 음악가들 사이에 현격하게 차이가 나는 것으로 나타났다. 즉 음악가의 경우가 훨씬 더 컸다. 그리고 그중에서도 이 영역의 크기가 꽤 큰 사람들은 조기에 훈련을 시작한 음악가들이었다. T. Elbert et al., "Increased Cortical Representation of the Fingers of the Left Hand in String Players," *Science* 270: 5234(1995): 305-7; doi:10.1126/science.270.5234.305.

자연 실험

앞을 똑바로 보고 팔을 앞으로 쭉 뻗은 채 손가락 하나를 세워보라. 여전히 앞을 똑바로 보면서 그 손가락을 코 오른쪽으로 60센티미터 정도 천천히 움직여보라. 손가락은 오른쪽으로 움직이지만, 눈은 정면을 집중해서 보고 있어야 한다. 손가락은 시야의 바깥쪽 가장자리, 즉 주변시peripheral vision에 위치하게 될 것이다.••

손가락을 코의 오른쪽이나 왼쪽으로 움직일 때, 사람 대부분은 보이지 않는 순간을 경험한다. 그런데 그렇지 않은 사람들이 있다. 바로 청각 장애인들이다.

청각 장애인의 이런 특이한 시각적 이점은 오래전부터 알려져 있었지만, 뇌과학적 근거는 최근에야 알려졌다. 그리고 그 메커니즘은 다시 신경가소성으로 돌아온다.

이와 같은 뇌 연구들은 선천성 청각 장애와 같이 자연 발생 상황을 이용해 소위 '자연 실험experiments of nature'을 하게 된다. 오리건 대학교 신경과학자 헬렌 네빌Helen Neville은 뇌 가소성에 열정적인 관심을 가지고 있던 터에, 마침 MRI 뇌 스캐너를 이용해 시각 시뮬레이션으로 청각 장애인들과 정상인들을 모두 실험해 볼 기회를 갖게 되었다. 시각 시뮬레이션은 청각 장애인이 신호

•• 전문 용어로, '부중심와 시각parafoveal vision'이라고 한다. 중심와는 바로 앞에 있는 물체로부터 입력을 받아들이는 망막의 영역인 반면, 부중심와는 오른쪽 혹은 왼쪽으로 멀리 치우친 정보를 받아들이는 영역이다.

언어를 읽을 때 보는 것을 모방한 것이었다.

수화는 커다란 몸짓이다. 청각 장애인은 다른 청각 장애인이 보내는 신호를 읽을 때, 일반적으로 신호를 보내는 손의 움직임을 직접적으로 보는 대신 신호를 보내는 사람의 얼굴을 바라본다. 이렇게 큰 몸짓들 중 일부는 시야 가장자리에서 움직이며, 따라서 자연스럽게 뇌가 시각의 바깥 가장자리에서 인식할 수 있는 능력을 발휘한다. 신경가소성은 청각 장애인이 수화를 배우고 시야의 가장자리에서 무슨 일이 일어나고 있는지 읽는 시각적 과제를 수행하도록 유도한다.

일반적인 청각 장애인은 헤쉴 이랑Heschl's gyrus이라 알려진 일차 청각피질primary auditory cortex의 기능을 하는 신경 영역에서 감각 입력이 일어나지 않는다. 네빌은 청각 장애인의 뇌가 변형되어 있어 청각 시스템의 일부가 시각 회로와 함께 작용하도록 바뀌어 있다는 것을 발견했다.•

• 네빌은 평균 연령 30세의 선천적 중증 청각 장애인 10명에 대해 연구하면서, 그들과 나이와 성별이 비슷하고 청력이 전혀 손실되지 않은 집단과 비교했다. 네빌의 팀은 그들의 부중심와 시각을 평가하기 위해 다음과 같은 과제를 고안해 테스트했다. 깜박이는 노란색 원들이 스크린에 제시된다. 대부분은 천천히 깜박이지만, 일부는 빠르게 깜박인다. 테스트 참여자들에게는 빠르게 깜박이는 노란색 원을 보면 버튼을 누르라는 과제가 주어졌다. 그 원들은 때론 스크린의 중앙 쪽에서 나타났고, 때론 가장자리 쪽에서, 즉 부중심와 시각에서 나타났다. 청각 장애인 참여자들은 노란색 원들이 주변부에서 나타났을 때 대조군보다 더 정확하게 탐지해냈다. 이런 발견은 사실 예상된 것이었다. 청각 장애인들은 모두 신호 언어에 능숙하고, 따라서 그들은 대조군과는 달리 중앙에 위치하지 않은 정보를 쉽게 인식하는 시각적 경험을 하기 때문이다. 가장 놀라운 발견은, 귀에서 시작되는 최초의 업스트림upstream 입력을 받아들이는 피질 영역인 일차 청각피질이, 옆쪽에 치우

이러한 발견을 통해 뇌가 반복적 경험에 반응해 어떻게 근본적으로 회로를 재구성할 수 있는지 알게 됐다.** 음악가, 청각 장애인, 수많은 사람을 대상으로 한 연구를 통해 우리는 그토록 기다려왔던 증거를 발견할 수 있었다. 신경가소성은 증거에 기반하는 프레임과 현재의 과학적 사고의 관점에서 볼 때 합리적이고 매우 설득력이 있는 개념이다.*** 우리가 오랫동안 탐색해왔던 과학적 기저였다. 말하자면, 명상 같은 의도적인 마음 훈련이 어떻게 뇌를 변화시킬 수 있는지, 변화의 메커니즘이 무엇인지 실증적으로 보여준 예다.

쳐 제시된 원들에 반응하여 활발하게 활성화되었다는 것, 그리고 그것은 오로지 청각 장애인 피험자에게서만 나타났다는 것이었다. 청력에 이상이 없는 피험자들은 시각 입력에 대한 반응으로 이 일차 청각피질의 활성화가 전혀 나타나지 않았다. G. D. Scott, C. M. Karns, M. W. Dow, C. Stevens, H. J. Neville, "Enhanced Peripheral Visual Processing in Congenitally Deaf Humans Is Supported by Multiple Brain Regions, Including Primary Auditory Cortes," *Frontiers in Human Neuroscience* 2014:8 March: 1-9; doi: 10.3389/fnhum.2014.00177.

** 이 연구는 뇌의 각 영역이 특정한 기능을 갖고 있으며 이것들이 변화하지 않는다는 신경과학의 오래된 믿음을 잠재운다.

*** 이 개념은 심리학에서 중요하게 여겨졌던 여러 가정에 도전하는 것이었다. 예를 들어, 성년 초기에 고정된 성격이 시간이 흐르고 환경이 달라져도 계속 유지된다는 가정을 들 수 있다. 이것은 한번 형성된 당신이라는 인격체가 일생 동안 그대로일 것이라는 전제다. 신경가소성은 그런 가정과는 다르게 삶의 경험이 개인의 특성을 어느 정도 변성시킬 수 있음을 암시했다.

변성된 특성 스펙트럼

변성된 특성들은 다양한 스펙트럼을 보인다. 한쪽 끝은 부정적인 것에서 시작한다. PTSD가 대표적인 예다. 편도체는 위협을 찾아내는 신경 레이더 역할을 한다. 어떠한 비상 상황이 생기면 편도체는 뇌의 나머지 부분이 그에 반응하도록 만드는 역할을 한다. 엄청난 외상을 입은 경우 편도체는 그 기준점을 재설정해 훨씬 더 민감하게 반응하도록 만든다.[6] PTSD 증상을 가진 사람들의 경우 외상적 경험을 떠올리게 하는 모든 신호가 플래시백flashback(현실에서 어떠한 단서를 접했을 때, 그것과 관련된 강렬한 기억에 지배되어 현실과 격리되는 현상—옮긴이), 불면증, 짜증, 극도의 불안감을 유발하는 과민성 신경 반응을 연쇄적으로 일으킨다.

변성된 특성 스펙트럼에서 긍정적인 방향으로 이동하면, 아이가 안정되었을 때와 같이 신경에 유익한 영향을 미치는 예들이 존재한다. 부모의 공감, 염려, 세심한 보살핌 속에서 자란 아이의 뇌는 안정감 속에서 형성된다. 어린 시절에 이런 식으로 뇌가 형성되면, 성인이 된 후 화가 나도 금세 마음을 진정시킬 수 있게 된다.[7]

변성된 특성에 대한 우리의 관심은 단순히 건강한 스펙트럼에만 머물지 않는다. 그 너머에 있는 훨씬 더 유익한 영역, 즉 존재의 건강한 특성들을 향하고 있다. 평정심과 연민심같이 극도로 긍정적인 변성된 특성을 얻는 것이 명상 전통에서 마음을 훈련하는 목적이다. 매우 긍정적인 이 영역을 이 책에서 우리는 '변성된 특성'이라는 용어로 표현하고 있다. 더 공식적으로 말하자면, 변성된 특성은 의도적인 마음 훈련에서 비롯되고, 뇌의 변화를 수반하는 사고, 감정, 행동의 지속적이고 유익한 특성을 나타낸다.

신경가소성은 우리가 우연히 만났던 소수의 탁월한 요기, 스와미, 불교 승려, 라마승 들이 반복적인 수련을 거쳐 지속적인 특성을 만들어낸 방법의 과학적 근거가 될 수 있다. 그들의 변성된 특성은 더 높은 수준에서의 지속적인 변형을 묘사한 고대 문헌의 설명과 정확하게 일치한다.

산만하지 않은 마음은, 과학과 명상이 공유하는 목표인 인간의 고통을 줄여준다는 점에서 가치가 있다. 그러나 높은 깨달음의 경지에 이르지 못한 일반 사람들에게도 이미 고통을 조용히 성찰할 수 있는 잠재적인 힘이 내재해 있다. 그러한 삶을 가장 잘 묘사하는 말로 '풍요로움'을 들 수 있지 않을까?

번영

전설에 따르면, 알렉산더대왕이 군대를 이끌고 지금의 인도 카시미르 지방을 통과했을 때, 평원이 이어지는 실크로드의 한 지점인 풍요로운 도시 탁실라에서 금욕하는 수행자 무리를 만났다고 한다.

수행자들은 알렉산더대왕의 사나운 병사들을 보고도 무관심한 반응을 보이면서, 제아무리 알렉산더라도 지금 발로 딛고 있는 땅만 가질 수 있고 언젠가는 자신들과 똑같이 죽을 거라 말했다.

수행자를 가리키는 그리스어 'gymnosophist'는 '벌거벗은 철학자들'이라는 뜻이다(오늘날에도 인도의 일부 수행자들은 몸에 재만 바른 채 벌거벗은 상태로 돌아다닌다). 수행자들의 평정심에 깊은 인상을 받은 알렉산더는 그들이 '자유로운 사람'이라 생각했고, 심지어 수행자 깔랴나Kalyana를 설득해 자신의 정복 여정에 동행시켰다. 분명 그 수행자의 생활방식과 견해가 알렉산더가 받은 학교 교육과 일맥상통하는 면이 있었을 것이다. 그리스 철학자 아리스토텔레스Aristotele에게서 가르침을 받았으니 말이다. 알렉산더대왕은 평생 동안 배움에 대한 뜨거운 열정을 보인 것으로 유명했다. 그 수행자들을 지혜의 또 다른 원형으로 인식했을지도 모른다.

그리스의 철학 학파들은 개인적인 변형이라는 이상을 옹호했다. 이것은 아시아 학파들의 주장과 놀랄 만큼 궤를 같이하는 것으로, 알렉산더는 아마도 깔랴나와 대화를 나누면서 그 점을 알아챘을 것이다. 그리스인들, 그리고 그들의 후계자인 로마인들은 오늘날까지 이어지는 서구 사상의 토대를 쌓았다.

아리스토텔레스는 삶의 목적을 미덕에 기초한 유데모니아eudaimonia, 즉 행복·번영으로 상정했다. 이러한 견해는 현대에 와서도 수많은 모습으로 변형되며 계속 이어져 내려오는 관점이다. 아리스토텔레스의 말에 따르면, 양극단 사이의 '적절한 균형'을 찾음으로써 미덕을 얻을 수 있다고 했다. 다시 말해, 용기는 겁 없음과 비겁함 사이에 있으며, 이는 자기 방종과 금욕적인 고행 사이에서 단련되는 절제다.

그리고 알렉산더는 우리가 천성적으로 선한 것이 아니라, 모든 사람이 올바른 노력을 통해 그렇게 될 수 있는 잠재력을 가지고 있다고 주장했다. 그 노력에는 오늘날 우리가 '자기 주시self-monitoring'라 부르는 자신의 생각과 행동을 지속적으로 알아차리는 수련이 포함된다.

다른 그리스-로마 철학 학파들도 번영을 향해 나름의 길을 나아가면서 비슷한 수련법을 사용했다. 스토아학파에게 핵심은 삶에서 일어나는 사건들 자체가 아니라 그 사건에 대한 우리의 느낌이었다. 즉 우리는 삶에서 통제할 수 있는 것과 그럴 수 없는 것을 구별함으로써 평정을 찾는다. 이러한 신념은 오늘날 신학자 라인홀트 니부어Reinhold Niebuhr의 기도에서도 찾을 수 있다.

> 주여, 바꿀 수 없는 것을 받아들이는 평온을 허락하시고,
> 바꿀 수 있는 것을 바꿀 용기를 주십시오.
> 그리고 이 두 가지를 분별할 수 있는 지혜를 주십시오.

'분별할 수 있는 지혜'로 가는 고전적인 방법은 정신 훈련에 있다. 그리스 학파들은 철학을 하나의 응용 기술로 보았고, 번영에 이르는 길로써 명상법과 자기 수양을 가르쳤다. 동양의 동료들과

마찬가지로 그리스인들 역시 우리가 행복을 증진하는 마음의 특질들을 함양할 수 있다고 보았던 것이다.

미덕들을 계발하기 위한 그리스의 훈련법들은 어느 정도는 공개적으로 알려졌지만, 어떤 것들은 알렉산더와 같은 입회자들에게만 전수된 듯하다. 알렉산더는 철학자들의 이런 비밀스러운 문헌이 가르침의 맥락에서 더 완전히 이해되었다고 말했다.

그리스-로마 전통에서 성실, 친절, 인내, 겸손 같은 자질들은 행복을 지속시키는 핵심 요소로 간주되었다. 이러한 서구의 사상가들과 아시아의 영적 전통들은 거의 유사한 존재의 변형을 통해 도덕적인 삶을 함양하는 것이 가치 있다고 보았다. 예를 들어, 불교에서는 이상적인 내면의 번영을 '자신 안에 있는 최고의 것'을 육성하는 자기실현의 길인 깨달음, 즉 보디bodhi라는 용어로 표현한다.[8]

아리스토텔레스의 후예

오늘날의 심리학에서 아리스토텔레스의 풍요로움에 해당하는 용어는 '웰빙well-being'이라 할 수 있다. 위스콘신 대학교 심리학자이자 리치의 동료인 캐럴 리프Carol Ryff는 여섯 가지 요소로 구성된 웰빙 모델을 제시한다.

자기수용 self acceptance 자기 자신에 대해 긍정적으로 생각하고, 가장 좋은 점과 별로 좋지 않은 특성을 모두 인정하고, 지금 그대로의 모습을 좋게 느끼는 것을 말한다. 이를 위해서는 판단하지 않는 자기인식이 필요하다.

개인의 성장 personal growth 새로운 방식을 수용하고 자신의 재능을 최대한 이용하는 등 시간이 지날수록 성장하고 변화하고 발전하는 것을 말한다. 선禪의 대가 스즈키 순류鈴木 俊降는 제자들에게 "여러분 한 사람 한 사람 모두 지금 그대로 온전하다"고 말한 후, "그런데 아주 약간의 개선의 여지는 있다"고 덧붙이면서 수용과 성장을 깔끔하게 조화시켰다.

자율성 Autonomy 독립적인 사고와 행동, 사회적 압박으로부터의 자유로움, 자신의 기준에 기반한 자기 평가를 말한다. 자율성을 가장 강력하게 적용하는 것은 호주와 미국 같은 개인적 문화들에서다. 이에 비해 한국, 일본 등의 문화에서는 집단과의 조화를 더 중요하게 생각한다.

숙련 Mastery 삶의 복잡성에 대처하는 능력을 말한다. 기회가 왔을 때 그것을 포착하고, 자신의 필요와 가치에 맞는 상황을 만들어내는 것을 말한다.

만족스러운 관계 Satisfying Relationships 서로에 대한 관심, 공감, 신뢰, 건강한 의견 교환을 말한다.

삶의 목적 Life Purpose 삶의 의미와 방향 감각을 느끼게 해주는 목표와 신념을 말한다. 일부 철학자들은 진정한 행복은 삶의 의미와 목적의 부산물이라고 주장한다.

리프는 이러한 특질들을 유데모니아, 즉 아리스토텔레스가 말한 인간의 모든 선善 중 가장 최고의 선, 각자의 독특한 잠재력 실현으로 본다.[9] 다음 장에서 살펴보겠지만, 다양한 종류의 명상들은 이런 능력 중 한 개 이상을 함양하는 것으로 보인다. 우선은 리프가 제안한 웰빙 측정 방식에서 명상이 자기 평가 점수를 어떻게 끌어올렸는지 몇몇 연구를 살펴보자.

미국 질병통제예방센터Centers for Disease Control and Prevention; CDCP에 따르면, 직업과 가족에 대한 의무 이외에 강한 삶의 목적의식을 느낀다고 보고한 미국인은 절반에 못 미친다고 한다.[10] 하지만 웰빙의 이 특별한 측면은 어쩌면 중요한 의미를 지니고 있을지도 모른다. 빅터 프랭클Viktor Frankl은 나치 강제수용소에서 몇 년을 보내며 주위에서 수천 명이 죽어나가는 가운데에서도 자신과 또 다른 이들이 살아남을 수 있었던 데는, 삶의 의미와 목적에 대한 의식이 중요했다고 저술했다.[11] 프랭클은 수용소에서 다른 죄수들을 대상으로 심리치료사 일을 계속했는데, 그것이 그의 삶의 목적이었다. 같은 곳에 있었던 다른 남성은 수용소에서 나가 돌보아야 할 아이가 있었고, 다른 이는 쓰고 싶은 책이 있었다.

삶의 의미와 목적의 중요성에 대한 프랭클의 이야기와 일맥상통하는 발견이 명상에도 있었다. 3개월간 대략 540시간의 집중 수련을 마친 후 삶의 목적의식이 강해진 수행자들은 면역세포 내의 텔로머레이즈telomerase 활동이 증가했고, 심지어 5개월 후까지도 그 상태가 유지되었다.[12] 텔로머레이즈 효소는 텔로미어telomere의 길이를 보호하는데, DNA 가닥의 끝부분에 씌워진 덮개인 텔로미어가 세포의 수명에 영향을 미친다. 마치 체세포들이 어디 가지 말고 꼭 붙어 있으라고, 중요한 할 일이 있다고 말하는 것 같다. 그렇지만 연구자들 스스로 지적했듯, 우리가 이 발견에 좀 더 확신을 가지기 위해서는 보다 더 잘 설계된 연구들을 통해 동일한 결과를 재현할 필요가 있다.

다른 흥미로운 연구 결과도 있다. 8주 동안 다양한 마음챙김 명상을 한 결과, 뇌간의 한 영역이 확대되었다는 것이다.[13] 이 부위는 리프의 테스트에서 행복감의 증진과 관련 있는 부분이다. 하지만 불과 15명의 피험자를 대상으로 한 작은 규모의 연구인 만큼 잠정적인 시사점 이상의 결론을 이끌어내기 위해서는 더 많은 인원을 상대로 다시 연구해야 한다.

이와는 별개로 또 다른 연구에서도 비슷한 결과가 나왔다. 대중적 형태의 마음챙김 명상을 수련한 사람들이 최대 1년 후까지도 행복감이 증가했으며, 그 외에도 유사한 다른 효과도 보았다는 것이다.[14] 앞서 언급한 연구와 비교해볼 때, 이 연구는 좀 더 일상적 형태의 마음챙김 명상을 연구 대상으로 삼았고, 주관적으로 판단한 행복감의 증진 효과가 더 크게 나왔다. 그러나 이번에도 피험자의 수가 적었다. 또한 피험자의 설문지 평가보다 심리적 왜곡 위험성이 훨씬 덜한 뇌 측정을 실시했다면, 그 결과가 훨씬 더 설득력이 있었을 것이다.

명상가로서, 명상이 행복감을 증진시킨다는 결론은 매력적이다. 동시에 우리는 과학자이기 때문에 이런 연구 결과를 계속 뜯어보고 검증하는 입장을 지닐 수밖에 없다.

이러한 연구들은 명상의 이점을 증명하는 것으로 자주 인용되는데, 특히 마음챙김 명상이 유행하는 요즘은 더 그렇다. 그러나 명상 연구는 과학적 타당성 면에서 연구마다 엄청난 차이를 보인다. 하지만 연구 결과가 어떤 종류의 명상이나 앱, 기타 명상 관련 제품의 홍보에 사용될 때는 이러한 불편한 진실이 언급되지 않는다. 앞으로 이어질 장에서 우리는 엄격한 기준을 적용해 사실과 허점을 가려낼 것이다. 자, 그렇다면 명상 효과에 대해 과학은 실제로 우리에게 무엇을 말해줄까?

우리가 가진 최고의 것

Altered Traits

이런 장면을 상상해보자. 앨과 프랭크 두 사람이 목공소에서 일을 하고 있다. 즐겁게 수다를 떠는 와중에 앨이 큰 합판을 커다란 원형 톱의 들쭉날쭉한 칼날 속에 집어넣는다. 톱날에 안전장치가 되어 있지 않다는 것을 알게 된 당신은 앨의 엄지손가락이 날카로운 강철 원판을 향하는 것을 보고 심장 박동 수가 높아진다.

앨의 엄지손가락이 윙윙거리는 칼날에 점점 가까이 다가가는 동안에도 앨과 프랭크는 수다에 빠져 눈앞에 닥친 위험을 인식하지 못한다. 당신의 심장은 쿵쾅거리고 이마에는 땀방울이 맺힌다. 앨에게 경고해주고 싶은 급박한 마음이 든다. 그런데 그럴 수 없다. 지금 당신이 보고 있는 것은 단편영화의 한 장면이고, 앨은 영화배우이기 때문이다.

이 영상은 캐나다 영화위원회가 제작한 〈일어나지 않아도 될 일It didn't have to happen〉이라는 12분짜리 단편영화다. 목재 노동자들이 기계에 안전장치를 하도록 경고하려는 목적으로 만들어졌다. 12분 동안 영상에서는 목공소에서 세 가지 사고가 일어난다. 엄지손가락이 톱날 쪽으로 서서히 다가가던 장면처럼, 세 건의 사고는 사람을 조마조마하게 만든다. 앨은 원형 톱에 엄지손가락을 잃었고, 다른 노동자는 손가락이 찢어졌으며, 세 번째 사고에서는 나무판자 하나가 옆에 서 있던 사람의 복부에 박힌다.

애초에 목공들에게 경각심을 일으키고자 만들어진 이 영상이 원래 의도와 상당히 다르게 활용되었다. 캘리포니아 대학교 버클리 캠퍼스의 심리학자 리처드 라자루스Richard Lazarus는 10년 이상 진행한 획기적인 연구에서 정서적 스트레스를 주는 요인으로 끔찍한 사고를 떠올리게 하는 방법을 사용했다.[1] 그리고 그는 하버드 대학교에서 수행할 연구에 사용하라며, 이 영상의 사본을 댄에게 주었다.

댄은 이 영상을 약 60명의 사람들에게 보여주었는데, 그중 절반은 명상 경험이 전혀 없는 지원자들(하버드 심리학 강의를 수강하는 학생들)이었고, 나머지 반은 적어도 2년간의 명상 경험이 있는 명상 지도자들이었다. 각 집단에 속한 사람들의 반은 영상을 시청하기 전에 명상 시간을 가졌다. 그전에 댄이 연구실에서 하버드 대학교 학생들에게 명상하는 법을 직접 가르쳐주었다. 나머지 대조군들에게는 그냥 앉아서 긴장을 풀고 있으라고 말했다.

목공소에서의 사고 장면을 담은 앞의 영상을 보며 참가자의 심장 박동 수와 발한 반응이 높아졌다가 내려가는 동안 댄은 옆방의 통제실에 앉아 있었다. 경험 많은 명상가들은 사고 장면을 보았을 때 명상 수련법을 처음 접한 사람들보다 훨씬 빨리 스트레스에서 회복하는 경향이 있었다.[2] 아니, 그렇게 보였다.

이 연구로 댄은 하버드 대학교 박사 학위를 취득했고 연구 결과가 관련 분야의 최고 학술지 중 하나에 실리기도 했으니, 연구의 타당성은 충분했다고 볼 수 있다. 그럼에도 지금 시점에 좀 더 철저한 검증의 잣대를 들이대보면, 여러 논쟁거리와 문제가 보인다. 요즘 박사 학위 수여와 논문의 학술지 게재를 심사하는 이들은 어떤 연구 설계가 최고인지, 즉 가장 신뢰할 만한지 판단하는 데 엄격한 기준을 적용한다. 그러한 관점에서 보자면, 댄의 연구는 물론 심지어 오늘날 수행되는 대다수 연구도 결함이 존재한다.

예를 들어, 연구 참여자들에게 명상을 가르치거나 쉬라고 한 사람은 댄이었다. 그런데 댄은 명상이 더 도움이 되리라는 것을 미리 알고 있었기 때문에, 혹은 그런 결과를 원하고 있었기 때문에, 무작위로 대조군을 택했다 해도 각 그룹에 전달하는 방식이 달랐을 가능성이 있다. 명상을 한 집단에서는 좋은 결과가 나오도록, 그저 긴장만 풀었던 대조군에서는 신통치 않은 결과가 나오도록 조장하는 방식으로 말이다.

댄의 연구 결과를 인용한 313건의 논문 중 비슷한 결과를 얻을 수 있는지 보기 위해 동일한 연구를 다시 수행한 경우는 단 한 건도 없었다는 사실도 눈여겨봐야 한다. 그 논문의 저자들은 자신의 결론을 뒷받침할 근거로 사용해도 좋을 만큼 댄의 연구가 타당하다고 가정했을 뿐이다.

댄의 연구만 그런 것은 아니다. 이런 태도는 오늘날에도 여전히 만연해 있다. 재현 가능성이야말로 모두 알다시피 과학적 방법이 지닌 강점이다. 따라서 과학적 방법에 입각한 연구라면, 다른 과학자가 해당 실험을 재현해도 똑같은 결과를 얻을 수 있어야만 한다. 혹은 똑같은 결과를 재현할 수 없음이 드러나야 한다. 하지만 지금까지 그런 일들을 시도해본 사람은 극소수에 불과하다.

이와 같은 재현 가능성의 결여는 과학 연구에서 만연한 문제다. 인간 행동에 대한 연구는 특히 더 그렇다. 심리학계에서 가장 많이 인용된 논문 100편 가운데, 불과 39퍼센트 정도만 동일한 실험을 재현하려고 시도했다.[3] 심리학 연구 중 실제로 재현된 연구는 극소수에 불과하다. 이 분야에서는 기존 연구의 복제보다 최초 혹은 창의적인 연구를 선호한다. 게다가 심리학은 모든 다른 과학과 마찬가지로 논문 발표에서 내재적인 편향성을 지니고 있다. 과학자들이 의미 있는 결과를 얻지 못했을 때는 거의 논문을 발표하려 하지 않는다. 하지만 아무것도 발견하지 못하는 것 역시 의미가 있다.

그리고 '소프트soft'한 측정과 '하드hard'한 측정 사이에는 중대한 차이가 있다. 사람들에게 자신의 행동과 감정에 대해 보고하라고 하면, 즉 소프트한 측정을 하면 그 순간의 기분, 좋게 보이고 싶은 마음, 연구자를 기쁘게 하고 싶은 마음 같은 심리적 요인들이 응답에 영향을 줄 수 있다. 반면 그러한 심리적 요인들이 심장 박동이나 뇌 활동 같은 생리적 과정에 영향을 미칠 가능성은 (전혀 없지는 않지만) 줄어든다. 그렇기 때문에 이런 측정법은 하드한 측정에 해당된다.

다시 댄의 연구를 보자. 댄은 사람들로 하여금 자신의 반응을 스스로 평가하게 하는 소프트 측정에 어느 정도 의존했다. 그는 (심리학자들 사이에) 인기가 있는 불안 평가를 활용했는데, "나는 걱정이 된다" 같은 항목에 "전혀 그렇지 않다"부터 "매우 그렇다"까지 점수로 매겨 자신을 평가하게 되어 있었다.• 이 방법은 대체로 명상을 처음 접한 후 스트레스가 덜하다는 것을 보여주었다. 사실 명상에 대한 연구가 시작된 이래로 수년에 걸쳐 연구자들은 상당히 공통된 발견을 내놓았다. 그러나 이러한 자기 보고식 설문지는 긍정적인 결과를 보고하라는 암묵적 '기대 요구'가 내재되어 있다는 것이 취약점이다.

명상 초보자도 일단 명상을 시작하면, 더 편안해지고 긴장이 한결 이완되고 스트레스는 줄었다고 느낀다. 그런데 스트레스 관리에 도움이 된다는 이런 자기 평가들은 뇌 활동 같은 하드 측정을 통해 확인되는 시점보다 훨씬 앞서 보고된다. 이러한 결과는 명상가들이 하드 측정에서 나타나는 것보다 더 빨리 그런 느낌을

• 댄이 사용한 자기 평가는 명상 연구를 포함해서 스트레스와 불안에 대한 연구에서 계속 널리 사용되고 있는 상태-특성 불안 측정법State-Trait Anxiety Measure이다. Charles. D. Spielberger et al., *Manual for the State-Trait Anxiety Inventory* (Palo Alto, CA: Consulting Psychologists Press, 1983).

받는다는 것을 의미할 수도 있고, 아니면 그런 효과에 대한 기대가 명상가들의 보고를 편향시키는 것을 의미할 수도 있다.

하지만 심장은 거짓말하지 않는다. 그래서 댄의 연구에서는 심장 박동과 발한 반응 같은 생리 측정도 활용했다. 이런 생리 현상들은 보통 의도적으로 조절하는 게 불가능하다. 때문에 이를 측정하면 어떤 사람의 진정한 반응을 더욱 정확히 파악할 수 있다. 대단히 주관적이고 편향되기 쉬운 자기 평가들에 비하면 더욱 그렇다.••

댄이 논문을 작성할 때 주로 사용한 생리 측정은 갈바닉 피부반응Galvanic Skin Response; GSR인데, 피부 표면에서 분비되는 땀의 양에 따라 달라지는 전기 활동을 측정하는 것이다. 갈바닉 피부 반응이 나타난다는 것은 몸이 스트레스를 받고 있다는 신호다. 일부 추측에 의하면, 인간은 초기 진화에서 땀을 배출하면서 피부를 보호했고, 직접 몸과 몸이 맞붙는 전투에서 자신을 보호하기도 쉬웠을 것이라고 한다.

뇌 측정은 심장 박동 같은 '말단의peripheral' 생리 측정보다 훨씬 더 신뢰할 만하다. 그러나 당시에는 모든 측정법 중 가장 편향

•• 지도 교수의 강력한 권고에 따라, 댄은 GSR, 즉 피부의 폭발적인 발한으로 이끄는 뇌의 배선(당시에는 신경해부학에 관해 알려진 이런저런 정보들이 아직 짜맞추어지지 못한 회로에 불과했다)을 추적하기 위해 하버드 의과대학 베이커 도서관에 몇 주 동안 파묻혀 두꺼운 책들과 씨름했다. 댄의 지도 교수는 이에 관한 논문을 학술지에 게재하겠다는 꿈을 꾸었지만, 심사를 통과하지 못했다.

성이 적고 가장 설득력 있는 측정법을 사용할 수 없었다. 1970년대에는 fMRI(기능성 자기공명영상), SPECT(단일광자 단층촬영) 같은 뇌 영상 촬영법이나 EEG(뇌파 검사)의 세밀한 컴퓨터 분석이 아직 발명되기 전이었기 때문이다.* 따라서 당시로서는 뇌에서 멀리 떨어진 신체 부위의 반응을 측정하는 것, 다시 말해 심장 박동 수, 호흡 수, 땀의 양을 측정하는 것이 최선이었다.** 하지만 생리 반응들은 복잡하게 결합된 여러 요인에 영향을 주기 때문에 해석하기 곤란한 면이 있다.***

---

* 리치가 주로 사용한 전기 측정법은 분명히 시대를 앞선 것이었다. 그러나 심지어 당시 통용되던 기록 판독조차도 뇌 내부에서 실제로 일어나고 있는 일에 대해 부정확한 느낌을 주었다. EEG를 분석하는 현행 시스템들과 비교하면 특히 더 그렇다.

** 설상가상으로, 댄의 연구에서는 심지어 그런 주변부 측정조차도 어느 정도는 실패로 끝이 나고 말았다. 심장 박동과 발한 반응 외에도, 댄은 전두 근육(우리가 인상을 쓰거나 걱정을 할 때 양미간을 좁히게 하는 근육)의 긴장 수준을 평가하기 위해 EMG, 즉 근전도를 측정했다. 그러나 센서들을 이마에 부착하는 데 사용되는 접착제의 종류에 관해 댄이 들었던 조언이 잘못된 것으로 드러나는 바람에, 그 EMG 결과를 버려야만 했다.

*** 댄의 지도 교수는 댄의 학위 논문을 작성할 때 심장 박동 측정을 생략하라고 지시했다. 나중에 학술지에 실릴 논문을 공동 집필할 때야, 비로소 지도 교수는 심장 박동 수를 셀 학부생 몇 명을 고용할 수 있는 약간의 자금을 학부에서 얻어냈다. 그러나 기록이 진행되는 내내 심장 박동 수를 세기에는 자금이 충분하지 않았다. 그래서 댄의 지도 교수가 중요하다고 여긴 특정 기간에서만, 예컨대 목공소 사고 발생 후 회복 시간 동안에만 심장 박동 수를 셀 수밖에 없었다. 그러나 여기에도 문제가 있었다. 명상가들은 그 사고들에 대해 대조군보다 더 강한 반응을 보였다. 그들의 회복 그래프의 기울기가 더 가팔랐음에도(이것은 기저선으로의 복귀가 더 빠르게 이루어졌음을 의미한다), 이 측정에서는 그들이 사고 발생 후에 대조군보다 훨씬 더 긴장이 이완된 것으로는 나타나지 않았다. 이것은 나중에 이 연구에 대한 평론들이 지적했듯이, 분명 약점이었다. David S. Holmes, "Meditation and Somatic Arousal Reduction: A Review of the Experimental Evidence," *American*

댄의 연구에는 다른 약점도 있다. 그것은 당시의 신호를 기록하는 기술적 문제에서 기인한다. 당시는 데이터가 디지털화되기 훨씬 전이었기 때문에, 땀방울 수를 추적하는 방법은 종이 위에 잉크 바늘이 지나가며 땀방울 수를 기록하는 것뿐이었다. 그렇게 바늘이 휘갈겨 쓴 잉크 점들을 댄이 몇 시간씩 뚫어져라 쳐다보면서 숫자로 바꿨다. 이는 스트레스 원으로 사용된 영화의 목공소 사고 장면에서, 순간 땀의 분비를 나타내는 잉크 방울 수를 세는 것을 의미한다. 중요한 문제는, 사고가 일어나는 동안 최고조에 이르렀던 흥분 상태에서 회복하는 속도가 차이가 있느냐 하는 것이었다. 전문가 대 초보자, 명상을 하라는 말을 들은 사람들 대 그냥 조용히 쉬고 있으라는 말을 들은 사람들이 대조를 이뤘다. 댄의 연구 결과로 인해, 명상이 회복 속도를 높이고 숙련된 명상가들이 가장 빨리 회복했음이 나타났다.••••

"댄이 기록한"이라는 문구는 또 다른 잠재적인 문제가 있음을 시사한다. 점수 기록자도 댄이었다는 의미다. 댄은 자신의 가설을 뒷받침하기 위해 노력을 기울였다. 이런 상황은 실험 편향성을 낳기 쉽다. 연구를 설계하고 데이터를 분석하는 사람이 자신이 바라는 결과가 나오도록 조사 결과를 왜곡할 수 있다.

Psychologist 39:1 (1984): 1-10.

•••• 이것이 특성 효과일 가능성이 있는지 알아보기 위해서는 사고 영상을 보기 전에 숙련된 명상가들과 초보자들 모두 명상을 하지 않은 상태에서 두 집단을 비교하는 것이 가장 좋을 것이다.

거의 50년이 지나서 어렴풋해진 댄의 기억으로는 명상가들 중에서 갈바닉 피부 반응이 애매한 경우, 예를 들어 사고의 정점에서 나온 반응인지 아니면 회복 시작점에서 나온 반응인지 애매한 경우에는 사고의 정점으로 기록했다고 한다. 이런 편향이 섞여 명상가들은 사고에서 발한 반응이 더 많이 일어나고 회복은 더 빨리 진행되는 듯 보였다(하지만 앞으로 보게 될 것처럼, 지금까지 연구의 대상이 된 명상가 중 가장 뛰어난 수준의 명상가들 사이에서는 정확히 이런 패턴이 발견된다).

연구 편향에는 두 가지 수준의 편향 가능성이 있다. 하나는 의식적 편향이고, 다른 하나는 그보다 더 대응이 어려운 무의식적 편향이다. 오늘날까지도 댄은 자신이 잉크 반점을 기록할 때 편향성을 보이지 않았다고 자신하지 못한다. 그런 맥락에서 볼 때 댄도 명상에 대한 연구를 수행하는 과학자 대부분이 겪는 딜레마에서 벗어나지 못했다고 할 수 있다. 그 딜레마란 바로, 연구자들 자신이 명상가이기 때문에 비록 무의식적이라도 그런 편향을 조장할 가능성이 있다는 것이다.

편향 없는 과학

다음의 상황은 영화 〈대부The Godfather〉를 발리우드 버전으로 만든 것처럼 보일 것이다. 검은색 캐딜락 리무진 한 대가 지정된 시간에 지정된 장소에 멈춰 섰다. 뒷문이 열리고 댄이 차 안으로 들어갔다. 댄의 옆 좌석에는 빅 보스가 타고 있었다. 돈 콜레오네 역의 말런 브랜도가 아니라, 작은 체구에 턱수염을 기른 흰색 남성용 치마 차림의 요기였다.

요기 Z는 1960년대에 미국으로 건너왔고, 유명인들과 어울리며 금세 언론의 헤드라인을 장식했다. 그는 엄청난 수의 추종자들을 끌어모았고 수백 명의 젊은 미국인을 모집해 자신의 명상 방법을 전수한 지도자로 만들었다. 댄은 1971년 첫 인도 여행을 떠나기 직전, 요기 Z가 운영하는 지도자 훈련 여름 캠프에 참석한 적이 있었다.

요기 Z는 어찌어찌해서 댄이 박사 과정 연구원 장학금을 받아 곧 인도로 떠날 예정인 하버드 대학원생임을 알게 되었다. 그 후 그는 이 예비 박사를 위한 계획을 하나 세웠다. 요기 Z는 인도에 있는 자기 추종자들의 이름과 주소가 적힌 목록을 댄에게 건네주며, 그들을 한 사람 한 사람 다 찾아가 인터뷰하고, 자신의 방식이 이 시대에서 '깨달음'을 얻을 수 있는 유일한 방법이라는 주제와 결론을 가지고 박사 논문을 작성하라고 했다.

댄이 보기에는 끔찍한 생각이었다. 특정 종류의 명상을 홍보하기 위해 노골적으로 연구를 강요하는 것은 유감스럽게도 특정 부류의 '영적 지도자'가 벌이는 전형적인 사기극이다(스와미 X를 떠올려보라). 상업적 브랜드에서 흔히 하듯 영적 지도자가 자기 홍보에 관여한다면, 그것은 누군가가 내면의 성장이라는 외양을 이용해 마케팅을 하고 싶어 한다는 신호다. 특정 종류의 명상과 결부된 연구자들이 긍정적 연구 결과를 보고할 때는 앞서와 같은 편향에 대한 의심이 발생할 뿐 아니라, 부정적 결과가 있어도 보고하지 않을 수 있다는 의심도 생긴다.

예를 들어, 댄의 연구에 참여한 명상 지도자들은 초월 명상을 가르쳤는데, 이 연구는 다소 파란만장한 역사를 거쳤다. 연구 대부분이 마하리쉬 국제대학교가 전신인 마하리쉬 경영대학교의 교원들에 의해 수행되었는데, 이 대학은 초월 명상을 홍보하는 조직에 속해 있었다. 이 때문에 연구가 잘 수행되었음에도 이해관계의 문제가 제기되었다.

이러한 이유 때문에 리치의 연구실은 의도적으로 명상 효과에 대해 회의적으로 생각하는 과학자를 여럿 고용하고 있다. 이들은 명상 수련을 신봉하는 사람들이 혹시 간과하거나 숨길지도 모르는 것에 대해 수많은 논란과 의구심을 제기하는 역할을 한다. 그 결과 중 하나로 리치의 연구실은 몇 가지 미발견 자료를 발표했다. 명상 효과에 대한 특정한 가설을 시험하고 기대했던 효과를 보지 못한 연구들이었다. 게다가 리치의 연구소에서는 재현에 실패했다는 연구 결과들, 다시 말해 명상에 어떤 유익한 효과가 있음을 발견했다고 발표했던 논문들이 이용한 방법을 똑같이 사용해 연구를 했지만 동일한 결과가 나오지 않은 연구 결과들도 발표했다. 이처럼 이전의 발견들을 재현하는 데 실패했다는 것은 앞서 발표된 결과에 의문을 품게 한다.

회의론자들을 불러들인 것은 실험자의 편향성을 최소화하기 위한 여러 방법 중 하나에 불과하다. 또 다른 방법은 명상 수련과 그 이점에 대해 듣기는 했지만 지도를 받은 적은 없는 집단에 대해 연구하는 것이다. 이보다 더 좋은 방법은 '능동적 대조군'을 이용하는 것이다. 다시 말해, 한 그룹은 명상이 아닌 활동, 예컨대 운동처럼 자신들에게 도움이 될 거라 믿는 활동에 참여하게 하는 것이다.

우리가 하버드 대학교에서 연구하면서 겪었던 더 큰 딜레마는 지금도 심리학 분야에 만연해 있다. 연구의 피험자인 학부생들이 인류 전체를 대표하지 못한다. 우리가 실시한 피험자들은 이 분야에서 'WEIRD'라 알려진 부류였다. WEIRD란 '서구에서Western 교육받았고Educated, 산업화된 사회에서Industrialized 부유하고Rich 민주주의 문화에서from Democratic cultures 자란 이들'을 의미한다.[4] WEIRD 중에서도 특별한 부류인 하버드 대학교 학생들을 실험 대상으로 삼으면, 인간 본성의 보편성을 찾는 데에서 데이터의 가치를 떨어뜨린다.

명상 체험의 다양성

리치는 박사 논문에서 신경과학자로는 최초로 주의 기술attention skill의 신경학적 특징을 확인할 수 있는지 질문을 던졌다. 지금은 무척 기본적이지만, 논문을 발표할 당시에는 상당히 훌륭한 질문이었다.

리치의 박사 학위 연구는 학부생 때 했던, 마음속에서 은밀히 이어갔던 여정의 연장선이었다. 그래서 그 연구에 남몰래 끼워 넣은 과제가 있었으니, 바로 주의를 기울이는 기술의 특징이 명상가와 비명상가에서 차이가 있는지 탐구하는 것이었다. 명상가들은 주의력이 더 뛰어날까? 그 시절에는 훌륭한 질문이 아니었다.

리치는 명상가들이 소리를 듣거나 LED 조명을 볼 때 두피에서 나오는 뇌의 전기 신호를 측정하면서, 소리에만 집중하고 불빛은 무시하라고 지시하거나 그 반대로 하라고 지시했다. 리치는 빛과 소리에 반응하는 신호인 '사건 관련 전위Event-Related Potential; ERP'를 찾아냈다. 여러 잡음에 끼어 있는 ERP는 마이크로볼트(백만 분의 1볼트)로 측정되는 아주 미세한 신호다. 이런 미세한 신호가 우리가 주의를 어떤 식으로 배분하는지를 알 수 있게 한다.

리치가 발견한 바에 따르면, 명상가들이 빛에 집중할 때는 신호음에 반응해 나타나는 신호의 크기가 줄어들고, 신호음에 주의를 집중할 때는 빛에 의해 촉발된 신호의 크기가 줄어들었다. 누구나 예상할 만한 결과다. 하지만 원하지 않는 감각 양상을 차단하는 이러한 패턴은 대조군에서보다 명상가들에게서 훨씬 더 강하게 나타났다. 명상가들이 비명상가들보다 주의를 더 잘 집중한다는 것을 보여주는 첫 번째 증거 중 하나다.

집중 대상을 선택하고 주의를 산만하게 하는 대상을 무시하는 것은 핵심적인 주의 기술이기 때문에, 리치는 뇌파 전기 기록인 뇌전도를 이 평가에 사용하겠다고 결정했다(오늘날은 일반화되었지만, 그 당시에는 과학적 진보를 향해 한 걸음 내디딘 것이었다). 그럼에도 명상가들이 명상을 전혀 해본 적 없는 대조군보다 조금이라도 더 뛰어나다는 증거는 다소 빈약했다.

돌이켜보건대, 이 증거 자체가 의심스러웠던 데는 이유가 있다. 리치가 모집한 명상가들에는 다양한 방법을 사용하는 명상가들이 뒤섞여 있었다. 1975년 당시만 해도 우리는 상당히 순진해서 이러한 명상법의 차이가 얼마나 중요한지 알지 못했다. 지금은 주의 집중에 여러 측면이 있으며, 각각의 명상으로 배양되는 마음의 특질이 서로 다르다는 것을 알고 있다.

예를 들어, 최근에 독일 막스플랑크협회 인간인지뇌과학연구소Max Planck Institute for Human Cognitive and Brain Science의 연구원들은 명상 초보자들에게 세 가지 종류의 명상법을 수련하게 했다. 호흡 집중breath focus 명상, 자애 명상, 생각 관찰monitoring thoughts 명상이었다.[5] 연구 결과, 호흡 집중 명상은 마음을 차분하게 가라앉히는 효과가 있었다. 이는 명상이 긴장을 이완하는 수단으로써 유용하다는, 널리 퍼져 있는 가정을 확인해주는 듯했다. 그러나 자애 명상과 생각 관찰 명상은 몸을 이완시켜주지 못했다. 둘 다 정신적인 노력을 요구하기 때문인 것 같았다. 예를 들어, 생각을 지켜보는 동안 집중을 놓치고 생각들 속으로 휩쓸리게 되면, 그것을 알아차리고 다시 지켜보려는 노력을 의식적으로 해야 한다. 또 한 가지 사실은 자기 자신과 타인이 잘 되기를 바라는 자애 명상은 긍정 정서를 만들어냈는데, 다른 두 명상 방법은 그렇지 못했다.

그러므로 명상의 유형이 다르면 서로 다른 결과가 나온다고 볼 수 있다. 이러한 사실로 볼 때 명상 연구를 할 때는 어떤 유형에 속하는 명상법인지 확인해야 한다. 그러나 명상별 세부 특성에 관한 혼란은 여전히 너무나 빈번하게 발생하고 있다. 한 가지 예를 보자. 한 연구팀이 명상가 50명의 뇌 구조에 대해 최첨단 데이터를 수집했다. 그야말로 가치를 매길 수 없을 정도로 귀중한 데이터였다.[6] 그런데 한 가지 문제가 있었다. 연구 대상이 된 명상 수련은 여러 가지 유형이 뒤섞여 있었다. 각 명상 유형에 수반된 특정한 정신 훈련이 체계적으로 기록되었다면, 그 데이터는 아마 훨씬 더 값진 연구 결과를 낳았을 것이다. 그렇다 해도 이런 정보를 공개했다는 사실만으로도 칭찬받아 마땅하다. 이런 정보는 주로 주목받지 못하고 묻히는 경우가 다반사이기 때문이다.

명상에 관한 방대한 연구들을 읽으면서 우리는 몇몇 과학자의 혼란과 무지에 맞닥뜨리게 될 때가 있다. 각 명상의 세부 특성들이 오인되는 일이 너무 빈번하기 때문이다. 예를 들어, 어떤 과학기사에서 선禪 명상가와 고엔카 스타일의 위빠사나 명상가들이 둘 다 눈을 뜨고 수련한다고 주장했다(고엔카 명상은 눈을 감고 수련한다).

소수 연구에서는 '반反명상anti-meditation' 방법을 능동적 대조군으로 이용하기도 했다. 그런데 어떤 대조군은 반명상의 하나로 가능한 한 긍정적인 생각에 집중하라는 지시를 받았다. 이는 6장에서 살펴볼 자애 명상 같은 일부 명상법과 닮아 있다. 이런 실험을 계획한 사람들이 명상과 이 방법이 다르다고 생각했다는 사실은 자신들이 무엇을 연구하고 있는지 정확히 파악하지 못하고 있음을 보여준다.

연습하면 좋아진다는 경험 법칙은, 특정 명상법이 배양하려는 마음의 특질이 무엇인지, 그 결과 얻어지는 게 무엇인지 연결시키는 것이 중요하다는 것을 보여준다. 이것은 명상을 연구하는 사람들과 명상하는 사람들 양쪽에 다 해당되는 이야기다. 특정한 명상 접근법으로부터 얻을 수 있는 결과가 무엇인지 미리 알고 있어야 한다는 뜻이다. 일부 연구자들, 심지어 수련자들 사이에서도 빚어지는 오해와는 달리, 명상이 다 똑같은 것은 아니다.

(다른 모든 영역과 마찬가지로) 마음의 영역에서는 무엇을 하는지가 결과로서 무엇을 얻을지를 결정한다. 결론적으로 '명상'은 운동과 마찬가지로 단 하나의 활동이 아니라 광범위한 수련법들이고, 모두가 나름의 특정한 방식으로 마음과 뇌에 작용한다.

〈이상한 나라의 앨리스〉에서 앨리스가 체셔 고양이에게 이렇게 묻는다.

"어느 길로 가야 하죠?"

체셔 고양이는 이렇게 대답한다.

"그건 네가 어디에 이르고자 하느냐에 달려 있지."

체셔 고양이가 앨리스에게 해준 조언은 명상에도 그대로 적용된다.

간과한 시간 계산

댄의 실험에 참여한 명상 전문가들은 모두 초월 명상 지도자로, 적어도 2년 이상의 수련 경험을 갖고 있었다. 그러나 그들이 총 몇 시간이나 수련에 투자했는지는 전혀 알 길이 없었다. 그리고 수련 시간의 실질적인 질이 어땠는지도 몰랐다.

오늘날에도 이런 중요한 부분을 데이터에 담고 있는 연구자들은 거의 없다. 13장에서 더 자세히 살펴보겠지만, 우리의 변화 모델은 한 명상가가 일생 동안 얼마나 많은 시간을 수련했으며, 그것이 일상적인 수련이었는지 아니면 집중 수련이었는지 추적하는 것이다. 이때 총 수련 시간은 존재의 특성 변화 그리고 그것을 발생하게 하는 뇌의 근원적인 차이와 관련이 있다.

흔히 명상가를 분류할 때, 경험의 수준에 따라 '초보자'와 '전문가'로 구체적 설명 없이 구분한다. 한 연구팀은 연구 대상으로 삼은 사람들이 명상에 매일 투자하는 시간을(하루에 10분씩 일주일에 몇 차례부터 매일 4시간까지) 보고했지만, 그들이 몇 달 동안 혹은 몇 년 동안 그런 식으로 수련해왔는지는 보고하지 않았다. 일생 동안 수련 시간을 계산하는 데 필수적인 사항을 빼놓은 것이다.

그러나 명상 연구 대부분이 이런 계산을 간과하고 넘어간다. 그렇기 때문에 당시 우리가 관심을 가졌던 몇 안 되는 명상 연구인 1960년대 고전적인 선禪 연구는 선승들의 명상 경험에 관해 듬성듬성한 자료만 제시하고 있었다. 하루에 몇 시간씩 수행을 했나? 하루에 1시간? 혹은 10분? 전혀 하지 않는 날도 있었나? 아니면 하루에 6시간이었나? 집중 수련에는 몇 번이나 참여했는가? 한번 집중 수련에 들어가면 몇 시간이나 명상을 했는가? 전혀 알 길이 없다.

오늘날까지도 이런 불확실성이 깃든 연구들의 목록을 대자면 끝이 없다. 리치의 연구소에서는 한 명상가가 일생 동안 총 몇 시간 수련했는지에 대해 자세하게 정보를 갖추는 게 표준 절차로 자리 잡게 되었다. 연구 대상이 되는 명상가들은 저마다 자신들이 어떤 종류의 명상 수련을 하는지, 일주일에 몇 회 하는지, 한 번 할 때 얼마나 오래하는지 그리고 집중 수련에 들어가는지 여부에 대해 보고한다.

그렇게 하면 그들이 집중 수련 기간 중 하루에 몇 시간을 수련하는지, 집중 수련 기간이 얼마나 되는지, 그런 집중 수련을 지금까지 몇 번이나 했는지 등에 주목하게 된다. 그리고 거기서 더 나아가 각각의 집중 수련을 조심스레 되돌아보고, 각기 다른 유형의 명상 수련을 하면서 보낸 시간들을 평가하게 된다. 이렇게 해서 계산이 나오면 리치의 연구팀은 총 수련 시간의 측면에서 그들의 데이터를 분석해, 각기 다른 유형에 투자한 시간을 각각 분리하고, 집중 수련에 들어간 시간과 집에서 수련한 시간도 분리한다.

앞으로 살펴보게 되겠지만, 명상과 명상에서 얻을 수 있는 뇌와 행동 측면의 효과 사이에는 이따금 용량-반응dose-response 관계(특정 자극제를 생물체에 투여했을 때, 반응이 일어나기 위한 최저 용량이 존재하며, 반응의 정도는 투여한 용량에 비례하다가 최고 용량에 도달하면 일정하게 유지된다—옮긴이)가 성립된다. 다시 말해, 명상 수련은 많이 하면 할수록 효과가 좋다. 이는 연구자들이 연구 대상으로 삼은 명상가들의 평생 수련 시간을 보고하지 못한다면, 중요한 무언가를 놓치게 됨을 의미한다. 명상가들의 평생 수련 시간을 모르다 보니, '전문가' 그룹을 포함하는 명상 연구 중 너무나 많은 수가 '전문가'라는 의미에 큰 차이를 보인다. 그리고 그런 연구들은 그 '전문가'들이 얼마나 많은 시간을 수련했는지 측정하는 데 엄밀한 기준을 적용하지 않는다.

연구 대상이 되는 사람들이 처음으로 명상을 하는 사람이라면, 예를 들어 마음챙김 명상을 훈련받고 있다면 간단히 수련 시간을 계산할 수 있다(수업에 참여하는 시간과 집에서 개인적으로 수련하는 시간을 더하면 된다). 하지만 좀 더 흥미로운 연구는 대개 숙련된 명상가들을 다루는 것이다. 그러면서도 각 개인의 평생 수련 시간을 계산하지 않는다. 개인에 따라 수련 시간에 상당한 차이가 있을 수 있는데도 말이다. 예를 들어, 1년의 수련 경험이 있는 명상가와 29

년의 수련 경험이 있는 명상가를 하나로 묶은 연구도 있었다!

평생 수련 시간과 관련된 또 다른 문제도 있다. 명상 지도자 간에 전문 지식의 차이가 있다는 것이다. 우리는 수많은 연구를 살펴보았는데, 그중에 명상 지도자가 몇 년의 명상 경험이 있는지 언급해야겠다는 생각을 한 연구들은 소수에 불과했다. 하지만 그 연구들마저도 평생 수련 시간을 계산한 경우는 하나도 없었다. 어떤 연구에서는 최고 수련 기간이 15년이었고, 최저 기간은 0년이었다.

호손 효과를 넘어서

1920년대 시카고 근처에 있었던 전기 장비 생산 회사인 호손 웍스Hawthorne Works는 공장 내부의 조명 밝기가 근로자의 생산성에 어떠한 영향을 미치는지 실험해보기로 했다. 실험 결과, 사람들은 실험을 하는 동안 더 열심히 일했지만, 얼마 지나지 않아 그전 상태로 돌아왔다. 이를 이상하게 여긴 회사는 당시 하버드 대학교 교수였던 엘튼 메이요Elton Mayo에게 좀 더 체계적인 실험을 의뢰했다.

메이요는 근로자의 작업 일정, 근무 시간, 급여 등을 변화시켜가며 생산성을 조사했다. 실험을 하는 동안에는 어떠한 변화를 주어도 생산성이 높아졌지만, 그 효과는 모두 오래가지 않았다.

이는 어떤 이유든 누군가가 사람들에게 관심을 기울이는 것만으로도 긍정적인 영향을 미칠 수 있음을 의미한다. 실험을 하게 되면, 아무래도 실험 대상이 된 사람들은 평소보다 많은 관심과 주목을 받게 된다. 또한 실험자가 피험자를 중립적으로 대한다고 해도 실험자의 열성과 기대가 전달되기 마련이고, 피험자는 무의식적으로 기대에 부응하기 위해 노력하게 된다. 1958년 독일의 사회학자 헨리 랜즈베르거Henry Landsberger는 이를 '호손 효과Hawthorne effect'라고 명명했다. 이런 호손 효과는 어떤 특정한 개입에 독특한 부가 가치 요소가 있었음을 의미하지 않는다. 결과적으로 긍정적인 영향을 줄 것이라 여겨지면 상향 효과가 발생할 수 있음을 보여준다.

리치의 연구소는 호손 효과 같은 문제를 민감하게 받아들인다. 또한 명상에 대한 연구를 수행할 때 적절한 비교 조건을 사용하는 데 상당히 노력을 기울여왔다. 예를 들어, 특정한 방법에 대한 지도자의 열정도 그것을 배우는 사람들에 영향을 끼칠 수 있다. 따라서 대조군에게도 명상을 지도할 때와 똑같은 수준의 긍정적인 태도로 가르쳐야 한다.

이런 외부 영향들과 실질적 효과를 구분하기 위해 리치와 동료들은 MBSR에 대한 연구들의 비교 조건으로 건강 증진 프로그램Health Enhancement Program; HEP을 개발했다. HEP는 긴장 완화 음악 치료와 영양 교육 그리고 자세 개선, 균형 잡기, 코어 근육 강화, 스트레칭, 걷기, 조깅 같은 맨몸 운동으로 구성되어 있다.

리치의 연구실에서 연구를 수행할 때 HEP를 가르치는 지도자들은 명상을 가르치는 사람들만큼이나 자신들의 방법이 도움이 될 거라고 확신했다. 이처럼 '능동적인 대조군'을 활용하면 열정 같은 요소를 중화할 수 있고, 특정한 개입의 독특한 효과를 더 잘 식별해냄으로써 그것이 호손 효과를 넘어선 것인지 알 수 있다.

리치의 그룹은 지원자들을 MBSR이나 HEP에 무작위로 배정하고, 훈련 전과 후에 설문조사를 했다. 이전 연구에서 동일한 질문을 했을 때는 명상으로 인해 개선 효과가 있다는 결과가 나왔었다. 그러나 이번 연구에서는 두 집단 모두 일반적인 고통, 불안, 의학적 증상 들에 대한 평가 모두 비슷한 수준으로 개선되었다고 보고했다. 이에 리치의 그룹은 초보자들이 명상 덕분이라고 생각한 스트레스 개선 효과 대부분이 명상의 특수한 효과는 아닌 듯하다는 결론에 도달했다.• 더군다나 그 설문지는 마음챙김 명상의 효과를 측정하기 위해 특별히 개발된 것이었는데도, MBSR과 HEP로 인한 개선 수준에서 전혀 차이를 찾을 수 없었다.[7]

리치의 연구소는 다양한 마음챙김 명상의 경우 그리고 어쩌면 다른 명상의 경우에도 수련의 초기 단계에서 효과를 보았다는 보고 대부분이 기대, 집단 내 사회적 유대감, 지도자의 열정, 혹은 다른 '요구 특성'(실험 대상자의 반응에 영향을 주는 특정한 요인 또는 그로

• 연구 결과가 명상이나 심리치료 혹은 약물 등의 특정 개입법으로 인한 것이라고 추론하기까지는 여러 요인을 고려해야 한다. 일반적 개입의 '비특이적non-specific' 효과가 아닌 개입법의 효과라는 결론을 내리기 위해서는 연구 설계 단계부터 철저하게 검증해야 한다.

인해 연구 의도에 맞게 맞추어 반응하려고 하는 경향)에서 비롯됐을 가능성이 있다고 결론지었다. 어쩌면 앞서 보고된 모든 효과는 명상 자체로 인한 것이라기보다, 단순히 사람들이 긍정적인 희망과 기대를 가지고 있음을 보여주는 신호일지도 모른다.

이런 데이터는 명상 수련법을 찾고 있는 이들에게 과장되게 명상 효과를 주장하는 것을 경계하라는 경고다. 그리고 과학계에는 명상 연구를 설계할 때 좀 더 정밀을 기해야 한다고 주의를 촉구한다. 이런저런 종류의 명상을 수련하는 사람들이 아무것도 하지 않는 대조군에 비해 개선 효과를 보였다는 연구 결과가 명상 자체의 효과를 의미하지는 않는다. 그러나 아마도 명상의 효과에 대한 연구에서 여전히 사용되는 가장 일반적인 패러다임일 것이다. 이러한 패러다임은 명상의 진정한 이점을 보여주려는 시도에 먹구름을 드리운다. 필라테스나 볼링, 팔레오 다이어트를 하며 웰빙을 증진하려고 하는 사람들도 비슷하게 열성적인 결과를 내놓을 거라 예상할 수 있다.

마음챙김은 정확히 무엇인가?

마음챙김은 아마도 연구자들 사이에서 가장 인기 있는 명상법일 것이다. 하지만 이 용어를 두고 혼란이 빚어지고 있다. 일부 과학자들은 마음챙김 명상을 모든 종류의 명상을 의미하는 대용물로 사용한다. 대중적으로 마음챙김 명상은 명상 일반을 지칭하기도 한다. 하지만 사실 마음챙김 명상은 다양한 명상법 가운데 하나일 뿐이다.

좀 더 자세히 살펴보면, 'mindfulness'는 사띠sati라는 팔리어 단어를 영어로 번역한 것이다. 여러 번역 중 가장 일반적인 번역으로 자리 잡았다(한국에서는 '마음챙김'이라고 통용되고 있다—옮긴이). 그러나 학자들은 사띠를 여러 가지 다른 방식으로 번역한다. "알아차림awareness" "주의attention" "주의 재집중re-tention"으로 번역하기도 하고, 심지어 "통찰discernment"이라 번역하는 경우도 있다.[8] 간단히 말해, 사띠를 두고 모든 전문가가 동의하는 단 하나의 번역어는 존재하지 않는다.[9]

어떤 명상 전통들에서는 마음이 이리저리 방황할 때 그것을 알아차리는 것을 '마음챙김'이라고 표현한다. 이런 의미에서 보면 마음챙김은 더 커다란 연속적인 상황을 가리킨다. 처음에는 한 가지에 집중하다가 집중이 흩어지면서 마음이 방황하며 다른 것들로 향하고, 그러다가 마음챙김의 순간, 즉 마음이 방황했음을 알아차리는 순간이 찾아오는 것이다. 이러한 연속적인 상황은 주의를 집중점으로 되돌림으로써 끝난다.

명상가에게 익숙한 그런 연속적인 상황들은 '집중concentration'이라 부를 수 있다. 여기서 마음챙김은 집중하려는 노력을 도와주는 역할을 한다. 예를 들어, 사람들은 만트라에 오롯이 집중한 상태에서 때때로 "마음이 방황하는 것을 알아차릴 때마다 부드럽게 다시 만트라를 시작하세요"라는 지시를 받는다. 명상에서 한 가지에 집중한다는 것은, 마음이 방황할 때 마음을 되돌릴 수 있도록 그것을 알아차리는 것을 의미할 뿐이다. 따라서 집중과 마음챙김은 함께하는 것이다.

마음챙김의 또 다른 일반적인 의미는 경험 속에서 일어나는 모든 일을 습관적으로 판단하거나 반응하지 않고 그저 알아차리는 것이다. '유동적인 인지floating awareness'라고 한다. 우리의 경험에서 무엇이 일어나든지 지켜보되 판단하거나 반응하지 않는 것이다. 아마도 이에 대한 정의 중 가장 널리 인용되는 것은 존 카밧진이 내린 정의일 것이다. "지금 이 순간 의도적으로 그리고 판단하지 않은 채 주의를 기울임으로써 나타나는 인식."[10]

인지과학의 관점에서 보면, 명상법과 관련된 또 다른 왜곡이 있을 수 있다. 과학자들과 명상 수련자들이 똑같이 "마음챙김 명상"이라고 부르는 것은, 주의를 이용하는 매우 다른 여러 방법을 의미할 수 있다. 예를 들어, 선禪이나 상좌부 불교에서 마음챙김을 정의하는 방식은 티베트 전통에서 마음챙김을 이해하는 방식과 많이 다르다.

그 정의들은 각각 주의에 대해 서로 다른 (가끔은 미묘하게 다른) 태도를 취한다. 따라서 관련한 뇌 부위도 서로 다를 가능성이 상당히 높다. 그렇기 때문에 연구자들은 필수적으로 자신들이 실제로 연구하고 있는 마음챙김 명상이 어떤 종류인지 혹은 특정한 종류의 명상이 실제로 마음챙김 명상인지 이해해야 한다.

과학 연구에서 마음챙김이라는 용어의 의미는 이상하게 왜곡되었다. 가장 일반적으로 사용되는 마음챙김 척도는 실제 마음챙김 명상에서 일어나는 현상을 토대로 개발된 것이 아니다. 마음챙김의 여러 측면을 포착하고자 연구자들이 대학생 수백 명을 대상으로 설문지를 만들었는데, 이를 토대로 한 것이다.[11] 예를 들면, 사람들은 다음과 같은 진술이 자신에게 해당되는지 답해야 했다. "나는 내 감정에 휩쓸리지 않고 그것을 지켜본다." "나는 현재 일어나고 있는 일에 집중하기가 어렵다는 것을 안다."

이 척도는 부적절한 감정을 느낄 때 자신을 판단하지 않는 것 같은 특성들도 포함한다. 얼핏 보기에는 모든 게 괜찮아 보인다. 마음챙김 척도는 MBSR 같은 프로그램에서 사람들이 보이는 진전과 상관관계가 있어야만 하고, 실제로도 상관관계가 있다. 그리고 척도에서 얻은 점수는 마음챙김 수련 자체의 양 그리고 질과 상관관계가 있었다.[12] 그러니 기술적 관점에서 보면 아주 괜찮은 척도다. 즉 '구성 타당도construct validity'를 갖추고 있다.

그러나 리치의 그룹이 이 척도에 대해 다른 기술적 실험을 해보았더니, '변별 타당도discriminate validity'에 문제가 있었다. 변별 타당도란, 상관관계가 있어야 하는 것(예를 들어 MBSR)과 상관관계가 있고, 상관관계가 없어야 하는 것과는 상관관계가 없어야 하는 것을 말한다. 즉 이 경우, 마음챙김 척도는 HEP 대조군에서는 마음챙김 척도의 진전을 보여주는 결과가 나와서는 안 된다. HEP 대조군은 어떤 식으로든 마음챙김이 증진되지 않게 의도적으로 설계된 것이기 때문이다.

그런데 HEP 집단에서 얻은 결과는 MBSR 집단에서 나온 결과와 상당히 유사했다. 자기 평가 결과에 따르면, HEP 그룹도 마음챙김 점수가 상승된 것으로 나타났다. 좀 더 공식적으로 말하자면, 이 척도가 변별 타당도를 갖추지 못하고 있다는 것이다. 맙소사!

널리 사용되는 또 다른 마음챙김 척도는 음주와 마음챙김 사이에 긍정적인 상관관계가 있음을 보여주었다. 술을 많이 마시면 마실수록 마음챙김의 수준이 더 높아진다는 것이다. 뭐가 잘못되어도 크게 잘못된 것 같지 않은가?[13] 그리고 (평균 5,800시간의 수련 경험을 가진) 숙련된 명상가 12명, (평균 11,000시간의 수련 경험을 가진) 좀 더 전문적인 명상가 12명을 비교한 소규모 연구에서 가장 일반적으로 사용하는 척도를 이용해 마음챙김을 측정한 결과, 두 그룹 간에는 아무런 차이가 없었다. 아마도 명상가들이 대부분의 사람보다 마음의 방황을 더 잘 인지하기 때문일 것이다.[14]

사람들에게 스스로 자기에 대해 평가하라고 요구하는 설문지들은 모두 왜곡되기 쉽다. 어떤 연구자는 좀 더 직설적으로 일종의 게임이 될 수도 있다고 이야기한다. 그렇기 때문에 리치의 그룹은 좀 더 확실한 행동 측정이라 여겨지는 지표를 생각해냈다. 바로 호흡 수를 하나하나 세면서 집중을 유지하는 능력을 측정하는 것이다.

말처럼 쉽지는 않다. 이 실험에서 사람들은 먼저 날숨을 쉬면서 키보드의 아래쪽 화살을 누른다. 난이도가 더 높아지면 숨을 아홉 번 쉴 때마다 다른 키, 즉 오른쪽 방향 화살표를 눌러야 한다. 그런 다음에는 하나부터 아홉까지 다시 세야 한다.[15] 이 실험의 강점은 숫자 세기와 실제 호흡 수의 차이가 심리적 편향에 좌우되지 않는 객관적 평가가 된다는 점이다. 마음이 방황하면 호흡 수 계산은 정확성이 떨어지게 마련이다. 예상했던 대로 전문적인 명상가들이 비명상가들보다 훨씬 더 좋은 성적을 냈고, 마음챙김 수련을 통해 점수가 향상되었다.[16]

지금까지 우리가 처음으로 시도했던 명상 연구의 문제점들과 능동적 대조군의 장점, 명상의 효과를 더욱 철저하고 정밀하게 측정할 필요성 등을 주의 깊게 검토해보았다. 이는 상승세를 타기 시작한 명상 연구의 정상 궤도에 본격적으로 진입하기 위한 시작점에 불과할 뿐이다.

정리하자면, 명상 연구에서 우리는 엄격한 실험 기준을 적용하려 애썼고, 그러다 보니 가장 뚜렷한 발견들에 초점을 맞추게 되었다. 다시 말해, 과학자들이 보기에 의문의 여지가 있거나 확실한 결론이 나지 않거나 훼손되었다고 판단되는 미심쩍은 결과들은 모두 제외했다.

앞서 살펴보았듯, 하버드 대학교 대학원 시절 우리가 썼던 연구 방법에도 다소 결함이 있었다. 명상 연구를 시작한 처음 10년, 즉 1970년대와 1980년대의 일반적인 질적 수준을 반영했기 때문이다. 우리가 처음 시도한 연구 방법들이 당시가 아닌 오늘날에 행해졌다면 우리의 자체적인 기준을 충족하지 못했을 테고,

따라서 여기에 실리지도 못했을 것이다. 사실 명상 연구 대부분이 이런저런 이유로 'A급' 과학 학술지에 게재될 수 있는 필수 조건인, 연구 방법의 표준 기준에 들어맞지는 못한다.

물론 세월이 흐르며 정교함이 점차 향상되어온 건 분명한 사실이다. 명상 연구의 수가 폭발적으로 증가해 1년에 천 건 이상에 달하게 된 게 그런 결과를 낳은 것이다. 그런데 이런 명상 연구의 폭증은 오히려 혼란스러운 결과와 모호한 상황을 만들어냈다.

이제 우리는 가장 뚜렷한 발견들에 집중하는 데 그치지 않고, 그러한 혼란 속에서 의미 있는 패턴을 찾아내려고 노력하고 있다.

우리는 수많은 과학적 발견을 수많은 위대한 영적 전통의 고전 문헌에 묘사된 특성 변화에 따라 분류했다. 그러한 문헌들이 오늘날의 연구에 도움이 되는 고대의 유효한 가설들을 제공하고 있다고 생각하기 때문이다. 우리는 또한 이러한 여러 특성 변화를 데이터가 허용하는 한 관련된 뇌 시스템과 연결 지었다. 명상을 통해 변형되는 주요 신경 회로가 네 가지 있다. 첫 번째는 스트레스에서 회복되는 회로다. 두 번째는 연민과 공감을 담당하는 회로로, 이는 놀랄 만큼 향상될 수 있는 것으로 밝혀졌다. 세 번째는 주의를 담당하는 회로로, 몇 가지 방식으로 개선될 수 있다. 명상의 핵심이 우리의 주의 습관을 재교육하는 것임을 고려하면 놀랄 일도 아니다. 마지막으로, 네 번째는 바로 우리의 '자아의식sense of self'을 담당하는 회로로, 현대 명상을 논의할 때 거의 주목받지 못했지만, 전통적으로 중요한 변성의 대상이었다.

이러한 변화가 합쳐져 하나로 통합되었을 때 누구나 명상을 통해 두 가지 주요한 방식의 혜택을 볼 수 있다. 하나는 건강한 몸을 갖게 되는 것이고, 다른 하나는 건전한 마음을 갖게 되는 것이다. 우리는 이 책에서 이 두 가지에 대한 연구에 많은 장을 할애할 것이다.

명상의 주요 특성 효과들을 알아내는 과정에서 방대한 업무에 직면했다. 우리는 최고의 연구들만 참고해 결론을 내림으로써 이 과제를 단순화할 수 있었다. 이렇게 좀 더 철저한 시선으로 면밀히 살펴보는 것은 '동료 심사' 학술지에 게재되었다는 이유만으로 기존의 발견들을 그냥 받아들이는 일반화된 관행에 배치된다. 이렇게 한 데는 나름의 이유가 있다. 우선 학술지마다 동료 전문가들이 논문을 심사하는 기준에는 크고 작은 차이가 있다. 우리는 A급 학술지들, 즉 가장 높은 기준을 가진 학술지들을 선호했다. 또 논문의 맨 끝에 충실하게 열거된 연구의 결점과 한계들을 무시하지 않고, 연구에 사용된 방법들을 주의 깊게 살펴보았다.

이 책의 집필을 준비하면서, 우선 리치의 연구팀은 학술지에 게재된 명상 효과에 대한 모든 논문 중 연민심과 같이 특정 주제를 다룬 논문을 모조리 수집했다. 그런 다음 정밀한 조사를 통해 실험 설계의 가장 높은 기준들을 충족시키는 것들을 뽑았다. 그 결과 자애심이나 연민심의 함양 효과가 있다고 보고한 연구는 원래 231건이었지만, 기준을 충족시킨 연구는 37건에 불과했다. 리치가 설계의 장점과 중요성이라는 렌즈로 다시 한번 살펴본 뒤 중

복되는 것들을 제외하자, 결국 8건가량만 남았다. 이에 관해서는 6장에서 논할 것이다.

과학계 동료들은 관련된 모든 연구에 대해 훨씬 더 상세한 설명을 기대할지 모른다. 그렇지만 그건 우리가 여기서 다루고자 하는 바가 아니다. 그럼에도 우리는 여기에 포함되지 않은 수많은 연구자의 노력에 진심으로 감사를 표한다. 그 발견들이 우리 설명에 부합하는 경우도 있었고, 더 뛰어난 것들도 있었으며, 그렇지 못한 것들도 분명 있었다. 그 모든 연구에 고개를 숙인다. 다만 간결함을 지키고자 한다.

평온한 마음

6세기경 어느 기독교 수도사는 동료 수도사에게 이런 조언을 했다. "자네가 하는 모든 일은 전체 문제의 8분의 1에 불과하다네. 설사 그 일을 완수하지 못하더라도 자신의 마음을 흔들리지 않게 유지하는 것이 8분의 7이지."[1]

흔들리지 않는 마음. 이것은 모든 위대한 영적 전통에서 명상이 추구하는 중요한 목표다. 트라피스트 수도회 소속 명상가인 토머스 머튼Thomas Merton은 고대 도교의 기록에 등장하는 이러한 미덕을 찬양하며 시를 짓기도 했다. 컴퍼스를 사용하지 않고도 완벽한 원을 그려내던 장인에 대해 말하면서, 그 마음이 "자유롭고 걱정이 없었다"고 표현했다.[2]

걱정 없는 마음의 반대에는 삶이 우리에게 안겨주는 불안이 있다. 우리는 계속 돈과 업무 걱정, 가족과 건강 문제 따위에 시달린다. 과거 인류가 진화 과정에서 맞닥뜨렸던 것처럼, 들판에서 포식자와 마주치는 일과 같은 스트레스 유발 사건들은, 일단 상황이 지나고 나면 몸을 회복할 시간이 충분하다. 그러나 현대인의 삶에서 스트레스를 유발하는 요인들은 대부분 생리적이 아닌 심리적인 것이기 때문에, 끔찍한 상사나 가족과의 문제처럼 그 영향은 항상 지속될 수 있다(비록 우리의 생각 속에서만 지속되더라도). 이와 같은 심리적 스트레스 요인들은 물리적 스트레스 사건과 똑같이 생리적 반응을 유발한다. 이러한 스트레스 반응이 오랫동안 지속되면 병으로 이어질 수 있다.

당뇨나 고혈압같이 스트레스로 인해 악화되는 질병에 우리가 취약한 것은 뇌 설계상의 단점 때문인 것 같다. 반대로 강점도 있는데, 이는 인간 대뇌 피질이 이룬 자랑스러운 업적들을 통해 드러난다. 문명을 건설한 것이 (그리고 지금 우리가 이 글을 작성하는 데 사용하고 있는 컴퓨터를 만들어낸 것이) 바로 인간의 대뇌 피질cerebrum cortex이다. 그러나 이마 뒤 전전두피질에 자리 잡고 있는 뇌의 집행 센터는 다른 어떤 동물도 갖지 못한 독특한 이점을 부여함과 동시에 역설적인 결점도 함께 부여한다. 미래를 예측하는 능력과 함께 걱정하는 능력 그리고 과거를 회고하는 능력과 함께 후회하는 능력을 동시에 갖게 된 것이다.

그리스 철학자 에픽테토스Epictetus가 수세기 전에 말한 것처럼, 우리를 화나게 하는 것은 우리에게 일어나는 일 자체가 아니라 그 일에 대한 우리의 관점이다. 시인 찰스 부코프스키Charles Bukowski는 이러한 생각을 보다 현대적으로 표현했다. 우리를 미치게 만드는 것은 어떤 큰일이 아니라 "시간이 얼마 없는데 신발끈이 툭 하고 끊어져버리는" 상황이다.

과학이 보여주는 바에 따르면, 우리가 살면서 이렇게 번거로운 상황을 더 많이 인식할수록 코르티솔cortisol 같은 스트레스 호르몬의 수준이 더 높아진다. 그런데 기분을 나쁘게 만드는 코르티솔 수치가 약간이라도 만성적으로 높아지면, 심장병으로 사망할 위험성이 증가하는 것처럼 유해한 영향을 끼친다.[3] 이런 상황에 명상이 도움이 될 수 있을까?

봉투 뒷면에 적은 통찰

우리가 존 카밧진(이하 '존'으로 약칭)을 알게 된 건 하버드 대학교 대학원 시절이었다. 당시 존은 매사추세츠 공과대학교MIT에서 막 분자생물학 박사 과정을 마치고 명상과 요가를 탐구하고 있었다. 존은 한국 출신 숭산 스님의 제자였는데, 숭산 스님은 케임브리지에서도 바로 댄이 살고 있던 지역에 명상 센터를 운영하고 있었다. 그리고 리치 역시 댄의 집에서 멀지 않은 하버드 스퀘어 인근의 아파트 2층에 살고 있었다. 존은 리치의 집에서 그에게 처음으로 명상과 요가를 가르쳐주었다. 리치가 인도로 여행을 떠나기 직전의 일이었다.

우리와 마음이 맞는 명상과학자인 존은 우리가 스와미 X를 연구할 때 우리 팀에 합류했었다. 당시 존은 케임브리지에서 차로 한 시간 거리인 우스터에 새로 문을 연 매사추세츠 의과대학교에서 해부학과 세포생물학 연구비를 따낸 참이었다. 해부학은 존이 가장 관심을 가진 분야였다. 그는 이미 요가를 가르치고 있었다.

그 시절 존은 통찰명상협회Insight Meditation Society; IMS에서 주관하는 집중 수련에 종종 참여하곤 했다. 당시 설립된 지 얼마 되지 않았던 통찰명상협회는 배리에 자리 잡고 있었는데, 역시 보스턴에서 한 시간 거리였고 우스터에서도 그리 멀지 않았다. 통찰명상협회가 만들어지기 몇 해 전인 1974년, 존은 몹시 추운 4월 초에도 난방을 하지 않는 버크셔의 걸스카우트 캠프에서 두 주를 보냈다. 강사를 맡은 로버트 호버Robert Hover는 미얀마 출신 명상 대가인 우 바 킨에게서 지도자 자격을 받은 사람이었다. 우 바 킨은 댄과 리치가 인도에서 집중 수련에 참가했을 때 수련을 이끌었던 S. N. 고엔카의 스승이기도 했다.

호버가 가르쳐준 주요 명상법은 고엔카의 방법들과 같았다. 우선 집중 수련 기간 중 처음 사흘은 집중력을 키우기 위해 호흡에 집중했다. 그런 다음 몸의 느낌들을 머리에서 발끝까지 아주 천천히 체계적으로 꼼꼼히 스캔했다. 이런 훈련을 일주일간 거듭해서 반복했다. 그렇게 쭉 스캔하는 동안에는 순수한 몸의 감각에만 집중했는데, 이 명상 전통에서는 일반적인 일이었다.

호버의 지시 사항에는 두 시간 동안 앉아서 하는 좌선이 여러 차례 포함되어 있었고, 학생들은 이 시간 동안은 자리를 떠나지 않겠다고 약속했다. 그런데 사실 이 시간은 고엔카의 명상 지도에서 하는 것보다 두 배나 길었다. 이렇게 꼼짝 않고 앉아서 명상하는 것은 고통스럽기 짝이 없었다. 존의 말로는 살면서 한 번도 경험해보지 못한 고통이었다고 한다. 하지만 참을 수 없는 고통을 감내하며 앉아서 몸의 감각을 훑고 자기 경험에 집중하다 보면, 어느새 통증은 사라지고 순수한 감각만이 남아 있었다고 했다.

존은 이 집중 수련에서 통찰을 하나 얻었는데, 그것을 재빨리 편지 봉투의 뒷면에 써두었다. 바로 병원의 입원 환자들, 특히 고치기 어려운 만성 통증 환자들도 명상 수련법의 이점을 누릴 수 있을지 모른다는 생각이었다. 몇 년 뒤, 통찰명상협회에서 집중 수련을 할 때 또 하나의 통찰이 갑작스럽게 찾아왔다. 이 통찰을 통해 존은 자신의 수련 경험에서 나온 다양한 수련법을 한데 모아 누구나 접근할 수 있는 하나의 형태를 만들어냈다. 이렇게 해서 현재 'MBSR'이라는 전 세계에 알려진 프로그램이 1979년 9월 매사추세츠 의과대학교에서 탄생했다.[4]

존은 증상이 매우 심각해서 마약성 진통제 없이는 통증을 조절할 수 없는 사람들로 통증클리닉이 넘쳐난다는 것을 알고 있었다. 존은 보디 스캔body scan과 다른 마음챙김 수련들을 통해 이 환자들이 고통의 인지적·정서적 부분들을 순수한 감각으로부터 분리할 수 있음을 확신하게 되었다. 이러한 지각知覺의 전환은 그 자체로 상당히 고통을 경감해줄 것이었다.

그러나 주로 우스터 근교의 노동자들이었던 통증클리닉의 환자 대다수는, 호버가 가르쳤던 헌신적인 명상가들처럼 장시간 동안 가만히 앉아 있을 수 없었다. 그래서 존은 자신이 요가를 가르칠 때 사용하는 방법인 보디 스캔을 채택했다. 누워서 전신을 관찰하는 이 명상법은 호버의 명상법과 유사한 것으로, 왼쪽 발가락에서부터 시작해 머리 꼭대기까지 주의를 기울이면서 몸의 특정 부위에서 느껴지는 것은 무엇이든, 심지어 대단히 불쾌한 것이라도 느껴지는 모든 것을 알아차리고 관찰함으로써 그에 대한 반응을 바꿀 수 있는 수련법이다.

존은 여기에 자신이 수련했던 선禪과 위빠사나에서 차용한 좌선 명상을 추가했다. 좌선 명상은 호흡에 세심한 주의를 기울이고 떠오르는 이런저런 생각이나 감각은 그냥 흘려보내는 것이다. 그저 주의를 기울이는 행위 자체를 인식하는 것이다. 처음에는 호흡에, 그다음에는 소리, 생각, 감정 그리고 신체의 모든 감각에 주의를 기울이고, 주의를 기울이는 것 자체를 알아차리는 것이다. 또 존은 선과 위빠사나에서 힌트를 얻어 마음챙김 걷기, 마음챙김 먹기, 일상생활 속에서 알아차리기를 추가했다.

존은 명상에 원류를 두고 있으나 명상의 영적인 성질을 넘어 현대인들에게 도움을 줄 수 있는 증거로서, 우리가 하버드에서 진행한 연구를 거론했다. 우리도 무척 기뻤다.[5] 사실 그 시절에는 우리 연구가 아니면 증거가 상당히 귀하긴 했다. 이제는 그러한 증거가 차고 넘칠 정도로 늘어났다. 이제 MBSR은 과학적 연구가 진행 중인 증거 기반의 명상법으로 알려졌다. MBSR은 아마 세계에서 가장 널리 수련되는 마음챙김 수련법일 것이다. 병원, 클리닉, 학교는 물론이고, 심지어 기업에서도 MBSR을 가르친다. MBSR을 수련한 사람들은 여러 효과를 보았다고 보고하는데, 그 중 하나가 스트레스 관리 능력의 증진이다.

MBSR이 스트레스 반응성에 미치는 영향에 대한 초기 연구 중에는, 마음과 삶 연구소에서 운영하는 SRI의 참가자였던 필립 골딘Philippe Goldin과 그의 스탠퍼드 대학교 멘토인 제임스 그로스James Gross가 실시한 연구가 있다. 이들은 8주간 MBSR에 참가했던 사회불안장애Social Anxiety Disorder; SAD 증상을 가진 소규모의 환자 집단을 대상으로 연구를 진행했다.[6] 이 환자들은 훈련 전과 후에 fMRI를 찍었는데, fMRI 스캐너 안에 있는 동안 스트레스를 주는 말들에 노출되었다. 즉 사회적으로 자신을 무너뜨렸던 말들과 스스로 무너지는 과정에서 떠올렸던 생각들에서 가져온 "나는 무능해" 혹은 "나는 낯가림이 심해" 같은 문장이 제시된 것이다.

이렇게 스트레스를 유발하는 생각들이 제시될 때 환자들은 두 가지 주의력 태도attentional stances 중 하나를 취했다. 즉 마음챙김으로 호흡 알아차리거나 머릿속에서 숫자를 세면서 주의를 다른 곳으로 분산시켰다. 그 결과 마음챙김으로 호흡을 알아차린 경우에 더 빠르게 회복했다. 편도체 활동이 감소하고, 뇌에서 주의를 담당하는 회로에서는 활동이 증가하는 두 가지 효과가 모두 나타났다. 그리고 환자들은 스트레스 반응성이 줄어들었다고 보고했다. MBSR을 실시했던 환자들을 유산소 운동을 한 환자들과 비교했을 때도 유사한 패턴이 나타났다.[7]

이 연구는 MBSR을 대상으로 수행된 수백 건의 연구 중 하나에 불과하다. 그 연구들을 통해 MBSR의 수많은 효과가 드러났는데, 이에 대해서는 이 책의 전반을 통해 알아볼 것이다. 그런데 MBSR과 가까운 사촌 관계인 마음챙김 명상 자체에 대해서도 같은 이야기를 할 수 있다.

마음챙김 주의력 훈련

마음과 삶 연구소는 달라이 라마와 과학자들의 대화를 주관했다. 여기에 참여하기 시작했을 때, 우리는 달라이 라마의 통역사들 중 한 명인 앨런 월리스Alan Wallace의 정확한 통역에 깊은 인상을 받았다. 티베트어에는 전문 용어가 부족했지만, 앨런은 과학자들의 말을 정확히 같은 뜻의 티베트어로 옮기곤 했다. 알고 보니 앨런은 스탠퍼드 대학교에서 종교 연구로 박사 학위를 받았고, 양자물리학에도 광범위한 지식을 가지고 있었다. 혹독한 철학적 훈련도 거쳤는데, 그 일환으로 몇 년 동안 티베트 불교 승려로 생활하기도 했다.

앨런은 명상 관련 전문지식을 토대로 독특한 프로그램을 개발했다. 티베트 불교에서 누구나 접근할 수 있는 명상 수련법을 추출해낸 것으로, 그는 이 프로그램을 마음챙김 주의력 훈련Mindful Attention Training; MAT이라 불렀다. 호흡에 완전히 집중하는 것부터 시작해서, 점차 주의의 순도를 높여 마음의 자연스러운 흐름을 관찰하고, 마지막으로는 인지 자체를 알아차리는 훈련이다.[8]

에모리 대학교에서 실시한 한 연구에서, 연구자들은 이전에 명상을 한 번도 해본 적이 없는 사람들을 MAT와 연민 명상compassion meditation에 무작위로 배정했다. 그리고 능동적 대조군인 세 번째 집단은 건강에 관한 일련의 토론을 했다.[9]

연구 참가자들은 8주간의 훈련을 전후로 뇌 스캔 검사를 받았다. 스캐너에 들어가 있는 동안 참가자들은 감정 연구의 표준 방식대로 제시되는 이미지를 보았는데, 그중에는 화상 피해자의 사진같이 마음을 심란하게 하는 이미지들이 포함되어 있었다. MAT 훈련을 한 그룹은 이런 사진들에 대한 반응으로 편도체 활동이 줄어들었다. 이 연구에서는 편도체 기능의 변화가 기저선 상태에서도 관찰되었는데, 이는 특성 효과가 시작되었음을 암시한다.

편도체를 간단히 설명하면, 위협을 감지하는 뇌의 레이다라 할 수 있다. 다시 말해, 우리의 감각들로부터 바로바로 입력 정보를 받아 안전한 것인지 아니면 위험한 것인지 살핀다. 위협이라 인식하면, 편도체 회로가 뇌의 '투쟁-회피-긴장 반응'을 촉발한다. 즉 코르티솔과 아드레날린adrenalin 같은 호르몬들을 분출하여 우리로 하여금 행동을 취하도록 하는 것이다. 편도체는 또한 우리가 주의를 기울이는 중요한 대상에 반응한다. 우리가 좋아하는지 싫어하는지는 상관이 없다.

댄이 연구 과정에서 측정한 땀방울은 이 편도체가 유발한 반응을 평가하는 지표였다. 사실 댄은 편도체 기능의 변화(흥분으로부터 더 빠른 회복)를 알아내려고 애쓰고 있었는데, 어쩔 수 없이 발한 반응이라는 간접적인 측정법을 사용했던 것이다. 뇌의 여러 부위에서 일어나는 활동을 직접적으로 추적하는 스캐너들이 발명되기 훨씬 전이었기 때문이었다.

편도체는 우리 주의를 집중시키기 위해서뿐 아니라 강렬한 감정 반응을 유도하기 위해 뇌 회로에 강하게 연결되어 있다. 이러한 이중 역할은 우리가 불안에 시달릴 때 왜 주의가 산만해지는지, 특히 우리를 불안하게 만드는 것에 왜 주의를 빼앗기는지 설명해준다. 편도체는 우리가 문제라고 생각하는 것에 관심을 갖게 한다. 그래서 무언가를 걱정하거나 화를 내면 그 마음의 행위가 자동으로 반복되고, 결국 부정적 뇌 회로가 형성되어 고착된다. 목공소의 사고를 다룬 단편영화에서 앨의 엄지손가락이 무시무시한 톱날에 접근하는 것을 본 시청자들처럼 말이다.

마음챙김이 편도체를 진정시킨다는 앨런의 발견과 거의 같은 시기에, 다른 연구자들이 전에 명상을 해본 적이 없는 사람들을 대상으로 하루에 20분씩 일주일 동안 마음챙김 명상을 하게 하고 fMRI 검사를 해보았다.[10] 검사를 하는 동안 지원자들은 끔찍한 화상을 입은 피해자의 이미지부터 귀여운 토끼의 이미지까지 다양한 이미지를 보여주었다. 우선 일상적인 마음 상태에서 이미지들을 본 다음, 마음챙김 수련을 하면서 다시 보는 식이었다.

그런데 마음챙김 상태에서는 모든 이미지에서 (비명상가들과 비교해) 편도체 반응이 현저히 낮아졌다. 이것은 주의가 덜 흐트러졌음을 보여주는 것으로, 우뇌 편도체에서 가장 차이가 두드러졌다 (편도체는 좌뇌, 우뇌 양쪽에 있다). 우뇌 편도체는 마음을 심란하게 하는 것을 볼 때 좌뇌 편도체보다 강력한 반응을 보이는 경우가 종종 있는데, 아마 그래서 이런 결과가 나왔을 것이다.

이 두 번째 연구에서 편도체의 반응성 저하는 오로지 마음챙김으로 주의를 기울이는 상태에서만 발견되었다. 보통의 인지 상태에서는 발견되지 않았던 것이다. 이는 반응성 저하가 상태 효과이지 변성된 특성이 아님을 보여준다.

통증은 뇌 안에 있다

손등을 세게 꼬집으면 서로 다른 뇌 시스템들이 작동되는데, 일부는 고통의 순수한 감각을 담당하는 시스템들이고, 일부는 고통을 싫어하는 우리의 혐오 반응을 담당하는 시스템들이다. 뇌는 이들을 하나로 통합해 본능적으로 그리고 즉각적으로 "아야!"라는 소리로 합친다.

그러나 몸에 대한 마음챙김을 수련하면, 다시 말해 몇 시간 동안 몸의 감각을 세세히 알아차리는 수련을 하면, 이러한 뇌의 통합이 깨진다. 통증이라고 인지되었던 것을 개별적 구성 요소로 분해해서 인식하게 된다. 꼬집힘의 강도와 통증의 감각이 있고, 고통을 원하지 않거나 고통이 빨리 멈추기를 바라는 것 등의 감정적인 부분들도 있다.

하지만 몸의 감각을 마음챙김으로 꾸준히 살펴보면, 꼬집힘은 흥미와 평정심을 가지고 분석할 수 있는 경험이 된다. 혐오감이 사라지고 통증이 욱신거림, 열기, 강도 등 더 미묘한 특질들로 쪼개진다.

지금 당신 손목에 5센티미터짜리 사각 금속판이 감겨 있고, 금속판 위로 끓기 시작한 물 20리터가 얇은 고무호스를 통해 지나간다고 상상해보자. 처음에는 금속판이 기분 좋을 정도로 데워질 것이다. 하지만 수온이 2~3도씩 올라가기 시작하면 곧 따뜻했던 촉감이 통증으로 변하고, 결국에는 참을 수 없을 정도로 뜨거워진다. 뜨거운 난로였다면 바로 손을 뗐을 것이다. 하지만 손목에 감긴 금속판은 제거할 수 없다. 극심한 열기를 10초 동안 견디면서 당신은 아마 화상을 입었다고 확신했을 것이다.

하지만 당신은 화상을 입지 않았고 피부도 멀쩡하다. 당신은 방금 가장 높은 통증의 한계치에 도달했었다. 이 장치, 즉 메독 열 자극기Medoc thermal stimulator는 바로 이러한 경험을 선사하기 위해 고안되었다. 신경학자들이 중추 신경계의 기능 저하를 보이는 신경장애 같은 상태를 평가할 때 사용하는 메독 열 자극기에는 내장형 안전장치가 있어서 사람들이 화상을 입는 일은 없다. 눈금이 최대 통증 한계점에 맞추어져 있는 때도 마찬가지다. 그리고 사실 사람들의 통증 한계점은 실제로 화상이 일어나는 온도 범위에 훨씬 못 미친다. 명상이 우리의 통증 지각에 영향을 미친다는 것을 입증하는 실험에서 메독 열 자극기를 사용하는 것도 이 때문이다.

통증을 주는 주요 요소는 몇 가지가 있다. 화끈거리는 느낌처럼 순수하게 생리적인 감각 그리고 그러한 감각에 대한 심리학적 반응도 여기에 속한다.[11] 명상은 통증에 대한 우리의 감정적 반응을 잠재워 열 감각을 좀 더 견딜 수 있게 해준다고 한다.

예를 들어, 선禪 수련자들은 마음에서 일어나는 일들과 그에 따라 일어나는 정신적 반응을 일시적으로 중단하는 법을 배운다. 이러한 정신적 자세는 점차 확산되어 일상생활에까지 스며들게 된다.[12] 선 지도자 루스 사사키Ruth Sasaki는 "경험 많은 좌선 수련자는 조용히 앉아 있는 것만으로 끝나지 않는다"고 말했다. 그리고 "처음에는 오로지 명상실 안에서만 도달할 수 있었던 의식 상태가 점점 모든 활동에서도 지속된다"고 덧붙였다.[13]

숙련된 선 명상가에게 ("명상을 하지 말라"고 주문한 뒤) 뇌 스캔을 실시했는데, 이들은 열 자극기를 견뎌냈다고 한다.[14] 앞에서 능동적인 대조군을 두어야 하는 이유를 설명했지만, 이 연구에는 능동적인 대조군이 존재하지 않았다. 그렇지만 여기서는 대조군의 부재가 덜 문제가 되는데, 바로 뇌 영상 때문이다. 만약 (측정 기대치에 부응하려는 의도가 쉽게 반영되는) 자기 평가 측정에만 의존한다면, 혹은 (편향에 다소 덜 취약한 측정법인) 누군가에 의한 행동 관찰에 의존한다면, 능동적인 대조군의 존재는 대단히 중요해진다. 그러나 뇌 활동을 측정하는 경우에는 무슨 일이 일어나는지 피실험자가 전혀 알지 못하기 때문에, 능동적 대조군의 존재 유무가 그다지 중요하지 않다.

선을 배우는 사람들 중에서 가장 경험이 많은 사람들은 통제할 수 있는 수준 이상의 통증을 견뎌낼 수 있었을 뿐 아니라, 통증이 계속되는 동안 집행·평가·감정과 관련된 영역들의 활동이 저하됐다. 원래 이 영역들은 우리가 극심한 스트레스를 받고 있을 때 활동이 활발해지는 게 일반적이다. 따라서 그들의 뇌는 "아파!"라고 평가를 내리는 집행 센터 회로와 "뜨거워!"라고 물리적 통증을 감지하는 회로 사이의 연결이 끊어진 것처럼 보인다.

요약하자면, 선 명상가들은 통증이 마치 중립적인 감각이라도 되는 듯이 반응하는 것처럼 보였다. 좀 더 전문적으로 표현하면, 그들의 뇌는 통증을 기록하는 상위 영역과 하위 영역의 '기능적 분리functional decoupling'를 보여주었다. 감각 회로는 통증을 느꼈지만, 생각과 감정은 반응하지 않은 것이다. 이는 이따금 인지 치료에 사용되는 전략, 즉 중증 스트레스의 재평가(스트레스를 덜 위협이 되는 방식으로 생각하는 것)의 새로운 변형으로 볼 수 있다. 스트레스 재평가 전략을 사용하면, 주관적으로 느끼는 스트레스 강도뿐 아니라 뇌의 반응도 줄일 수 있다. 그러나 여기서 선 명상가들은 좌선할 때 가져야 하는 마음가짐에 부합하는, 비판단적 태도의 신경 전략을 활용하는 것 같았다.

이 연구 논문을 자세히 살펴보면, 간단히 지나가긴 하지만 중대한 특성 변형, 즉 선 명상가들과 비교 집단 사이에서 발견된 차이가 언급돼 있다. 초기 기저선을 판독하는 동안 열 자극기의 온도 표시기는 계단식으로 세밀하게 매겨진 눈금을 따라 계속 올라가다가, 피험자가 최대 통증 한계점에 다다르는 순간 정확히 멈춰 해당 눈금을 가리킨다. 그렇게 측정된 선 명상가들의 통증 한계점은 비명상가들보다 섭씨 2도 정도 높았다.

사소하게 보일 수 있지만, 열로 인한 통증을 경험하는 방식을 통해 약간의 온도 상승도 주관적인 느낌과 뇌가 반응하는 방식에 극적인 영향을 미침을 알 수 있다. 섭씨 2도의 차이가 사소해 보일 수도 있지만, 통증의 경험에서는 매우 큰 차이다.

연구자들은 특성을 암시하는 듯한 발견에 회의적인데, 사실 적절한 태도이기도 하다. 명상을 지속적으로 수련하는 사람도 있고 중간에 그만둔 사람도 있어서, 이러한 선택이 데이터에서 차이를 만들어냈을 수도 있기 때문이다. "상관관계가 인과관계를 의미하지는 않는다"라는 격언이 여기에 적용된다.

그러나 특성의 변형이 지속적인 수련의 효과로 여겨질 수 있다면, 대안적인 설명을 제시할 수도 있다. 그리고 다른 연구자들이 특성과 관련해 비슷한 발견들을 제시한다면, 우리는 새로운 발견들을 더욱 진지하게 받아들이게 될 것이다.

선을 수련하는 사람들이 보여준 회복력과 수년 동안 끊임없이 많은 요구로 압박받은 사람들의 지치고 절망적인 번아웃 상태를 비교한 스트레스 반응성 실험을 살펴보자. 간호사나 의사 같은 의료 종사자뿐 아니라 알츠하이머병 등의 중병을 앓는 사람을 집에서 돌보는 사람들에게는 번아웃이 만연해 있다. 물론 스타트업 분야의 빠른 속도와 무례한 고객의 고함 소리처럼 견디기 힘든 상황을 계속 직면해야 하는 사람들도 누구나 번아웃 증상을 느낄 수 있다.

이렇게 계속적인 스트레스는 뇌의 형태를 나쁜 쪽으로 변화시키는 듯하다.[15] 수년간 매주 70시간 가까이 일했던 사람들의 뇌를 스캔해보니, 편도체의 크기가 커지고 심란한 순간에 편도체를 침묵시킬 수 있는 전전두피질의 여러 영역 간의 연결이 약화된 것을 발견할 수 있었다. 스트레스로 지쳐 있는 노동자들에게 마음을 불편하게 하는 사진을 보여주며 감정 반응을 줄여보라고 주문했더니, 지시를 따르지 못했다. 다시 말해, '하향 조절'에 실패한 것이다.

PTSD에 시달리는 사람들과 마찬가지로, 번아웃의 희생자들은 더는 스트레스 반응을 중지시키지 못한다. 그래서 치료제 역할을 하는 회복 시간도 가지지 못한다.

회복탄력성과 관련하여 명상의 역할을 간접적으로 뒷받침하는 연구가 몇 가지 있다. 리치의 연구소와 캐럴 리프가 이끄는 연구팀의 협업으로 진행한 연구가 그중 하나다. 미국의 여러 지역에서 중년 인구를 대상으로 대규모 조사를 실시한 적이 있었다. 이 조사에 참여한 이들 중 일부는 삶의 목적의식이 크면 클수록 실험실의 스트레스 자극에서 더 빨리 회복했다고 한다.[16]

목적과 의미에 대한 의식을 가지면, 삶의 도전들에 더 잘 대응할 수 있다. 다시 말해, 더 쉽게 회복할 수 있는 방식을 스스로 찾아낼 수 있다. 3장에서 확인했듯, 명상은 리프의 웰빙 측정법을 토대로 볼 때 행복을 증진하는 듯 보인다. 여기에는 개인의 목적의식도 포함된다. 그렇다면 명상이 우리가 혼란과 도전에 좀 더 침착하게 대응하도록 도울 수 있다는 직접적인 증거는 무엇인가?

상관관계를 넘어서

댄이 1975년 하버드 대학교에서 의식심리학 강의를 했을 때, 당시 대학원 마지막 학년이었던 리치는 조교를 맡았다. 그때 그가 매주 만나는 학생들 중에는 클리프 세론Cliff Saron이 있었다. 당시 학부 4학년이었던 클리프는 전자 장비를 다루는 것을 포함해 연구의 기술적 부문에 재주가 있었다(아마도 NBC 방송국에서 음향 장비를 다루었던 그의 아버지한테서 물려받은 재능일 것이다). 클리프는 그러한 능력 덕분에 곧 리치와 논문을 공동 집필하게 되었다.

리치가 뉴욕주립 대학교 퍼처스 캠퍼스에서 처음으로 교수 자리를 얻자, 클리프는 그를 따라가 연구실 운영을 맡았다. 그리고 리치와 함께 수많은 논문을 공동 집필한 후 알베르트 아인슈타인 의과대학교에서 신경과학 박사 학위를 받았다. 그는 현재 캘리포니아 대학교 데이비스 캠퍼스의 마음과 뇌 센터Center for Mind and Brain에서 연구실을 이끌고 있으며, SRI에서도 종종 교수진의 일원으로 활동하고 있다.

클리프는 방법론상의 문제에 감각이 예리했다. 그것이 지금까지 명상에 관한 몇 안 되는 종단 연구(연구 대상의 특성이 시간에 따라 어떻게 변화하는지를 분석하는 방법—옮긴이) 중 중요한 부분을 설계하고 실시하는 데 도움이 되었다.[17] 앨런 월리스가 집중 수련을 이끄는 가운데, 클리프는 3개월 동안 고전적 명상법으로 다양하게 수련하는 학생들을 엄격하게 평가하는 연구 도구를 만들었다. 거기에는 호흡에 대한 마음챙김처럼 주의력을 높이는 것으로 간주되는 방법들과 자애심과 평정심 같은 긍정적인 상태를 함양하는 방법들도 포함되어 있었다. 수행자들이 90일 동안 하루 6시간 이상 명상하는 빡빡한 일정을 따르는 동안, 클리프는 그들을 대상으로 집중 수련의 초기, 중기, 말기 그리고 수련 후 5개월 뒤 일련의 측정을 실시했다.[18]

비교 집단은 3개월간의 집중 수련을 신청했지만 첫 번째 집단이 마칠 때까지 집중 수련을 시작하지 않은 사람들이었다. 이 같은 '대기자 집단' 대조군을 활용하면 기대 요구나 그와 비슷한 심리적 혼란에 대한 우려를 제거할 수 있다(그러나 HEP와 같은 능동적 대조군을 추가하지는 않았는데, 이런 연구에서는 물적·재정적 부담이 되기 때문이었다). 연구의 정밀성에 관한 한 까다롭기로 유명한 클리프는 대기자 집단에 속한 사람들을 집중 수련 장소로 보내, 집중 수련 중인 사람들과 동일한 상황에서 정확히 똑같이 평가했다.

한 실험에서는 길이가 다른 줄들을 연속적으로 빠르게 제시하면서 더 짧은 줄 쪽에 있는 버튼을 누르라는 지시가 내려졌다. 10개의 줄 중 하나만 짧았는데, 짧은 줄이 나왔을 때 긴 줄 쪽의 버튼을 누르려는 자동 반사적인 반응을 억제하는 것은 어려운 일이었다. 집중 수련이 진행되면서 명상가들은 이 충동 억제 능력이 향상되었다. 감정을 다스리는 데 중요한 기술, 즉 변덕이나 충동에 따라 행동하는 것을 자제하는 능력이 향상된 것이다.

간단한 고전적 명상법들은 불안을 줄이는 것부터 전반적으로 행복해지는 것까지, 다양한 항목에 대한 자기 평가에서 개선되었음을 보여주었다. 심란한 상태에서 회복하는 속도가 더 빨랐고 충동에서 더 자유로워졌다. 감정 조절 면에서도 개선이 이루어졌다. 반면 대기자 집단에서는 어떤 항목도 변화되지 않았다. 그러나 그들도 일단 집중 수련을 거치고 나면 똑같은 개선 결과가 보였다.

클리프의 연구는 이러한 효과를 명상과 직접적으로 연결 지음으로써 변성된 특성들에 대한 주장을 강력하게 뒷받침한다. 그리고 가장 결정적으로, 집중 수련이 끝나고 5개월 뒤 실시한 검사에서도 개선 효과가 계속 유지되었다.

또한 이 연구는 장기 명상가들에게서 발견되는 모든 긍정적인 특성이, 이미 그러한 특성을 가진 사람들이 수련을 선택하거나 장기적으로 유지한 데서 기인했다는 의구심을 불식시켜주었다. 이 같은 증거로 볼 때, 명상 수련 상태들이 점차 일상생활로 흘러 들어가 우리의 특성을 형성할 가능성이 있는 것으로 보인다. 적어도 스트레스 처리와 관련해서만큼은 그런 듯하다.

엄청난 시련

이런 상상을 해보자. 당신은 지금 면접관 두 명이 웃음기 없는 무표정한 얼굴로 지켜보는 동안, 그 일자리에 자신이 제격이라는 것을 설명하고 있다. 그런데 그들의 얼굴에서는 공감한다는 표정이 전혀 보이지 않는다. 격려 차원에서 고개 한 번 끄덕여줄 만도 한데 작은 반응조차 없다. 바로 당신이 트리어 사회적 스트레스 테스트Trier Social Stress Test; TSST 중에 처하게 되는 상황이다. TSST는 과학계에서 뇌의 스트레스 회로를 비롯해 스트레스 호르몬의 연쇄적 방출을 자극하는 가장 신뢰할 만한 실험 방법 중 하나로 알려져 있다.

면접이 끝나면 압박감이 느껴지는 암산을 해야 한다. 예를 들어, 1,232 같은 숫자에서 연속적으로 13을 계속 빼나가는 것이다. TSST의 두 번째 부분으로, 앞서 말했던 그 무표정한 면접관들이 이제는 더 빨리 암산을 하라고 당신을 자꾸 몰아붙인다. 그리고 실수할 때마다 처음부터 다시 시작하라고 지시한다. 이런 혹독한 테스트는 어마어마한 사회적 스트레스를 준다. 이때 우리는 다른 사람들이 우리를 평가하거나 거부하거나 배제할 때 느끼는 끔찍한 감정을 경험한다.

앨런 월리스와 폴 에크만Paul Ekman은 심리 훈련과 명상을 결합해 학교 선생님들을 위한 회복탄력성 향상 프로그램을 만들었다.[19] 댄이 실험실에서 스트레스를 일으키기 위해 목공소의 사고 영상을 활용했던 것과 달리, 이들은 TSST의 모의 면접과 암산 테스트를 스트레스 자극으로 사용했다.

둘의 연구에서 프로그램에 참여한 선생님들은 명상 수련 시간이 길면 길수록 TSST 동안 정점을 찍었던 혈압이 더 빨리 회복되었다. 프로그램이 끝나고 5개월 후에도 마찬가지였다. 적어도 약한 정도의 특성 효과는 나타난 것이다(만약 5년 후에도 이러한 효과가 지속된다면, 특성 효과를 보여주는 더 강력한 증거가 될 것이다).

리치의 연구소는 (평생 수련 시간의 평균이 9,000시간인) 숙련된 위빠사나 명상가들을 대상으로 TSST를 했다. 하루 8시간에 걸쳐 명상하게 한 뒤, 다음 날 TSST를 진행했다.* 명상가들 외에도 그들

---

* 장기 명상가들은 모두 최소한 3년 이상 30분 넘게 위빠사나와 자애 명상을 수련했으며, 고강도 집중 수련도 여러 차례 경험했다. 이들 한 사람 한 사람과 나이와 성별을 맞춰 명상을 하지 않는 지원자들로 비교 집단이 구성되었다. 그들은 또한 실험을 진행하는 동안

의 나이와 성별에 맞게 구성한 비교 집단도 TSST를 진행했다(동시에 염증 테스트도 실시했는데, 그 결과는 9장에서 상세히 다룬다).

결과를 보면, 명상가들이 스트레스를 받는 동안 코르티솔의 증가량은 상대적으로 적었다. 게다가 이들은 무시무시한 TSST 자체에 대해서도 비명상가들에 비해 스트레스를 덜 받고 있었다.

숙련된 명상가들이 스트레스의 원인을 더 차분하고 균형 잡힌 시각으로 바라보는 방식을 보여준 것은 명상 수련 중이 아니라 휴식을 취하고 있을 때였다. 즉 훈련이 아닌 일상에서였다. 이들이 스트레스를 받는 면접 상황에서도, 만만치 않은 암산 과제에서도 평온을 유지했다는 것은 진정한 특성 효과로 보인다.

이를 뒷받침할 더 강력한 증거 역시 동일한 명상가들을 대상으로 실시한 연구에서 나왔다.[20] 이 연구에서 연구자들은 명상가들이 고통에 시달리고 있는 사람들의 모습을 담은 사진들, 이를테면 화상 피해자들의 사진을 보고 있는 동안 그들의 뇌를 스캔했다. 그랬더니 숙련된 명상가들의 뇌는 편도체의 반응성 수준이 낮았다. 그들은 감정적으로 압도당하는 상황에 대한 면역성이 더

여러 시점에서 그들의 코르티솔 수치를 보여주는 타액 샘플을 제출했다. 이 실험에서는 능동적 대조군은 존재하지 않았는데, 두 가지 이유 때문이었다. 우선 사용된 측정법이 자기 평가가 아닌 생리적 측정법인 경우에는, 결과가 편견에 덜 취약하다. 그리고 클리프의 3개월 강좌에서와 마찬가지로, 3년 이상에 걸쳐 9,000시간 이상의 명상과 비슷한 능동적 대조군을 만들어내는 것 자체가 불가능했을 것이다. Melissa A. Rosenkranz et al., "Reduced Stress and Inflammatory Responsiveness in Experienced Meditation Compared to a Matched Healthy Control Group," *Psychoneuroimmunology* 68 (2016): 117-25.

길러져 있는 상태였다.

그 이유는 다음과 같다. 그들의 뇌는 반응성을 관리하는 전전두피질과 그러한 반응을 촉발하는 편도체 사이의 연결이 더 강했다. 신경과학자들이 알고 있듯이, 뇌의 이 특수한 연결이 강하면 강할수록 모든 종류의 감정 기복 때문에 압도당하는 횟수가 줄어든다.

전전두피질과 편도체 사이의 이 연결성은 정서적으로 반응하는 수준을 조절해준다. 연결이 강할수록 반응 강도가 약해진다. 관련성이 아주 강해서 연결성을 보면 반응 강도를 예측할 수 있을 정도다. 그래서 명상을 평생 지속적으로 해온 명상가들이 참담한 화상 피해자의 사진을 보면서도 편도체 반응성을 거의 보이지 않은 것이다. 반면 그들과 같은 연령대의 지원자들은 심란한 사진들을 보는 동안 연결성이 강해지지도 평정심을 유지하지도 못했다.

그러나 리치의 그룹이 (총 30시간 이하의) MBSR 훈련을 받고 집에서도 매일 잠깐씩 수련한 사람들을 대상으로 이 연구를 재현했을 때는 전전두피질과 편도체 사이의 연결성이 강화되는 것을 확인하지 못했다. 그냥 휴식을 취하고 있을 때도 마찬가지였다.

MBSR 훈련을 받은 사람들이 낮은 수준의 편도체의 반응성을 보여주긴 했지만, 장기 명상가 집단은 그뿐 아니라 전전두피질과 편도체 간의 연결성 강화도 함께 보여주었다. 이러한 패턴은 상황이 어려워질 때, 예컨대 실직이나 인생의 중요한 도전에 직면했을 때 (전전두피질과 편도체 간의 연결성에 따라 달라지는) 심리적 고통을 관리하는 능력은 MBSR 훈련만 받은 사람들보다 오랜 기간을 명상을 하는 사람들에게서 더 발휘될 수 있다는 것을 암시한다.

이런 회복탄력성을 배울 수 있다는 것이 좋은 소식이다. 그러나 이 효과가 얼마나 오래 지속될지는 우리도 정확히 모른다. 실험에 참가한 사람들이 수련을 계속하지 않는다면, 그 효과는 짧을 것이다. 바로 수련의 지속성이 상태를 특성으로 전환하는 열쇠이기 때문이다.

편도체의 반응성이 가장 낮게 나타나는 사람들의 경우에 감정은 그저 오고 가는 것으로, 적응성을 보여주는 적절한 상태라 할 수 있다. 리치의 연구소는 고도로 숙련된 명상가 31명의 뇌를 스캔해서 이러한 가정이 맞는지 검증해보았다(그들의 평생 수련 시간은 평균 8,800시간이었고, 개인별 평생 수련 시간은 1,200시간에서 3,000시간 이상까지 다양했다).

이 숙련된 명상가들은 극심한 고통을 겪고 있는 화상 피해자들부터 귀여운 토끼에 이르는 다양한 사진을 보았다. 전문가 수준 명상가들의 편도체를 처음 분석했을 때는, 반응 방식에서 나이와 성별 조건이 같은 일반 자원자들과 아무런 차이가 없었다. 하지만 최소한의 수련 시간(평생 수련 시간이 평균 1,849시간)을 가진 그룹과 가장 긴 수련 시간(평생 수련 시간이 평균 7,118시간)을 가진 그룹으로 나누어 살펴보았더니, 수련 시간이 길수록 편도체가 심리적 고통에서 회복하는 속도가 더 빨랐다.* 이렇게 빠른 회복은 회복탄력성의 특징이다. 요약하자면, 평정심은 수련을 길게 할수록 더 강화된다. 이러한 연구들이 증명하는 것은 장기간 명상을 수련하여 얻는 이점 중 하나가 사막의 교부desert fathers(이집트 황야에서 은자로 생활하면서 최초의 그리스도교의 수도원을 설립한 수도사들—옮긴이)들이 추구했던 흔들리지 않는 마음이라는 것이다.

정리

뇌에서 스트레스 회로의 핵심인 편도체는 불과 30시간가량의 MBSR 수련만으로도 활동이 위축되는 양상을 보였다. 다른 마음챙김 훈련도 비슷한 효과를 보인다. 이런 변화들을 특성으로 볼 수 있다는 단서가 여러 연구에 등장한다. 마음챙김 상태에서 스트레스 자극을 의식하라는 명시적인 지시를 받았을 때뿐만 아니라, 편도체 활동이 최대 50퍼센트까지 감소한 '기저' 상태에서도 변화가 확인된다. 이 같은 뇌의 스트레스 반응 완화는 연구실에

---

* 만약 리치가 그 데이터를 다른 연구 대부분에서 사용하는 것과 동일한 방식으로 분석하고 있었다면, 이러한 차이는 전혀 드러나지 않았을 것이다. 편도체 반응의 정점은 이 집단들 모두 동일했다. 그러나 가장 오랫동안 수련한 명상가들이 가장 빨리 회복했다. 이러한 장기간의 명상이 미치는 영향은 어쩌면 '비고착성nonstickiness', 즉 심란한 사진에 대해 처음에는 그에 상응하는 반응을 보이지만 그 반응이 오래 머물지 않는, 신경상의 메아리 같은 것일지도 모른다.

서 사용하는 잔혹한 사진들을 볼 때만 나타나는 것이 아니다. 실제 청중 앞에서 사회적 스트레스를 테스트하는 더 현실적인 도전에서도 관찰된다. 매일 꾸준히 수련하면 스트레스 반응이 줄어든다. 경험이 풍부한 선 수행자들은 더 높은 수준의 고통과 통증을 견딜 수 있으며 스트레스 원인에 덜 반응했다. 3개월간의 명상 집중 수련은 감정 조절의 지표를 얻게 해주고, 장기간의 수련은 감정을 조절하는 전전두피질과 스트레스에 반응하는 편도체 사이의 기능적 연결성을 더욱 강화하여 반응성을 저하시켰다. 그리고 이로 인해 주의 조절 능력이 향상되었다. 마지막으로, 장기 명상가들이 스트레스에서 빨리 회복한다는 사실은 어떻게 특성 효과가 지속적 수련을 통해 나타나는지를 분명히 보여준다.

사랑할 준비

고대 건조 지역에서 포도는 귀한 과일이었다. 달콤한 즙이 가득해 별미였지만 먼 지역에서만 재배되었기 때문이다. 그런데 기록을 보면, 서기 2세기경 누군가 사막의 기독교 은둔자인 마카리우스Macarius에게 그 별미를 가져다주었다.•

마카리우스는 그 포도를 먹지 않고 몸이 허약한 다른 은둔자에게 주었다. 그에게 더 필요해 보였기 때문이었다. 그 은둔자는 마카리우스에게 고마워하면서도, 포도를 먹으면 좋을 또 다른 사람

• 사막의 교부들은 3세기 초 이집트 사막의 외딴 지역에 공동체를 이루어 살던 초기 기독교 은둔자들이었다. 그곳에서 그들은 주로 기독교의 '만트라' 격인 "키리에 엘레이슨Kyrie Eleison"('주여, 불쌍히 여기소서'라는 뜻의 그리스 문구)을 암송하며 자신들의 종교적 수련에 집중했다. 이 은둔자 공동체는 역사적으로 볼 때 기독교 수도회와 수녀회의 전신이라 할 수 있다. "키리에 엘레이슨"을 반복하는 것은 동방 정교회 수도사들, 예컨대 아토스 산의 수도사들 사이에서 지금도 중요한 수련법으로 남아 있다. 역사 기록에 따르면, 이집트 출신의 기독교 수도사들이 17세기에 이슬람 정복을 피해 아토스 산에 정착했다고 한다. Helen Waddell, *The Desert Fathers* (Ann Arbor: University of Michigan Press, 1957).

이 떠올라 그에게 포도를 건넸다. 그런 식으로 은둔자 공동체를 한 바퀴 돈 포도는 결국 다시 마카리우스에게 돌아왔다.

사막의 교부들로 알려진 이 초기 기독교 은둔자들의 규율이나 관습, 명상 관행은 오늘날 히말라야에 사는 수행자들의 모습과 놀라울 정도로 비슷하다. 두 집단 모두 유익한 존재방식을 찬양한다. 무아selflessness와 관용을 서로 나누고 명상에 더 적합한 방법으로 은둔의 삶을 살아간다.

별미였던 포도가 은둔자 공동체를 한 바퀴 돌아 다시 마카리우스에게 올 수 있었던 이유는 무엇일까? 연민심compassion과 자애심loving-kindness 때문이었다. 자신보다 타인에 대한 배려를 우선시하는 태도 덕분이다. 엄밀하게 말하면, 자애심은 다른 사람이 행복하기를 바라는 마음이다. 비슷한 말인 연민심은 사람들이 고통에서 벗어나기를 바라는 마음이다. 이 두 가지 관점 모두 마음 훈련을 통해 강화할 수 있다. 그리고 결과적으로 사막의 교부들과 포도의 사례에서 보는 것처럼, 타인을 돕는 행동으로 나타나게 될 것이다.

그렇다면 오늘날의 사례를 살펴보자. 어느 신학대학교에서 학생들이 설교 연습을 하고 평가를 받을 것이라는 말을 들었다. 학생 중 절반은 성경에서 주제를 자유롭게 선택할 수 있었고, 나머지 절반은 '착한 사마리아인'이라는 주제를 받았다. 착한 사마리아인 이야기란, 길가에 쓰러져 있는 어떤 사람을 목격했을 때 대부분은 무관심하게 그냥 지나쳤지만, 오직 사마리아인만 가던 걸음을 멈추고 그를 도왔다는 내용이다.

설교 준비를 마친 학생들은 평가를 받기 위해 한 사람씩 차례로 다른 건물로 향했다. 그런데 그 길에는 몸을 웅크린 채 고통에 신음하는 사람이 있었다.

학생들은 어려움에 처한 낯선 사람을 도왔을까? 학생들은 스스로 얼마나 늦었다고 생각하는지에 따라 도움을 주기도 하고 주지 않기도 했다. 즉 시간에 압박을 느낄수록 낯선 이를 돕지 않았다.* 바쁜 하루를 살다 보면 약속 장소에 제시간에 도착할 수 있을까 걱정하느라 주변 사람들이 무엇을 필요로 하는지 알아차리기는커녕, 주변에 사람이 있다는 것조차 알아채지 못하곤 한다.

이런 상황에서 우리는 자기중심적으로 생각하는 것(나는 늦었어!)부터 주변 사람들을 알아보는 것, 그들에게 동조하는 것, 공감하는 것 그리고 마지막으로 그들에게 도움이 될 만한 행동을 하는 것까지 광범위한 선택의 스펙트럼 위에 있게 된다.

연민의 태도를 갖는다는 것은 연민이라는 미덕을 옹호한다는 것만을 의미한다. 연민을 행한다는 것은 행동까지 연결한다는 것을 포함한다. 앞의 예에서 착한 사마리아인을 곰곰이 생각하던 학생들은 연민을 높이 평가했지만, 연민을 행동으로 옮긴 이는 그다지 많지 않았다.

---

* 착한 사마리아인 설정은 이타적 행동을 고무하거나 저해하는 조건들에 대한 광범위하고 체계적인 일련의 연구들 가운데 하나에서 실시한 실험이었다. Daniel Batson, *Altruism in Humans* (New York: Oxford University Press, 2011).

여러 명상법이 연민심의 함양을 목표로 한다. 그런데 그것이 과학적으로 그리고 윤리적으로 중요한 일인가? 연민심을 기르면 사람들이 연민의 행동을 하게 될까?

모든 존재가 고통에서 벗어나기를

1970년 12월, 댄이 처음으로 인도에 장기간 머물렀을 때, 요가와 과학을 주제로 뉴델리에서 열리는 콘퍼런스에서 강연 요청이 들어왔다. 수많은 서양인 여행자가 댄의 강연을 들으러 왔다. 그중에는 막 뉴욕주립 대학교 버펄로 캠퍼스를 떠나 독립적인 연구를 시작한 18세의 샤론 살스버그도 있었다. 오늘날에는 전쟁과 정치 문제로 사실상 불가능한 일이지만, 1970년대에는 수천 명에 달하는 서구 젊은이가 유럽에서 출발해 중동을 거쳐 인도로 육로 여행을 했다. 샤론도 그 대열에 합류해 인도에 와 있었던 참이었다.

댄은 자신이 부다가야에서 고엔카의 위빠사나 강좌를 막 듣고 왔으며, 열흘간의 집중 수련은 계속 진행되고 있다고 말했다. 이에 샤론을 포함한 많은 서양인이 위빠사나 수련회에 참여하려고 부다가야의 미얀마 비하라로 직행했다. 그 후 고엔카의 위빠사나를 열성적으로 수련하게 된 샤론은 인도와 미얀마의 스승들 아래에서 명상을 계속했다. 미국으로 돌아와서는 자신이 직접 지도자가 되어 비하라에서 만난 조셉 골드스타인과 함께 매사추세츠에 통찰명상협회를 설립했다.

샤론은 특히 고엔카로부터 처음 배운 자애 명상을 가르쳤다. 팔리어로는 멧따metta라고 하는 '자애심'은 그리스의 아가페agape와 유사한 사랑의 특성으로, 조건 없는 연민과 호의를 말한다.[1]

샤론은 자애 명상을 서구에 도입하는 데 일조했다. 그 자애 명상은 "내가 편안하기를" "내가 건강하기를" "내 삶이 평안하기를" 같은 문구를 조용히 되풀이한다. 자기 자신에서 시작해서 그 다음에는 사랑하는 사람들, 그리고 그저 알고 지내는 사람들, 마지막에는 모든 존재로 확장한다. 심지어는 자신이 버거워하는 사람이나 자신에게 해를 끼친 사람들까지 대상이 된다. 자애 명상에는 여러 형태가 있지만, 가장 많은 연구가 이루어진 것은 이렇게 자애 문구를 반복하는 형태다.

자애 명상은 때때로 사람들이 고통에서 벗어나기를 바란다는 연민심에서 비롯된 소망을 포함하기도 한다. 자애심과 연민심의 차이가 상당히 클 수 있지만, 그 차이에 대한 연구는 거의 없다.

인도에서 돌아오고 몇 년이 흐른 뒤, 샤론은 1989년 달라이 라마와의 대화에 참여했다. 그때 댄은 진행자를 맡았다.[2] 대화가 이어지던 중 샤론은 달라이 라마에게 많은 서양인에게는 자기혐오가 있다고 설명했다. 그 말에 달라이 라마는 깜짝 놀랐다. 그런 말을 전에는 한 번도 들어본 적이 없었기 때문이었다. 달라이 라마는 늘 사람들이 당연히 스스로를 사랑할 거라 생각해왔다고 답했다.

하지만 연민·자비에 해당하는 영어 단어인 'compassion'은 달라이 라마가 지적한 것처럼, 다른 사람들이 잘되기를 바라는 소망을 나타낼 뿐, 자기 자신은 포함하지 않는다. 달라이 라마는 고대어인 팔리어와 산스크리트어는 물론이고 자신의 모국어인 티베트어에서도, 연민이란 단어는 다른 사람뿐 아니라 자신에 대한 감정까지 뜻한다고 설명했다. 그리고 영어에는 '자기 연민self-compassion'이라는 새로운 단어가 필요하다고 덧붙였다.

바로 그 용어가 심리학계에 등장한 것은 그로부터 10년 이상이 흐른 후, 텍사스 대학교 오스틴 캠퍼스 심리학자 크리스틴 네프Kristin Neff가 자기 연민 척도에 대한 연구를 발표했을 때였다. 네프의 정의에 따르면, 자기 연민은 스스로를 비판하지 않고 스스로에게 친절하게 대하는 것이 포함된다. 다시 말해, 스스로 실패하거나 실수할 때 개인적인 실패가 아니라 인간이 겪는 상황의 일부로 바라보는 것이다. 자신의 불완전함을 인지할 뿐, 그에 대해 되풀이하여 생각하지 않는 것이다.

자기 연민의 반대는 자기 비난에서 찾아볼 수 있다. 우울한 사고방식에서 흔히 나타난다. 자신을 연민의 눈으로 보는 것은 우울에서 벗어나는 해독제와 유사하다. 이스라엘의 연구자들은 이런 생각을 실험했는데, 자기 비난이 심한 사람들에게 자애 명상을 가르쳤더니 스스로에게 가혹한 생각이 줄어들었을 뿐 아니라 자기 연민이 향상되었다고 한다.•

• 이 연구자들의 지적에 따르면, 자기 비난은 우울증에만 국한되어 나타나는 것이 아니다.

공감

우리는 뇌 연구를 통해 세 종류의 공감이 있음을 알게 되었다.[3] 첫 번째 인지적 공감은 다른 사람의 생각과 관점을 아는 것이다. 두 번째 정서적 공감은 상대의 감정과 느낌을 아는 것이고, 세 번째 공감적 관심이나 보살핌은 연민의 핵심이라 할 수 있다.

공감을 뜻하는 영어 단어 'empathy'는 '함께 느끼기'라는 독일어 단어 'Einfühlung'이 번역된 것으로, 20세기 초 미국으로 건너왔다. 순수한 인지적 공감은 연민의 느낌이 없다. 하지만 정서적 공감은 고통받는 사람의 느낌을 신체적으로 똑같이 느끼는 것이다.

하지만 어떤 느낌이 우리의 마음을 심란하게 한다면, 일반적으로 우리는 관심을 거두는 쪽을 선택할 것이다. 그렇게 하면 기분이 나아지지만, 연민의 행동으로 나아가지 못한다. 연구실에서는 강렬한 고통을 묘사하는 사진에서 시선을 돌려버리는 사람들에게서 이러한 회피 본능을 관찰할 수 있다. 투명 인간 취급을 받는다고 불평하는 노숙자들도 이와 유사한 상황에 놓여 있다. 사람

자기 비난은 광범위한 감정적 문제들에서 나타난다. 이 연구자들과 마찬가지로, 우리 역시 명상으로 유도된 자기 연민의 증가를 관련된 뇌 회로의 유사한 변화와 연결 짓는 연구가 등장하기를 바라는 마음이다. Ben Shahar, "A Wait-List Randomized Controlled Trial of Loving-Kindness Meditation Programme for Self-Criticism," *Clinical Psychology and Psychotherapy* (2014): doi:10.1002/cpp.1893.

들이 노숙자를 못 본 체하는 것은 고통에서 시선을 거두는 한 형태다.

지금 일어나고 있는 일에서 시선을 돌리지 않고 그대로 받아들이는 것이 상대에게 도움을 주기 위한 행동의 첫 번째 단계다. 그렇다면 연민을 키워주는 명상이 영향을 미칠 수 있을까?

독일의 라이프치히에 있는 막스플랑크협회 인간인지뇌과학연구소의 연구원들은 실험 연구 지원자들에게 자애 명상을 가르쳤다.[4] 지원자들은 6시간에 걸쳐 지도를 받았고, 또 각자 집에서도 수련을 계속했다.

이 명상법을 배우지 않은 상태에서 고통받는 이들의 영상을 보았을 때, 지원자들의 뇌에서는 정서적 공감과 관련된 부정적 회로만 활성화되었다. 희생자들의 고통이 자신에게 일어나는 듯 느꼈던 것이다. 희생자들의 고통이 전이되면서 나타난 감정적 반향이었다.

그리고 지원자들은 영상에 공감해보라는, 즉 그들이 보고 있는 사람들과 감정을 공유하라는 지시를 받았다. fMRI 분석 결과, 이런 공감은 뇌섬엽insula의 여러 부분에 집중된 회로들, 다시 말해 우리 자신이 고통받고 있을 때 활성화되는 부분을 작동시켰다. 공감은 어떤 사람이 고통받는 이의 고통을 느꼈음을 의미했다.

하지만 자애 명상을 배우고 고통받는 이들에게 애정을 느끼게 된 다른 그룹이 동일한 실험을 했을 때는 뇌에서 완전히 다른 조합의 회로가 활성화되었다. 자식에 대한 부모의 사랑과 관련된 회로들이었다.[5] 이들의 뇌는 앞서 공감하라는 지시를 받은 사람들의 뇌와 분명히 달랐다. 게다가 불과 8시간 만에 일어난 변화였다!

이처럼 고통을 겪고 있는 희생자들에게 애정과 같은 긍정적인 관심은 희생자들의 어려움을 마주하고 그에 대처할 수 있음을 의미한다. 그리고 앞서 말한 반응의 스펙트럼을 따라 현재 일어나고 있는 일을 알아차리기 시작하고, 결국에는 그들을 실제로 돕는 행동까지 연결된다. 동아시아의 여러 나라에는 자비로운 깨달음을 상징하는 관세음보살이 있는데, '다가가 도움을 주기 위해 세상의 소리를 귀 기울여 듣는 이'라 풀어 쓸 수 있다.[6]

태도에서 행동으로

회의적인 과학자라면 이러한 실험 결과를 보고 이렇게 물을 수 있다. 누군가 이런 신경 패턴을 보이는 것이 실제로 다른 사람을 도와줄 것이라는 뜻일까? 특히 다른 사람을 돕는 것이 자신에게는 불편한 일을 해야 하는 일이라면, 희생을 감수할까? 사람들이 뇌 스캐너 안에 가만히 누워 있는 동안 뇌 활동을 측정하는 것만으로 그리고 친절과 행동을 위한 신경학적 준비가 더 강해졌다는 사실을 발견하는 것만으로는 설득력이 없다. 어쨌거나 착한 사마리아인에 대해 숙고했던 신학대학교 학생들이 실제로 도움이 필요한 사람을 도울 확률이 더 높았던 것도 아니었으니 말이다.

그러나 일부 증거들은 더 희망적인 결과를 시사한다. 리치의 연구실에서는 지원자들에게 2주간 (타인을 생각하는) 연민 훈련 또는 부정적 사건의 원인을 새롭게 해석하는 방법을 배우는 인지 재해석cognitive reappraisal 프로그램을 실시했다. 그리고 교육 전과 후에 고통받는 사람들의 사진을 보는 동안 뇌를 스캔했다. 뇌 스캔 후에는 다음과 같은 진행 방식의 재분배 게임을 진행했다. 먼저 지원자들에게 '독재자'가 어떤 사람을 속여 정당한 몫인 10달러 대신 1달러만을 주는 광경을 보여준다. 피해 상황을 목격한 지원자들은 자신의 돈에서 최대 5달러까지 피해자에게 줄 수 있는데, 그러면 독재자는 해당 액수의 두 배를 피해자에게 주어야 한다.

연민 훈련을 받은 사람들은 인지 재해석 프로그램을 마친 사람들의 거의 두 배에 가까운 금액을 피해자에게 주었다. 그리고 그들의 뇌는 주의력과 관점 수용perspective taking, 긍정적인 감정 등과 관련된 뇌 회로가 더 많이 활성화되었음을 보여주었다. 이 신경 회로들이 활성화될수록 사람들은 더 이타적인 성향을 보인다.

마틴 루서 킹 주니어Martin Luther King, Jr.가 착한 사마리아인 이야기를 언급하며 말했듯이, 도움을 주지 않는 사람들은 스스로에게 이렇게 물었다. "내 일을 멈추고 이 사람을 도우면 나는 어떻게 될까?" 하지만 착한 사마리아인은 이렇게 물었다. "내 일을 멈추고 이 사람을 돕지 않으면 이 사람은 어떻게 될까?"

사랑할 준비가 되다

사람이라면 누구나 아사 직전에 처한 아이의 사진을 보고 고통을 느낄 수밖에 없을 것이다. 큰 눈을 슬프게 내리 깔고 시무룩한 표정을 지으며 흙바닥 위에 맨발로 서 있는 아이는 뼈만 앙상하고 배가 불룩하다.

화상을 입은 피해자의 사진처럼 이런 사진은 연민에 대한 여러 연구에 사용되었다. 앞서 설명했듯, 누군가 곤경에 처한 사람을 보았을 때 우리는 그 사람의 고통 못 본 체하기부터 시작해, 그 사람의 고통 알아차리기, 공감하기 그리고 도움 주기에 이르기까지의 스펙트럼 위에 있다. 자애심을 자극하면 한 단계 한 단계 앞으로 나아가는 발걸음에 힘이 실린다.

자애 명상을 배우는 초보자들을 대상으로 연구를 진행했다. 이 연구에서 고통과 괴로움을 묘사하는 사진들에 대해 편도체는 숙련된 명상가들에게서 발견되는 것처럼 고조된 초기 전조를 보여주며 반응했다.[7] 하지만 오랫동안 수련한 명상가들의 반응만큼 세지는 않았다. 그저 이런 패턴이 아주 빨리 나타날 수 있다는 것을 암시할 뿐이었다.

그렇다면 얼마나 빠르게 나타날까? 기분이라면 불과 몇 분 만에 변할 수도 있다. 한 연구에서는 7분간의 자애 명상 수련만으로 일시적으로나마 좋은 감정과 사회적 유대감을 증진시켰다고 한다.[8] 리치의 연구팀은, 8시간 정도 자애 명상을 수련한 지원자들에게서 경험 많은 명상가들의 뇌 패턴과 거의 동일한 패턴이 나타나는 것을 확인했다.[9] 초보자들이 느끼는 부드러운 감정의 일시적인 파도는 몇 주, 몇 달, 혹은 몇 년 동안 수련하는 사람들에게서 나타나는 뇌 변형의 초기 전조일지 모른다.

또한 인터넷 명상 교육에 지원해서 (각각 10분씩 15회 동안) 총 2시간 30분 동안 명상을 시도한 이들을 대상으로 한 연구를 살펴보자. 그렇게 짧은 시간 자애 명상을 했는데도 스트레칭같이 가벼운 운동을 실시한 비교 집단보다 더 이완됐고, 자선단체에 기부하는 비율도 높았다.[10]

리치의 연구실에서 발견한 것들을 모아보면, 고통에 대한 반응의 신경학적 프로파일을 만들 수 있다. 편도체를 포함한 뇌섬엽에 연결된 스트레스 회로는 특히 강한 반응을 보이는데, 이는 다른 사람들의 고통에 공감하는 경우 누구에게나 전형적으로 나타나는 패턴이다. 뇌섬엽은 몸의 신호를 모니터링할 뿐 아니라 심장 박동과 호흡 같은 자율신경 반응을 활성화한다. 우리가 공감할 때, 고통과 스트레스에 관여하는 신경 센터들은 다른 사람에게서 알게 된 것에 공명한다. 그리고 편도체는 환경에서 두드러져 보이는 것에 신호를 보내는데, 이러한 경우에는 다른 사람의 고통에 신호를 보낸다. 연민 명상에 보다 깊이 몰입한 사람일수록 이러한 공감 패턴이 더 강하게 나타난다. 이것으로 볼 때, 연민심은 고통에 대한 공감을 증폭시킨다. 연민 명상이 의도하는 게 바로 그것이다.

리치의 연구팀은 또 다른 연구를 수행했다. 연민심을 훈련하는 장기 명상가들은 고통스러운 소리를 들으면 편도체 반응이 강하게 증가하는 반면, 비교 집단에 속한 사람들은 연민심과 통제 조건control condition 사이에 거의 차이가 없었다.[11] 이와 비슷한 연구에서, 연구 참가자들은 듣기 괴로운 소리를 들으며 작은 빛에 집중하는 상태에서 뇌 스캔 검사를 받았다.[12] 명상에 문외한인 지원자들은 그러한 소리가 들리자 편도체가 소리에 따른 행동을 하라는 신호를 보였지만, 명상가들의 경우 편도체는 잠잠했고 집중은 강했다. 어떤 소리가 들리든 빛에 집중하는 데 노력하면 보상을 받을 거라고 사전 약속한 지원자들조차도 비명이 들리자 주의가 흐트러졌다.

이러한 발견들을 종합해 정신 훈련이 작동하는 방식에 대한 단서를 찾아낼 수 있다. 한 가지 예로, 명상은 단 하나의 수련법이 아니라 여러 수련법으로 구성된다. 전형적인 집중 수련에 참여하는 위빠사나 명상가들(여기에 보고된 장기 연구들에 참여한 사람 대다수가 위빠사나 명상가들이다)은 호흡 명상과 자애 명상을 혼합해서 수련한다. MBSR과 여타 유사한 프로그램들도 여러 종류의 정신 훈련을 가르친다.

이러한 다양한 마음 훈련 방법은 뇌에 서로 다른 방식으로 영향을 준다. 연민심을 훈련하는 동안에는 편도체의 부피가 커지지만, 호흡에 주의를 집중하는 동안에는 그 부피가 줄어든다. 명상가들은 서로 다른 수련법들로 자신과 감정과의 관계를 변화시키는 방법을 배우는 것이다.

편도체의 회로들은 우리가 강한 부정적인 감정, 즉 두려움, 분노, 기타 등등을 느끼는 누군가에게 노출될 때 불이 환하게 켜진다. 이러한 편도체 신호는 중요한 무언가가 일어나고 있다고 뇌에게 알리는 것이다. 편도체는 우리가 경험하는 것 중 두드러진 무언가를 탐지하는 신경 레이다 역할을 수행하기 때문이다. 순간적으로 두려움에 질려 비명을 지르는 여자처럼 급박한 상황이 일어난다고 느끼면, 편도체는 반응을 연결시키기 위해 다른 회로들을 동원한다.

한편 뇌섬엽은 심장과 같은 몸의 기관과의 연결을 활용해 (근육으로 흘러 들어가는 혈류의 양을 증가시키는 등) 몸이 적극적으로 개입할 수 있도록 준비시킨다. 뇌가 몸에 반응할 준비를 시키고 나면, 연민 명상을 해온 사람들은 누군가를 돕기 위해 행동할 가능성이 더 커진다.

그렇다면 연민과 관련된 정신 훈련의 효과는 얼마나 지속될까? 일시적인 상태일까, 아니면 지속적인 특성이 될까? 클리프 세론은 3개월의 집중 수련 실험이 끝나고 7년 후 참여자들에 대한 추적 조사해보았다.[13] 그랬더니 집중 수련 동안과 직후 고통을 묘사하는 불편한 사진에 계속 주의를 기울일 수 있었던 사람들에게서 놀라운 사실을 발견했다. 혐오의 표현으로 시선을 돌렸던 나머지 참여자들과 (그리고 일반적인 사람들과) 대조되는 수용을 정신생리학적 척도로 확인한 것이다.

시선을 돌리지 않고 사진 속 사람들의 고통을 받아들였던 이들은 7년이 지난 후에도 그 사진들을 더 잘 기억하고 있었다. 인지과학에서 그러한 기억은 감정적 압도에 저항할 수 있고, 그래서 그 비극적인 이미지를 더 완전하게 받아들이고 더 효과적으로 기억할 수 있는, 그리고 추측건대 행동에 나설 수 있는 능력을 갖추었다는 징표다.

대개 명상의 이점들은 점진적으로 서서히 나타나지만, 연민 명상의 경우는 스트레스 상황에서 빠르게 회복하는 것처럼 비교적 쉽게 찾아온다. 아이들이 언어를 배우는 속도에서 볼 수 있듯, 연민심을 기를 때 특정 기술을 체화할 수 있게 프로그램화된 생물학적 준비성이 우리에게 있는 게 아닌가 싶다. 뇌는 언어 능력을 구사하는 것뿐만 아니라 사랑하는 것도 배우도록 준비된 듯하다. 아마 우리가 다른 모든 포유류와 공유하는 뇌의 보살핌 회로가 큰 몫을 할 것이다. 이 신경 회로는 우리가 아이들이나 친구들, 그리고 우리의 보살피는 대상에 속하는 어느 누구를 사랑할 때 환하게 밝아지는 회로망들이다. 특히 이 회로들은 단기간의 연민 훈련만으로도 한결 강해진다.

앞에서 보았듯 연민심을 키우면 단순한 관점에서 벗어나게 된다. 자신을 희생해야 하는 상황에서도 곤경에 처한 누군가를 도울 가능성이 실제로 더 커진다. 이렇게 다른 사람들의 고통에 강하게 공명하는 현상은 또 다른 주목할 만한 집단, 즉 신장 이식이 절실히 필요한 낯선 이에게 자신의 신장 하나를 기증하는 사람들처럼 대단한 이타주의자들에게서도 발견됐다. 뇌 스캔 결과 이렇게 연민심이 많은 사람들은 연령과 성별이 같은 다른 사람들에 비해 오른쪽 편도체가 더 큰 것이 확인됐다.[14]

이 부위가 고통을 겪는 누군가에게 공감할 때 활성화되는 만큼, 더 큰 편도체는 어쩌면 타인의 고통을 느끼는 특별한 능력을 부여하고, 사람들의 이타심을 자극하는지도 모른다. 자애 명상을 통해 생긴, 심지어 초보자들에게도 나타난 신경의 변화들은 엄청나게 착한 사마리아인인 신장 기증자의 뇌에서도 똑같이 발견됐다.•

타인의 안녕에 대해 애정 어린 관심을 갖게 되면, 놀라운 이득을 보게 된다. 연민심과 관련된 회로뿐 아니라 행복을 위한 뇌 회로가 활기를 띤다.[15] 또한 자애심은 즐거움과 행복을 위한 뇌 회로와 행동을 유도하는 데 중요한 영역인 전전두피질의 연결을 증진한다.[16] 그리고 이 영역들 간의 연결이 더 증가할수록 사람은 더 이타적이 된다.

• 이타주의에는 수많은 요인이 작용하지만, 타인의 고통을 느끼는 능력이 그 핵심인 듯하다. 물론 명상가들에게 나타난 변화들은 신장 기증자들 특유의 구조적 뇌 패턴들만큼 강하지도 오래 지속되지도 않았다. Desbordes, "Effects of Mindful-Attention and Compassion Meditation Training on Amygdala Response to Emotional Stimuli in an Ordinary, Non-Meditative State," 2012.

연민심 키우기

타니아 싱어Tania Singer는 어렸을 때 연극이나 오페라의 감독처럼 무대와 관련된 직업을 갖게 될 거라 생각했다. 그런데 대학 시절부터 다양한 명상 수련에 빠져들었고, 세월이 흐른 후 여러 스승 밑에서 명상을 공부했다. 싱어가 배운 방법들은 위빠사나부터 데이비드 스타인들라스트David Steindl-Rast 신부의 감사 수련법practice of gratitude에 이르기까지 다양하다. 싱어가 끌렸던 스승들은 한결같이 무조건적인 사랑이라는 미덕을 체현했던 이들이었다.

싱어는 인간 마음의 신비로움에 끌려 심리학을 택했고 박사 학위까지 취득했다. 그녀는 노년기 학습에 대한 연구를 수행하며 뇌 가소성plasticity에 관심을 갖게 되었다. 박사 후 연구는 공감에 관한 것이었는데, 싱어는 우리가 타인의 통증과 고통을 목격했을 때, 자기 자신에게 똑같은 감정을 불러일으키는 신경망이 활성화되는 것을 밝혀냈다. 신경과학계에서 공감 연구를 위한 토대를 마련하면서 폭넓은 관심을 받은 발견이었다.[17]

이 연구에 따르면, 타인의 고통에 대한 우리의 공감적인 공명empathic resonance은 신경 경보를 작동시킨다. 이 경보는 우리로 하여금 즉각적으로 다른 사람들의 고통에 주의를 기울이게 하는데, 이는 어쩌면 우리에게 위험이 존재한다는 경고를 주는 것일 수 있다. 그러나 고통을 겪는 사람을 염려하는 연민심은 다른 조합의 뇌 회로들, 즉 따뜻함, 사랑, 염려를 담당하는 회로를 작동시킨다.

싱어는 과학 분야의 박사 학위를 지닌 티베트 승려 마티유 리카르Matthieu Ricard를 대상으로 수차례 실험을 하며 이런 결론을 얻었다. 물론 수십 년에 걸친 명상 수련도 이 발견에 일조했다. 싱어는 마티유를 뇌 스캐너 안에 들어가게 하고, 다양한 명상 상태를 시도해보라고 주문했다. 그녀는 누구나 시도할 수 있는 명상을 고안하기 위해, 전문가 수준 명상가의 뇌 속에서 무슨 일이 일어나는지 보고 싶었다.

마티유가 공감을 일으켰을 때, 즉 다른 사람의 고통을 공유했을 때는 고통 관련 신경망이 활성화되는 것이 관찰됐다. 그러나 고통을 겪고 있는 누군가에 대한 애정인 연민심이 생기자, 긍정적인 기분, 보상, 소속감과 관련한 회로가 활성화되었다.

싱어의 연구팀은 마티유의 뇌를 스캔한 후, 마티유와 함께 실험에서 발견한 것을 분석하고 모방하는 작업을 했다. 명상을 처음 시도하는 사람들로 이루어진 집단을 대상으로 누군가의 고통에 공감하는, 즉 그들의 고통에 대해 연민심을 느끼는 훈련을 실시한 것이다.

이들은 감정이 소진되어 (간호사 같은 의료 관련 직업에서 자주 일어나는) 번아웃으로 이어지는 공감 피로emotional exhaustion를 연민심이 잠재울 수 있는 것을 발견했다. 연민 훈련을 하면 단순히 타인의 불안을 느끼는 대신, 애정이 담긴 관심과 긍정적인 감정, 그리고 회복탄력성과 관련된 회로들이 활성화되었다.[18]

현재 싱어는 독일 라이프치히에 있는 막스플랑크협회 인간인지뇌과학연구소의 사회신경과학부Department of Social Neuroscience를 이끌고 있다. 싱어는 명상과 과학에 대한 자신의 관심을 하나로 결합하고 이전에 수행했던 공감과 연민 훈련에 대한 가소성 연구를 토대로 삼아, 주의, 마음챙김, 관점 수용, 공감, 연민과 같은 유익한 정신적 특질을 향상시키는 방법으로서의 명상에 대한 신뢰할 만한 연구를 수행해왔다.

싱어의 연구팀은 리소스 프로젝트ReSource Project라는 멋진 이름의 연구 프로그램에서 지원자 300명을 모집했다. 이들은 다양한 명상법을 수련하며 11개월을 보내기로 했다. 지원자들은 3개의 명상 그룹으로 나눠 각각 몇 달씩 수련했다. 비교 집단은 아무런 훈련도 받지 않고 3개월마다 명상 그룹들과 같은 테스트를 여러 번 받았다.

첫 번째 정신 훈련은 '현존presence' 훈련으로, 보디 스캔과 호흡에 집중하는 명상법이었다. 두 번째는 '관점perspective' 훈련으로, 명상 파트너를 통해 생각을 관찰하는 새로운 대인 수련법interpersonal practice이었다. 파트너가 된 한 쌍의 사람들은 휴대폰의 앱을 통해서든 직접 대면해서든 10분 동안 자신의 생각 흐름을 상대방과 소통해야 했다.[19] 세 번째인 '감정affect' 훈련에는 자애 명상이 포함되어 있었다.

연구 결과를 보면, 보디 스캔은 몸에 대한 자각을 증가시켰고 마음이 방황하는 것을 줄여주었다. 관점을 관찰하는 훈련은 마음챙김의 한 형태인 메타인지meta-awareness를 향상시켰다. 반면 자애 명상은 다른 사람들에 대한 따뜻한 생각과 감정을 북돋아주었다. 요약하자면, 당신의 친절함feelings of kindness을 가장 효과적으로 높이고 싶다면, 다른 것이 아니라 자애 명상을 수련해야 한다.

유효한 요인

당신은 우연히 다음과 같은 글을 읽게 되었다. "서맨사는 에이즈에 걸렸습니다. 해외의 한 병원에서 오염된 바늘로 주사를 맞고 이 질병에 감염되었습니다. 그녀는 한 달에 한 번 평화 집회에 참여해왔고 고등학교 성적도 좋았습니다." 간략한 설명 옆에는 어깨까지 머리를 기른 20대 여성의 사진이 붙어 있었다.

당신은 그녀를 돕기 위해 기부하겠는가? 이러한 상황에서 어떤 내적 요인들이 기부를 독려하는지 알아내기 위해, 콜로라도대학교의 연구자들은 한 무리의 지원자들에게 연민 명상을 가르쳤다. 이 연구에서 기발한 점은 대조군에게 매일 옥시토신oxytocin 위약을 복용하게 했다는 것이다. 실은 가짜 약이었지만 대조군 실험자들에게는 연결감과 연민심이 증가할 것이라고 말해주었다. 가짜 약은 연민 명상만큼이나 긍정적인 기대감을 갖게 했다.[20]

지원자들은 명상을 하거나 가짜약을 복용한 후 휴대폰 앱을 통해 서맨사처럼 도움이 필요한 사람의 사진과 간략한 신상 소개를 보았다. 지원자들에게는 자신이 받은 보수의 일부를 기부할 수 있는 선택권이 있었다. 이 연구에서 연민 명상을 했다는 단순한 사실 자체는 누군가의 기부 여부를 예측하게 하는 가장 강력한 요인이 아니란 사실이 분명히 드러났다.

사실 이 연구에서는 연민 명상을 한 사람들이 기부할 확률이 가짜 옥시토신을 복용한 사람들보다 (그리고 둘 다 하지 않은 집단보다) 더 높지 않았다. 너무 집요하게 굴고 싶지는 않지만, 이 연구는 명상 연구에서 사용되는 방법들에 대해 중요한 쟁점을 제공한다. 영리하게 가짜 옥시토신 대조군을 넣은 것처럼 여러 면에서 훌륭하게 연구를 설계했지만, 적어도 다음과 같은 면에서는 문제가 있었다.

먼저 연구를 설계할 때 연민 명상이 무엇인지 명확히 정의하지 않았다. 이로 인해 연민 명상이 연구 과정에서 변형된 것처럼 보인다. 결국 평정심을 함양하는 명상까지 포함되고 말았다. 또한 이 연구에서 활용된 명상법들은 (목회 상담사, 호스피스 종사자처럼) 임종을 앞둔 이들을 상대하는 사람들이 평정심은 유지하면서도 상대의 고통에는 민감한 상태를 유지할 수 있도록 돕는 훈련법들에서 가져온 것이었다. 이러한 훈련법은 그 순간에 기부를 해서 연민이 가는 존재를 지켜내는 데 거의 도움이 되지 않는다. 그리고 연민 명상을 한 사람들이 기부할 확률이 더 높진 않았지만, 곤경에 처한 사람들을 향해 느낀 애정만큼은 더 컸다. 이는 기부에서 평정심이 연민심과 같은 역할을 할지 의문을 던진다. 어쩌면 타인의 고통에는 공명하면서도 상대에게 기부할 가능성은 줄어들게 할지도 모른다.

이러한 결론은 연민의 행동을 향상시키기 위해 자애심에 초점을 맞출 필요가 있을지 의문을 불러일으킨다. 예를 들어, 노스이스턴 대학교에서는 실험 지원자들에게 마음챙김 명상과 자애 명상 중 하나를 가르쳤다.[21] 2주간 명상을 배운 지원자들이 한 명씩 대기실에 들어와 앉아 있을 때, 목발을 짚은 한 여자가 고통스러워하며 대기실로 왔다. 대기실에는 의자가 세 개밖에 없었는데, 이미 다른 의자에 앉아 있던 두 사람은 목발 짚은 여자를 못 본 척했다. 명상을 했던 지원자들은 착한 사마리아인 연구에서처럼, 목발 짚은 여성에게 의자를 양보할 수 있는 선택권이 있었다.

마음챙김 명상 집단과 자애 명상 집단 모두 명상을 하지 않은 사람들에 비해 의자를 양보하는 빈도가 더 높았다(비명상가 대조군에서는 15퍼센트가 자리를 양보한 반면, 명상가 집단에서는 거의 50퍼센트가 자리를 양보했다). 그러나 이 연구만으로는 마음챙김 명상이 자애 명상처럼 공감 능력을 향상시키는지, 아니면 주변 환경에 주의를 더 많이 기울이는 것처럼 다른 내적 요인들이 연민 행동을 하게 하는지는 알 수 없다.

첫 번째 징후는 다양한 명상법이 각각 고유의 신경 프로파일을 가진다는 것을 암시한다. 이와 관련해 게셰 롭상 텐진 네기Geshe Lobsang Tenzin Negi가 진행한 연구를 살펴보자. 텐진 네기는 달라이 라마가 수여한 철학 및 수련 전통의 학위를 가지고 있을 뿐 아니라(티베트어 게세는 서양의 박사 학위에 해당한다), 에모리 대학교에서 박사 학위를 취득한 후 학생들을 가르치고 있다. 텐진 네기는 학자이자 승려라는 자신의 배경을 토대로 인지 기반 연민 훈련Cognitively-Based Compassion Training; CBCT을 개발했다. CBCT는 사람의 태도가 어떻게 연민 반응에 힘을 싣거나 방해하는지 이해하기 위한 방법이다. CBCT에는 다양한 자애 명상법과 다른 사람들이 행복해지고 고통에서 벗어나도록 돕겠다는 열망 그리고 그에 걸맞은 행동을 하겠다는 결의가 들어 있다.•

에모리 대학교의 연구에서 한 집단은 CBCT를, 다른 집단은 (5장에서 살펴본) 앨런 월리스의 명상법을 수련했다. 이 연구의 중요한 결과는 다음과 같다. CBCT를 수련한 연민 명상 집단에서는 고통을 겪고 있는 사람들을 보여주는 사진에 반응해 우뇌 편도체가 더 활성화되는 경향이 있었고, 수련 기간이 길수록 우뇌 편도체의 반응이 더 커졌다. 연민 명상 집단은 사진 속 사람들의 고통을 함께 나누고 있었던 것이다.

그러나 우울한 사고depressive thinking에 대한 실험에서는 연민 명상 집단이 대체로 더 행복하다고 보고했다. 다른 사람의 고통

• 두 집단 모두 최소한 20시간 이상을 수련했다. 모든 지원자는 훈련 전과 후에 뇌 스캔 검사를 받았다. 그리고 두 번째 집단은 명상 중이 아닌 단순히 휴식을 취하고 있는 동안 뇌 스캔 검사를 받았다. Desbordes et al., "Effects of Mindful-Attention and Compassion Meditation Training on Amygdala Response to Emotional Stimuli in an Ordinary, Non-Meditative State," 2012.

스러운 감정을 공유한다고 해서 반드시 기분이 우울해질 필요는 없기 때문이다. 우울증 척도를 설계한 에런 벡Aaron Beck 박사가 말했듯, 다른 누군가의 고통에 초점을 맞추다 보면 자신들의 문제는 잊게 된다.

성별로도 차이가 있었다. 에모리 대학교 연구자들이 발견한 바에 따르면, 여성들은 고통을 겪고 있는 모습뿐 아니라 행복한 또는 슬픈 모습을 담은 모든 감정적 사진에 대해 남성들보다 더 높은 수준의 우측 편도체 반응성을 보였다. 사실 이러한 발견은 심리학에서는 전혀 새로운 뉴스거리가 아니다. 그동안의 뇌 연구는 여성이 남성보다 타인의 감정에 더 잘 공명한다는 것을 보여주었다.[22] 명백한 사실을 과학으로 검증한 또 하나의 사례일 것이다. 여성이 평균적으로 남성보다 타인의 감정에 더 잘 반응한다는 사실 말이다.[23]

그러나 역설적이게도 도움을 줄 기회를 마주했을 때, 실제로 행동에 나설 가능성은 여성이 남성보다 높지 않은 듯했다. 아마도 여성은 이따금 자신이 남성보다 연약하다고 느끼기 때문일 것이다.[24] 연민 행동을 하게 만드는 데는 단순한 뇌 특성brain signature 이상의 요인들이 작용한다. 그렇기 때문에 이 분야의 연구자들이 계속 어려움을 겪고 있는 것이다. 시간에 쫓기는 것부터 도움이 필요한 사람과 얼마나 동일시하는지 그리고 군중 속에 있는지 혼자 있는지에 이르기까지 참으로 다양한 요인이 중요하게 작용할 수 있다. 그런데 아직 한 가지 질문이 더 남아 있다. 자애로운 사고방식을 함양하기만 하면, 누군가 도움을 요청하는 상황이 됐을 때 방해되는 요인들을 모두 극복하고 행동에 나서게 될까?

돌봄 대상의 범위 넓히기

리치의 연구실에서 실험에 참여한 바 있는 매우 높은 경지의 한 티베트 명상가는 언젠가 이런 말을 했다. 상대하기 어려운 사람을 향한 자애심을 한 시간 동안 수련하는 것은 사랑하는 사람이나 친구를 향한 자애심을 100시간 수련하는 것과 마찬가지다.

일반적인 자애 명상은 따스한 감정을 가지려고 노력하는 대상의 범위를 계속 넓혀나가도록 한다. 그러나 가장 어려운 단계는 우리가 알고 사랑하는 사람들을 넘어 상대하기 어려운 사람들은 물론, 모르는 사람들에게까지 대상을 확대할 때 찾아온다. 그 단계를 넘어서면 모든 곳에 있는 모든 사람을 사랑하고픈 커다란 열망이 생긴다.

어떻게 하면 사랑하는 사람을 향한 연민심을 인류 전체로 확대할 수 있을까? 자애 명상에서의 거대한 확장은 (단순한 소망 이상이 된다면) 고통과 갈등을 야기하는 세상의 수많은 분열을 치유하는 데 도움이 될지도 모른다.

달라이 라마는 '나와 마찬가지로, 모든 사람은 고통이 아닌 행

복을 원한다'는 사실을 마음에 품고 있다고 한다.•

이런 일체감이 도움이 될까? 연구자의 관점에서는 아직 알 수 없다. 말은 쉽지만 행동은 어려운 법이기 때문이다. 어쩌면 이러한 보편적인 사랑으로의 전환에 대해 엄격히 측정해보면 무의식적인 편향이 나올지도 모른다. 예를 들어, 어떤 그룹에 편견을 가지고 있다고 생각하지 않았음에도, 실제로는 무의식적으로 편견을 가지고 행동하는 경우가 있을 수 있다.

이렇게 숨겨진 편견은 기발한 연구를 통해 밝혀지기도 한다. 예를 들어, 자신은 인종 편견이 없다고 말하는 사람이 있다고 치자. 그런 사람도 유쾌한 또는 불쾌한 의미를 지닌 단어를 검은색 혹은 흰색이라는 단어와 짝을 짓게 하고 반응 시간 테스트reaction time test를 해보면, 유쾌한 의미의 단어를 검은색보다는 흰색이라는 단어와 더 빨리 짝지을 수 있다. 그리고 그 반대의 경우도 나올 수 있다.[25]

예일 대학교 연구자들은 6주간의 자애 명상 수업 전과 후에 실험 참가자들에게 내재된 편향성implicit bias을 측정했다.[26] 이 연구에는 강력한 대조군이 있었는데, 이들에게는 자애 명상의 가치에 대해서만 가르치고 실제 수련법은 알려주지 않았다. 착한 사마리아인을 생각하는 신학생들과 비슷하게 자애 명상을 하지 않은 대

• 달라이 라마는 이런 견해를 무한히 확장시킨다. 증거는 전혀 없지만, 어쩌면 가까운 혹은 먼 은하들에 고유한 생명 형태를 가진 다른 세계들이 존재할지도 모른다. 그렇다면 그들 역시 고통을 피하고 싶어 하고 행복을 바랄 것이라고 그는 추정한다.

조군은 내재된 편향성 검사에서 아무런 진전을 보이지 않았다. 무의식적인 편향이 감소한 원인은 바로 자애 명상이었던 것이다.

달라이 라마는 자신이 반세기 동안 연민심을 키우려 노력해왔다고 했다. 처음에는 모든 존재에 대한 진정한 연민심을 키워온 사람들에게 어마어마한 경외심을 품으면서도, 자신도 그럴 수 있을지는 확신하지 못했고, 그런 사랑을 하기 위해서는 특정한 종류의 내면 작업inner work이 필요하다는 것을 알고 있었다고 한다. 시간이 흐르면서 수련이 쌓이고 연민심이라는 감정에 익숙해질수록, 자신 역시 더 높은 수준에 도달할 수 있다는 용기가 커졌다고 한다.

그는 누구를 향해서든 어느 곳을 향해서든, 설사 자신을 향한 적대감이 느껴질 때조차도 공평하게 관심을 기울여야 한다고 말한다. 더 나아가 이상적으로는 이러한 감정을 종종 품는 수준을 넘어, 강력하고 안정된 힘으로 자신의 삶을 조직하는 중심 원리가 되게 해야 한다고 강조했다.

행복을 위한 뇌 회로가 연민심과 더불어 활기를 띠는 것처럼, 우리가 그처럼 높은 사랑에 도달하든 그렇지 않든 그 과정에서 다른 이점들도 누리게 된다. 우리는 달라이 라마가 연민심의 혜택을 가장 먼저 받는 사람은 연민심을 가진 바로 그 사람이라고 말하는 것을 자주 들었다.

달라이 라마는 바르셀로나 근처 수도원인 몬트세랫에서 바실리Basili 신부를 만났던 일을 기억한다. 바실리 신부는 5년 동안 인근 산속 은둔처에서 고립된 생활을 하며 집중 수련을 했었던 기독교 수도사였다. 그는 거기서 무엇을 했던 것일까?

바로 사랑에 대해 명상했다.

달라이 라마는 "그의 눈이 빛나는 걸 알아챘다"라고 했다. 훌륭한 인간이 되면서 얻은 마음 깊은 곳의 평화와 아름다움을 설명한 것이다. 그리고 자신이 원하는 모든 것을 가졌으면서도 비참해하는 사람들을 만난 적도 있다며, 평화의 궁극적인 원천은 우리의 환경보다 우리의 행복을 결정짓는 마음속에 있다고 했다.[27]

정리

연민심을 배운다고 해서 연민의 행동을 더 많이 하게 되는 것은 아니다. 자애 명상과 연민 명상을 하면 타인의 고통에 공감하는 것을 넘어 실질적으로 도움을 줄 가능성이 높아진다. 공감에는 인지적 공감, 정서적 공감, 공감적 관심의 세 가지 형태가 있다. 사람들은 보통 타인의 고통에 정서적으로 공감하지만, 자신의 불편한 감정을 가라앉히기 위해 타인의 고통을 무시하곤 한다. 하지만 연민 명상을 하면 공감적 관심이 늘어나고, 타인의 고통을 인식하는 회로는 물론 선함과 사랑을 위한 회로가 활성화되면서 고통에 직면해 행동할 수 있는 준비가 된다. 그리고 호흡처럼 중립적인 것에 주의를 집중하는 것은 편도체의 활동을 감소시키지만, 자애 명상과 연민 명상은 고통에 대한 편도체의 활성을 증가시킨다. 자애 명상은 겨우 8시간만 수련해도 금세 효과가 나타난다. 보통 방법으로는 고치기 힘든 무의식적 편향도 16시간의 자애 수련만으로 감소된다. 그리고 수련 시간이 길면 길수록 연민심을 향한 뇌의 경향성과 행동 경향성이 더 강해진다. 명상 수련의 초기 며칠부터 이렇게 강한 효과가 나오는 것은, 우리가 애초부터 선해질 생물학적 준비가 되어 있음을 나타내는 것인지도 모른다.

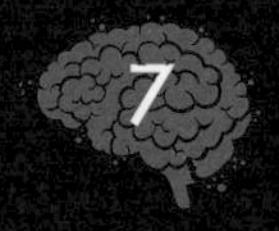

탁월한 교육

Altered Traits

어느 날 한 제자가 자신의 선禪 스승에게 "세상에서 가장 위대한 지혜"에 관해 붓글씨로 써주십사 청했다.

스승은 조금의 망설임도 없이 붓을 들어 "주의attention"라 썼다.

제자가 약간 실망한 듯 "이것이 전부입니까?"라고 여쭈었다.

이에 스승은 한마디 대답도 없이 다시 붓을 들어 "주의, 주의"라고 썼다.

스승의 대답이 별로 심오하지 않다고 느낀 제자는 조금 짜증이 나서 "주의는 별로 지혜로운 답이 아닌 것 같습니다"라고 스승에게 불평했다.

스승은 여전히 침묵으로 응답하며 "주의, 주의, 주의"라고 다시 썼다.

제자는 어리둥절해하면서 '주의'가 무슨 뜻인지 여쭈었다. 그러자 스승이 이렇게 답했다. "주의는 주의다."[1]

이 이야기에서 선의 스승이 말하려던 것을 윌리엄 제임스는 1890년 저서《심리학의 원리Principles of Psychology》에서 다음과 같이 설명했다. "방황하는 주의를 몇 번이고 거듭거듭 돌려오는 능력이야말로 인간의 판단과 인격, 의지의 뿌리다. 이런 능력을 향상시키는 교육이야말로 가장 탁월한 교육이 될 것이다." 이렇게 과감하게 주장한 제임스는 "그러나 이런 이상적인 교육을 정의하는 것보다 더 어려운 것은 실질적 방법을 제시하는 것이다"라고 덧붙였다.

리치가 이 문구를 읽은 것은 인도로 떠나기 전이었다. 그런데 고엔카의 지도하에 집중 수련을 하면서 변형의 순간을 여러 번 경험했을 때, 리치의 마음속에서 이 구절들이 섬광처럼 떠올랐다. 리치에게 대단히 중요한 지적 전환점이었다. 리치는 제임스가 추구했던 가장 탁월한 교육 방법을 댄과 자신이 찾았다고 직감했다. 어떤 형태를 취하든, 거의 모든 종류의 명상은 주의를 재훈련하는 것이 포함되었다.

우리가 대학원에 다니던 1970년대에는 학계에서 주의에 대해 거의 아는 것이 없었다. 명상과 주의의 개선을 연결시킨 연구가 하나 있었는데, 일본의 연구자들이 수행한 것이었다.[2] 그들은 뇌파 측정 검사를 참선參禪 수행과 접목해, 단조로운 소리를 들으면서 명상하는 승려의 뇌 활동을 측정했다. 대부분의 승려에게서는 딱히 주목할 만한 것이 없었지만, 가장 '높은 경지'에 오른 승려 세 명은 달랐다. 그 세 명의 승려는 첫 번째 소리를 들었을 때와 스무 번째 소리를 들었을 때 뇌에서 동일한 반응을 보였다. 이것은 큰 뉴스거리였다. 일반적으로 이런 경우 뇌가 주의를 꺼버려, 스무 번째는 고사하고 열 번째 소리에도 아무런 반응을 보이지 않기 때문이었다.

반복적으로 들리는 소리에 관심을 꺼버리는 것은 '습관화habituation'라 불리는 신경 과정neural process이다. 이처럼 단조로운 대상에 대해 주의가 줄어드는 현상은 경계를 늦추지 않고 텅 빈 하늘에 등장하는 신호를 계속 감시해야 하는 레이다 조작자들을 괴롭히는 문제가 될 수 있다. 이들은 주의 피로attention fatigue를 느끼곤 한다. 제2차 세계대전 때 주의에 대한 연구가 집중적으로 시행됐는데, 바로 이 레이다 조작자들의 주의 피로 때문이었다. 당시 심리학자들은, 어떻게 해야 레이다 조작자들이 계속 경계 태세를 유지할 수 있겠냐는 질문을 받았다. 그때 비로소 주의가 과학의 연구 대상이 되었다.

우리는 보통 특이한 무언가를 위협적이지 않은 것으로 확신하게 되거나, 그것에 대한 분류가 확실히 끝날 때까지만 주의를 기울인다. 그 후에는 습관화라는 과정이 나타나, 일단 안전하다고 파악한 것 혹은 익숙해진 것에 주의를 기울이지 않음으로써 뇌의 에너지를 절약한다. 뇌 역학의 한 가지 단점이다. 익숙한 것이라면 무엇이든, 벽에 걸린 사진이든, 밤마다 먹는 똑같은 요리든 그리고 어쩌면 심지어 사랑하는 사람까지도 습관화된다. 습관화는 삶을 관리할 수 있게 해주지만, 약간 따분하게 만들어 타성에 젖

게 한다.

우리 뇌는 파충류의 뇌에도 똑같이 있는 회로를 사용하여 습관화된다. 이 회로는 바로 뇌간의 망상활성체계Reticular Activating System; RAS로, 당시에 알려진 몇 안 되는 주의 관련 회로들 중 하나였다. 똑같은 것, 오래된 것을 반복해서 보면 이 영역이 조용해진다.

반대로 무언가 새롭거나 놀라운 것을 만나 민감화sensitization가 일어날 때는 피질 회로들이 망상활성화 시스템을 활성화한다. 그러면 망상활성체계는 다른 뇌 회로들과 결합해 새로운 대상을 처리한다.

마음과 삶 연구소 부설 SRI에 참석한 적이 있는 영국의 신경과학자 엘레나 안토노바Elena Antonova는 티베트 전통대로 3년간의 집중 수련을 한 명상가들이 시끄러운 소음이 들릴 때 눈 깜박임의 습관화가 덜한 것을 발견했다.* 다시 말해, 그들은 평상시처럼 눈을 깜박였다. 높은 수준에 오른 선 명상가들이 반복적인 소리에 습관화되지 않았다는 일본의 연구를 적어도 개념적으로는 재현한 것이었다.

---

* 명상가들은 소음이 들리는 동안 '열린 현존' 상태를 유지하라는 지시를 받았고, 명상에 문외한인 대조군은 실험 내내 "경계 상태를 유지하며 깨어 있고, 만약 마음이 방황하고 있음이 느껴지면 주의를 주위 환경으로 되돌리라"는 지시를 받았다. Elena Antonova et al., "More Meditation, Less Habituation: The Effect of Intensive Mindfulness Practice on the Acoustic Startle Reflex," *PLoS One* 10:5 (2015): 1-16; doi:10.1371/journal.pone.023512.

선을 최초로 과학적으로 탐구한 그 일본의 연구는 우리에게는 중대한 의미를 지닌 것이었다. 선 명상가들의 뇌는 다른 뇌들이 집중하지 못하고 산만할 때 주의를 유지할 수 있는 것 같았다. 이 것은 우리가 마음챙김 집중 수련에서 직접 경험했던 것과도 맞아떨어졌다. 수련에서 우리는 여러 시간 동안 모든 미세한 경험의 아주 사소한 것 하나도 관심을 끄지 않고 모든 것에 주의를 집중해 알아차릴 수 있었다.

그렇게 형태, 소리, 맛, 감각의 세세한 것들 하나하나에 주의를 기울임으로써 우리는 마음챙김을 통해 익숙하고 습관적인 것을 신선하고 흥미로운 것으로 변화시켰다. 우리는 이 주의력 훈련이 우리의 삶을 풍요롭게 할 것이고, 지금 여기에 집중하게 함으로써 습관화를 되돌릴 수 있는 기회, 즉 '오래된 것을 다시 새롭게' 만들 기회를 제공할 것이라고 믿었다.

습관화에 대한 우리의 초기 관점에서 보면, 마음챙김은 자동 반사적인 관심 끄기로부터의 자발적인 전환voluntary shift이라 할 수 있다. (그러나 우리가 생각한 것은 거기까지였다.) 게다가 이미 일반적으로 용인되는 과학적 사고의 경계를 허물고 있었다. 1970년대의 과학은 주의가 대부분 자극에 의해 유도되고 자동적·무의식적으로 일어난다고 보았다. 또한 '상향식'으로 작동하는, 즉 '하향식'의 피질 영역이 아니라 척수 바로 위에 자리 잡은 원시적 조직인 뇌간에서 수행하는 기능이라고 보았다. 이 관점에 따르면, 주의는 비자발적이고 불수의적인 것이 된다. 전화벨이 울리는 것처럼 주변에서 무슨 일이 생기면, 주의는 자동적으로 소리가 나는 곳을 향한다. 어떤 소리가 단조로울 정도로 반복되면 우리는 그 소리에 습관화된다.

당시에는 주의를 의지로 통제하는 것에 관한 과학적 개념이 존재하지 않았다. 그런 능력이 존재하지 않는다고 글을 쓰는 심리학자들조차도 자발적 주의를 사용하고 있음에도 말이다! 당시의 과학적 기준을 맞추려 하다 보니, 객관적으로 관찰 가능한 것만을 지지하며 자신의 경험이라는 현실을 그냥 무시한 것이다.

이 주의에 대한 불완전한 견해는 주의력에 관해 일부만 보여줄 뿐이다. 습관화는 의식적 통제력이 존재하지 않는 한 가지 종류의 주의에 관한 것이지만, 더 상위의 신경 회로에는 뇌의 바탕을 이루는 메커니즘 외에 또 다른 역학이 적용된다.

중뇌 변연계midbrain's limbic system의 감정 중추들을 예로 들어 보자. 이곳의 활동 대부분은 우리의 주의가 감정을 향할 때 일어난다. 《EQ 감성지능》을 집필할 때 댄은 리치와 다른 신경과학자들의 연구에 크게 의존했다. 당시는 (중뇌의 감정 회로 내에 위치하는) 뇌의 위협 탐지 레이다인 편도체와 (이마 뒤쪽에 위치하는) 뇌의 집행 영역인 전전두피질 회로들의 연합 작용이 새롭게 발견된 때였다.

분노나 불안이 촉발되면 편도체는 전전두피질 회로를 조종한다. 다시 말해, 그러한 불편한 감정들이 정점에 달하면 편도체 장악amygdala hijack이 일어나 집행 기능을 마비시킨다. 그러나 우리가 명상할 때처럼 주의를 적극적으로 통제해 전전두피질 회로를 효율적으로 다룰 수 있으면, 오히려 편도체가 잠잠해진다. 리치와 그의 팀이 발견한 바에 따르면, 이렇게 편도체가 잠잠해지는 것은 장기적인 위빠사나 명상가들과 MBSR 훈련을 받은 일반인들 모두에게서 나타났다. 일반인들의 경우 비록 명상가들의 경우보다는 덜 강하기는 했지만, 그래도 동일한 패턴이 발견되었다.[3]

주의의 중심지가 뇌 아래쪽에서부터 위로 꾸준히 이동함에 따라 리치의 과학계 이력도 함께 움직였다. 그는 1980년대에 중뇌의 감정 회로들을 비롯해 감정이 주의를 어떻게 밀고 당기는지 메커니즘을 연구하여 정서신경과학의 창시에 일조했다. 1990년대에 이르러 명상신경과학이 생겨나고 명상하는 사람들의 뇌를 보기 시작했을 때, 연구자들은 전전두피질의 회로가 주의를 어떻게 관리하는지 알게 되었다. 이 영역은 오늘날 명상 연구의 주요 연구 대상이 되었다. 주의의 모든 측면이 전전두피질과 관련이 있기 때문이다.

인간은 전전두피질이 뇌의 최상층인 신피질neocortex에서 차지하는 비율이 다른 어떤 종보다 더 컸다. 그리고 전전두피질은 우리를 인간으로 만드는 주요 진화론적 변화에서 중심 역할을 해왔다. 앞으로 보게 되겠지만, 이 신경 영역은 지속적 안녕을 위해 깨어 있음의 씨앗을 품고 있는 영역인 동시에, 정서적 고통과도 얽혀 있다. 따라서 우리는 멋진 가능성들을 상상할 수 있을 뿐 아니라, 걱정스러운 생각으로 마음이 어지러울 수도 있다. 둘 다 전전두피질이 활동하고 있다는 증거다.

윌리엄 제임스는 주의를 마치 단 하나의 실체인 것처럼 썼지만, 과학은 이제 그 개념이 하나의 능력이 아닌 여러 능력을 지칭한다고 말한다. 이런 능력들을 정리하면 다음과 같다.

선택적 주의selective attention 하나에만 집중하면서 다른 것들은 무시할 수 있는 능력.

지속적 주의vigilance 시간이 흘러도 주의를 일정한 수준으로 유지할 수 있는 능력.

주의 할당allocating attention 어떤 것을 경험하는 과정에서 주의를 할당함으로써 아주 작거나 빠른 변화를 알아차릴 수 있는 능력.

목표 집중goal focus/**인지 조절**cognitive control 주의를 흩트려놓는 상황에서도 특정 목표나 과제에 계속 주의를 두는 능력.

메타인지meta-awareness 스스로의 인지 상황을 추적할 수 있는 능력. 예를 들어, 마음이 방황하고 있거나 잘못 판단했을 때 그것을 알아차리는 능력.

선택적 주의

인도 출신의 아미쉬 자Amish Jha는 부모님이 아침마다 염주를 들고 만트라를 암송하면서 명상하던 것을 기억한다. 평생 그런 모습을 보며 자라왔지만, 아미쉬는 명상에 관심이 없었다. 그녀는 명상을 하는 대신 주의를 철저히 연구하는 훈련을 받은 인지신경과학자가 되었다.

아미쉬가 펜실베이니아 대학교에 교수로 있을 때 리치가 강의를 하러 왔다. 그는 강의 내내 명상에 대한 언급은 일절 하지 않았지만, 뇌의 fMRI 영상들을 보여주었다. 하나는 깊은 우울에 빠진 뇌였고, 다른 하나는 행복한 뇌였다. 아미쉬는 리치에게 물었다.

"어떻게 하면 첫 번째 사진의 뇌를 두 번째 사진의 뇌로 변하게 할 수 있죠?"

"명상을 하면 됩니다."

리치의 대답이 개인적으로도, 직업적으로도 아미쉬의 관심을 끌었다. 그때부터 아미쉬는 명상을 하기 시작했다. 명상이 주의에 영향을 미칠 가능성과 그 메커니즘에 대한 연구도 시작했다. 하지만 동료들은 그녀를 말렸다. 그런 연구는 너무나 위험이 크고, 아마 심리학계에서 폭넓은 과학적 관심을 받지 못할 거라고 충고했다.

다음 해에 아미쉬는 마음과 삶 연구소 부설 SRI의 두 번째 모임에 참석했다. 이 경험은 그녀의 삶을 통째로 바꾸었다. 거기서 만난 교수진, 대학원생들, 박사 후 과정 연구원들은 서로에게 힘을 주기 위해 모인 사람들이었고 그녀를 격려해주었다.

리치는 아미쉬가 이 모임에서 들려준 이야기를 지금도 생생히 기억한다. 명상이 어떻게 해서 그녀의 문화적 토대root culture가 되었는지 대한 이야기였다. 학교라는 테두리 안에서 명상에 대한 연구를 하며 여러 제약을 느껴왔던 아미쉬는 같은 분야를 연구하고 마음이 맞는 과학자들과 함께 있으니 마침내 제 집을 찾은 기분이라고 했다. 아미쉬는 이제 명상신경과학과 그것이 사회에 기여하는 부분을 총체적으로 연구하는 신세대 과학자들의 리더 역할을 하고 있다.

아미쉬와 동료들은 명상이 어떻게 주의에 영향을 미치는가에 대해 처음으로 철저한 연구를 수행한 연구팀 가운데 하나였다.[4] 이제 마이애미 대학교에 둥지를 틀고 있는 그녀의 연구실은 MBSR을 훈련한 초보자들이 지향하기orienting에서 상당히 개선되었음을 발견했다. 지향하기는 무수한 감각 요소 가운데 하나를 목표로 삼도록 유도하는 선택적 주의의 한 요소다.

이런 상황을 생각해보자. 당신은 지금 어느 파티에서 바로 옆에서 진행되는 대화에는 신경을 끊은 채 음악에 귀를 기울이고 있다. 그런데 누군가가 옆에서 오가는 대화가 무슨 내용인지 물어본다면, 당신은 모른다고 대답할 것이다. 하지만 그들 가운데 한 사람이 대화 중에 당신의 이름을 언급한다면, 당신은 그들의 대화에 온전히 집중하게 될 것이다. 줄곧 그들의 이야기에 귀를 기울이고 있었던 것처럼 말이다.

인지과학에서 '칵테일 파티 효과cocktail party effect'라 알려진 이러한 갑작스러운 알아차림은, 우리 뇌의 주의 체계 일부를 분명히 보여준다. 우리는 의식적인 알아차림을 통해 알게 되는 것 이상으로 많은 정보를 받아들인다. 관계없는 소리들을 무시하지만 마음 한구석에서는 우리와 어떻게든 관련이 있는지 조사한다. 그리고 우리 이름은 늘 우리와 관련이 있다.

따라서 주의에는 다양한 경로가 있다. 그중 한 경로는 우리가 선택한 채널이고, 다른 경로는 우리가 무시한 것이다. 리치는 박사 학위 논문 연구를 하면서, 우리가 선택한 대로 주의를 기울일 수 있는 능력이 명상으로 인해 강화될 수 있는지에 관해 썼다. 그는 지원자들에게서 보이는 섬광에 주의를 기울이면서 손목에 느껴지는 진동은 무시하거나 그 반대로 하라고 지시했다. 그리고 지원자들의 시각피질 혹은 청각피질의 뇌파를 판독해 주의 강도를 측정했다. (한 가지 덧붙이자면, 이러한 실험에서 인간의 뇌파를 검사한 것은 다소 획기적인 일이었다. 그때까지만 해도 쥐와 고양이의 뇌파만을 검사했기 때문이다.)

실험 지원자들 중 명상가들의 경우, 리치가 말하는 "피질 특이성cortical specificity"이 다소 향상되었는데, 이는 피질의 감각 영역의 해당 부분이 활성화되었음을 말한다. 예를 들어, 눈에 보이는 것에 주의를 기울이고 있으면 시각피질이 청각피질보다 더 활성화됐다는 것이다.

우리가 시각에 집중하고 촉각은 무시하기로 선택하면, 빛은 '신호'가 되고 접촉은 '소음'이 된다. 우리가 산만해지면 소음이 신호를 먹어버리고, 집중하면 더 많은 신호를 잡을 수 있게 된다.

리치의 박사 학위 논문 연구는 댄의 박사 학위 논문이 그랬듯, 그가 발견하고자 했던 효과를 살짝 암시할 뿐이었다. 몇십 년의 시간이 흘러 이제는 리치가 입증하고자 했던 감각 알아차림sensory awareness을 더 잘 측정할 수 있는 훨씬 정교한 연구 방법들이 등장했다. 매사추세츠 공과대학교의 한 연구팀은 8주간 MBSR을 훈련한 집단과 대기자 집단을 대상으로 자기뇌파검사magnetoencephalography; MEG를 활용했다. 자기뇌파검사는 리치가 예전에 사용한 구식 뇌파 검사보다 뇌 영역을 훨씬 더 정확하게 스캔할 수 있는 방법이다.[5]

MBSR에는 호흡에 대한 마음챙김, 몸 전체의 감각을 체계적으로 훑어보는 보디 스캔, 마음챙김 요가, 생각과 감정 순간순간 알아차리기 등이 포함된 것을 기억할 것이다. 이러한 방법들을 8주간 MBSR을 매일 수련한 집단은 전에 비해 감각에 대한 주의력이 훨씬 더 개선되었다. 그뿐만 아니라 대기자 집단에 비해서도 더 나은 주의력을 보여주었다.

이 실험의 결론은 (적어도 이 형태의) 마음챙김이 하나에 집중하고 주의를 산만하게 하는 것들은 무시하는 뇌의 능력을 강화시켰다는 것이다. 또한 선택적 주의와 관련된 신경 회로는 훈련될 수 있다는 것이다. 이러한 결론은 주의가 선천적인 것이며 어떤 훈련을 통해서도 개선할 수 없다는 일반적인 주장에 반하는 것이었다.

또한 위빠사나 명상가들이 통찰명상협회에서 3개월의 집중 수련을 하고 수련 전후로 검사를 받았을 때, 선택적 주의력이 강화되었다.[6] 집중 수련에서는 공식적으로 매일 좌선 명상을 했고, 그 외의 시간에도 주의를 기울여 생활하도록 독려했다. 능동적 대조군은 3개월 기간의 시작과 끝에 한 시간 동안 마음챙김 명상에 대해 배우고 매일 20분씩 수련하라는 지시를 받았는데, 훈련 후에도 훈련 전보다 나아진 게 없었다.

집중 수련에 들어가기 전 위빠사나 명상가들에게 음색이 서로 다른 두 소리 중 하나에 주의를 기울이게 했을 때는 목표 음색을 탐지하는 정확도가 일반인보다 나을 게 없었다. 그러나 3개월의 집중 수련을 마친 후에는 선택적 주의력이 눈에 띄게 정확해졌고 20퍼센트 이상 향상되었다.

지속적 주의

선학자인 스즈키 다이세츠鈴木 大拙가 야외에서 개최된 한 심포지엄에 참석했다. 여러 패널과 함께 테이블에 앉아 있던 스즈키는 아무런 미동 없이 완벽한 부동자세를 취한 채 앞쪽 어딘가 한 지점에 시선을 고정하고 있었다. 겉보기에는 그곳에서 벗어나 자신만의 어떤 세상에 빠져 있는 듯했다. 그런데 갑자기 돌풍이 확 불면서 탁자 위의 종이 몇 장이 날아가자 참가자 중 스즈키만이 그 종이를 번개처럼 잡아냈다. 그는 멍하게 있었던 것이 아니라 선의 방식으로 예리하게 주의를 기울이고 있었던 것이다.

습관화되지 않고 지속적으로 주의를 기울이는 선 명상가들의 능력은 우리가 명상에 관한 과학적 탐구를 시작했을 당시 몇 안 되는 명상에 관한 과학적 발견들 가운데 하나였다. 선에 대한 그 연구는 비록 나름의 한계가 있었지만, 우리에게 큰 자극이 되었다.

우리의 주의는 마음속의 가느다란 병목 구간을 통해 흐르는데, 우리는 그 좁다란 대역폭을 인색하게 할당한다. 가장 큰 몫은 현재 우리가 집중하기로 선택한 것에 돌아간다. 그러나 한 가지에 주의를 계속 두고 있으면, 주의가 필연적으로 약해지고 마음은 다른 생각들로 산만해진다. 명상은 이런 정신적 관성에 저항하는 일이다.

모든 명상은 보편적으로 호흡처럼 선택한 대상 혹은 특정한 목표에 지속적인 주의를 유지하는 데 목표를 둔다. 명상이 지속적 주의, 전문적으로 말해 경계 유지vigilance를 개선하는 데 효과가 있다는 과학적 논문이나 일화는 넘쳐난다.

하지만 회의론자는 이렇게 질문할지도 모르겠다. 주의를 향상시키는 것이 명상이 맞나? 다른 요인이 있는 것은 아닌가? 대조군이 필요한 이유가 바로 이 때문이다. 그리고 명상과 지속적 주의 간의 인과관계가 있음을 밝히기 위해서는 종단 연구도 필요하다.

클리프 세론과 앨런 월리스의 연구는 이처럼 높은 조건들을 충족시켰다. 그들의 연구에서 지원자들은 월리스의 지도하에 3개월에 달하는 집중 수련에 참여했다.[7] 지원자들은 매일 5시간 동안 호흡에 집중하는 수련을 했고, 집중 수련을 시작했을 때, 한 달 후, 끝났을 때, 끝나고 5개월 후 각각 측정에 임했다.

집중 수련 참가자들은 각성 능력에서 개선을 보였는데, 수련을 시작하고 한 달 후가 개선 폭이 가장 컸다. 집중 수련이 끝나고 5개월 후에도 각성 능력을 검사했는데, 인상적이게도 개선 효과가 여전히 유지되었다.

참가자들은 집중 수련이 끝난 후에도 매일 규칙적으로 수련했고, 그로 인해 개선 효과가 유지되었을 가능성도 분명히 있다. 그럼에도 이 연구는 현재까지 주의 관련 명상으로 유발된 변성된 특성을 직접 실험했던 연구 중에는 최고라 할 수 있다. 5년 후에도 똑같은 효과가 유지되고 있음을 보여주면, 이 연구의 설득력이 당연히 더 높아질 것이다!

주의 점멸

네 살짜리 어린이가 《월리를 찾아라Where's Waldo?》라는 책 속의 수많은 사람을 열심히 들여다보다, 혼잡한 사람들 속에서 빨간색과 흰색 줄무늬 스웨터를 입은 월리를 찾아내고 기뻐하는 순간을 보라. 월리를 발견할 때의 행복한 흥분은 주의 작용의 핵심적인 순간을 보여준다. 뇌는 그러한 승리에 대한 보상으로 우리에게 기분 좋은 신경전달물질을 선사한다.

연구 결과에 의하면, 그 몇 분간 신경계는 우리의 집중을 해제

하고 휴식을 취한다. 잠깐 신경계의 축하 파티가 벌어지는 셈이다. 그런데 만약 파티 중에 또 다른 월리가 나타난다면, 우리의 주의가 다른 곳에 쏠려 있어 두 번째 월리는 보이지 않을 것이다.

이처럼 일시적으로 눈이 머는 순간은 순간적으로 주의가 깜박꺼지는 것과 같다. 즉 주변을 살피는 마음의 기능이 잠시 멈춘 상태다(전문 용어로는 신경세포와 근세포들이 어떤 자극에 반응한 후, 다음 자극에는 반응하지 못하는 짧은 '불응기refractory period'라 할 수 있다). 그렇게 깜박하는 동안 뇌는 알아차리는 능력이 사라지고 주의도 예민함을 잃는다. 그런 순간이 없었으면 당연히 알아차렸을 사소한 변화들도 보지 못하고 놓치는 것이다. 한 가지 일에 너무 사로잡혀 있지 않아야 한정된 주의 자원을 다음에도 쓸 수 있다는 점에서, '뇌의 효율성'을 잘 보여준다고 할 수 있다.

현실적으로 말하자면, 깜박임이 적다는 것은 작은 변화를 알아차릴 수 있는 능력이 더 크다는 것을 의미한다. 예를 들어, 눈 주변의 작은 근육들은 아주 짧은 움직임으로 비언어적인 감정 신호인 감정 변화를 전달한다. 그 사소한 신호에 무감각하다는 것은 우리가 중요한 메시지를 놓치고 있음을 의미할 수도 있다.

깜박임을 확인하는 한 실험에서 당신은 숫자가 섞인 긴 문자열을 보게 된다. 각각의 글자와 숫자는 0.05초간 아주 짧게 제시된다. 당신은 사전에 각 문자열에 특정한 간격으로 숫자가 한두 개 포함되어 있다고 듣게 될 것이다.

문자열이 제시될 때마다 또는 15줄가량 본 후에 당신은 숫자를 보았는지, 보았다면 어떤 숫자를 보았는지 질문을 받게 된다. 그런데 만약 두 개의 숫자가 연속해서 빠르게 제시되면, 대부분은 두 번째 숫자를 놓치는 경향이 있다. 그것이 바로 '주의 점멸attentional blink'이다.

주의를 연구하는 과학자들은 오랜 시간 추적해온, 목표물을 발견한 직후에 생기는 이 주의력 공백이 생래적인 것, 즉 필연적이고 바꿀 수 없는 중추 신경계의 한 양상이라고 오랫동안 생각해왔다. 그런데 놀라운 일이 벌어졌다.

통찰명상협회에서 3개월간 위빠사나 집중 수련에 참여했던 명상가들을 떠올려보자. 선택적 주의 테스트에서 좋은 성적을 보였던 바로 그 명상가들 말이다. 위빠사나 명상은 얼핏 생각해도 주의 과실을 줄일 듯하다. 위빠사나 명상은 경험 속에 일어나는 것이 무엇이든 계속 알아차리는 능력을 기르는 '열린 주시open-monitoring' 능력을 키워주기 때문이다. 더군다나 위빠사나 집중 수련은 강력한 마음챙김을 만들어낸다. 마음속에서 일어나는 모든 것에 대해 반응하지 않은 채 유지되는 초각성 상태hyperalertness 말이다.

리치의 연구팀은 이런 생각이 맞는지 알아보기 위해 3개월의 집중 수련 전후에 위빠사나 명상가들의 주의 점멸을 측정해보았다. 그랬더니 집중 수련 후에 주의 점멸이 20퍼센트나 감소한 것으로 나타났다. 그야말로 극적인 변화였다.[8] 반면, 같은 간격으로 테스트를 받은 비명상가 대조군에서는 주의 점멸에서 아무런 변화가 없었다.

핵심적인 변화는 첫 번째로 흘끗 본 숫자에 대한 반응이 줄어든 것이었다. 그들은 그냥 그 숫자의 존재에 주목하고 있을 뿐이었다. 덕분에 마음이 충분히 평온한 상태를 유지했고, 두 번째 숫자도 알아챌 수 있었다. 심지어 첫 번째 숫자 바로 뒤에 등장할 때도 마찬가지였다.

인지과학자들에게 엄청나게 놀라운 결과였다. 주의 점멸이 선천적인 것이라 어떤 훈련을 해도 줄어들지 않을 거라 믿어왔기 때문이다. 일단 이 연구 결과가 과학계에 알려지자, 독일의 한 연구팀은 명상이 나이 들면서 나타나는 주의 점멸 악화도 상쇄할 수 있을지 질문을 던졌다. 주의 점멸은 나이가 들어감에 따라 점점 더 자주 나타나고, 그로 인해 인지 간의 간격이 점점 더 길어지는 것이 일반적이다.[9] 연구 결과, 상쇄 가능하다는 답이 나왔다. (마음에 떠오르는 모든 것을 있는 그대로 알아차리는) '열린 주시'를 정기적으로 수련한 명상가들은 노화에 따른 주의 점멸이 일반인들처럼 악화되지 않았고, 심지어 젊은 층이 대다수인 다른 그룹보다 실험 결과가 더 좋았다.

이 연구를 수행한 독일 연구자들은 마음속에 떠오르는 모든 것에 대한 생각을 따라가는 대신 '그냥 있게' 두고 반응하지 않는 열린 알아차림open-awareness이, 깜박임 실험에서 글자나 숫자에 휘말리지 않고 알아차리는 것으로 전환하는 인지적 기술이 될 수 있을 거라 추측했다. 대상에 압도당하지 않은 채 관찰할 수 있다면, 다음 목표물에 주의를 기울일 준비를 할 수 있게 된다. 바로 일시적 국면을 관찰하는 더 효율적인 방법이다.

주의 점멸이 개선될 수 있는 것으로 밝혀진 후, 네덜란드 과학자들은 점멸을 줄일 수 있는 최소한의 훈련이 무엇인지 궁금해졌다. 그들은 마음챙김 명상을 해본 적이 없는 사람에게 마음을 주시하는 법을 가르쳤다.[10] 그리고 지원자들은 단 17분 동안 진행된 훈련 전후로 주의 점멸 검사를 받았다. 이들은 집중 명상을 배운 비교 집단보다 점멸이 감소한 것으로 나타났다. 집중 명상을 배운 집단은 교육 전후 검사 결과에 차이가 없었다.

다중작업의 신화

우리는 모두 페이스북, 인스타그램, 소셜 미디어, 이메일, 문자, 전화 등이 숨 쉴 틈도 주지 않고 몰아치는 '총체적 재앙'에 시달리고 있다. 스마트폰과 그 유사한 기기들이 세상 어디에나 있는 것을 감안하면, 요즘 사람들은 디지털 시대 이전보다 훨씬 더 많은 정보를 받아들이는 듯하다.

우리가 주의를 흩뜨러뜨리는 것들의 바다에 빠지기 수십 년 전, 인지과학자 허버트 사이먼Herbert Simon은 다음과 같은 선견지명을 보였다. "정보가 소비하는 것은 주의력이다. 풍부한 정보는 주의력의 빈곤을 의미한다."

또한 사회적 연결도 어떤 식으로든 약화되고 있다. 아이에게 스마트폰을 내려놓고 지금 대화 중인 사람의 눈을 보라고 말하고 싶은 충동을 느낀 적이 있는가? 그런 충고가 필요한 상황이 점점 더 잦아진다. 주의를 흩뜨리는 디지털 기기들이 또 다른 종류의 희생을 요구하고 있기 때문이다. 공감과 사회적 현존 같은 기본적인 인간적 기술의 희생이다.

상호 간 관계를 맺기 위해 지금 하고 있는 무언가를 잠시 밀쳐놓고 눈을 마주치는 것의 상징적 의미는 존경, 관심, 사랑이다. 따라서 주변 사람들에게 주의를 주지 않는 것은 그들에게 무관심하다는 메시지를 보내는 셈이다. 그런데 함께 있는 사람들에게 주의를 기울인다는 그동안의 사회적 통념이 조용히, 하지만 가차 없이 변하고 있다.

그러나 우리는 이러한 현상에 대단히 둔감하다. 예를 들어, 디지털 세상에서는 상당수 사람이 한꺼번에 여러 가지 일을 처리할 수 있다는 데 자부심을 느낀다. 새로운 소식이 속속 올라오는 모든 채널을 들여다보면서도 중요한 일을 아무 문제 없이 처리할 수 있는 능력을 자랑스럽게 여긴다. 그러나 스탠퍼드 대학교에서 실시한 연구는 이런 생각 자체가 신화에 불과함을 보여주었다. 뇌는 '다중작업multitask'을 하는 게 아니라 한 작업(나의 일)에서 다른 작업들(재미있는 동영상들, 친구가 새로 올린 소식, 긴급한 문자들 등)로 신속하게 전환할 뿐이다.[11]

주의를 요하는 작업들은 '다중작업'이라는 말이 암시하는 바와 달리 병렬식으로 진행되지 않는다. 오히려 한 가지 작업에서 나머지 작업으로 주의가 신속히 전환되길 요구한다. 그리고 그런 전환이 일어나고 나서 주의가 원래 작업으로 되돌아온 후에는 집중 강도가 현저하게 줄어든다. 다시 집중력을 최대로 끌어올리려면 몇 분이 걸릴 수도 있다.

이런 해악은 삶의 나머지 부분까지 스며든다. 예를 들어, (집중하려고 했던) 신호에서 (주의를 흩뜨리는) 소음을 걸러내지 못하면 무엇이 중요한지 혼란을 겪게 되고, 따라서 중요한 것을 유지하는 능력이 떨어지게 된다. 스탠퍼드 대학교 연구팀이 발견한 바에 따르면, 중증 다중작업자heavy multitasker는 일반적으로 주의가 쉽게 흐트러진다. 그리고 다중작업자들이 한 가지 과제에 집중하려 할 때 그들의 뇌는 당면한 작업과 관련된 영역보다 훨씬 더 넓은 영역이 활성화되어 있다. 주의가 산만하다는 것을 나타내는 신경 지표다.

다중작업은 효율성 면에서도 좋지 않다. 스탠퍼드 대학교 연구팀의 일원이었고 지금은 고인이 된 클리포드 나스Clifford Nass에 따르면, 다중작업자들은 "집중력은 물론 분석적 이해력과 공감력까지 떨어뜨리는 그다지 관련 없는 것들에 잘 끌려다니는 사람들"이다.[12]

인지 조절

반면 인지 조절은 특정한 목표나 과제에 집중하고 일의 진행을 어렵게 만드는 산만함에 저항하면서 과제를 잊지 않게 하는 능력이다. 다중작업이 훼손하는 바로 그 능력이다. 이처럼 빈틈없는 집중은 항공관제사 같은 직업에서 필수적이다. 관제실의 스크린에는 관제사의 주된 집중 대상, 즉 공항에 들어오는 특정 비행기에서 주의를 놓치게 하는 것들로 가득하기 때문이다. 또한 매일 해야 할 일의 목록을 작성할 때도 집중이 필요하다.

다중작업자들에게 좋은 소식은 인지 조절이 강화될 수 있다는 것이다. 학부생들을 대상으로 이루어진 실험에서는 지원자들에게 10분간 집중해서 호흡을 세거나 《허프포스트HuffPost》, 스냅챗, 버즈피드 등을 살펴보게 했다.[13]

10분간 호흡 세기를 세 번 하는 것만으로도 집중력이 눈에 띄게 향상되었다. 그리고 다중작업을 많이 하는 사람들 중에서도 첫 번째 검사에서 가장 낮은 점수를 받았던 이들이 가장 개선되는 모습을 보였다.

다중작업이 주의를 산만하게 한다면, 호흡을 세는 것과 같은 집중력 연습은 적어도 단기적으로 활력을 불어넣어준다. 그러나 주의력 상승이 지속될 것이라는 조짐은 어디에도 존재하지 않는다. 그러한 개선은 '검사' 직후에 생겼고, 그래서 지속되는 특성이 아니라 상태 효과로 기록되었다. 앞으로 보게 되겠지만, 뇌의 주의 회로에 안정적인 특성을 만들어내려면 보다 지속적 노력이 필요하다.

하지만 명상 초보자들도 주의력을 날카롭게 할 수 있고 몇 가지 놀라운 이점을 얻을 수도 있다. 일례로 캘리포니아 대학교 산타바바라 캠퍼스의 연구자들은 지원자들에게 호흡에 대한 마음챙김 명상법을 8분간 가르쳤는데, 이렇게 짧은 집중 수련도 신문을 읽거나 그냥 휴식을 취하는 것과 비교해 마음이 방황하는 정도를 줄이는 것으로 나타났다.[14]

이러한 발견도 흥미롭지만, 후속 실험은 더 흥미롭다. 같은 연구자들이 이번에는 지원자들에게 먹기 등의 일상적인 활동뿐 아니라 마음챙김 호흡 훈련에 관해서도 2주간 강의를 했다. 강의 시간은 총 6시간으로, 매일 집에서도 10분간 수련하도록 했다.[15] 이에 반해, 능동적인 대조군은 같은 시간 동안 영양학을 배웠다. 이번에도 역시 마음챙김 명상이 집중력을 향상시키고 마음의 방황은 줄인 것으로 나타났다.

놀라운 사실은 마음챙김 명상이 작업 기억working memory도 향상시켰다는 것이다. 작업 기억은 정보가 장기 기억으로 전환될 수 있도록 정보를 마음속에 붙잡아두며, 주의가 작업 기억에 핵심적인 역할을 한다. 주의를 기울이지 않으면 해당 정보가 아예 작업 기억에 등록되지 않기 때문이다.

이런 마음챙김 훈련은 실험 지원자인 학생들이 학교에서 생활하는 동안에도 이루어졌다. 마음챙김 훈련을 한 지원자들의 주의력과 작업 기억력은 놀라울 정도로 향상되었고, 시험 점수가 30퍼센트 이상 향상되었다. 학생들이라면 주목하자.

인지 조절이 우리에게 도움을 주는 또 다른 방식은 충동을 관리하는 것이다. 전문 용어로 '반응 억제response inhibition'라 알려진 현상이다. 5장에서 살펴본 것처럼 클리프 세론의 연구에서 실시한 명상 훈련은 3개월 과정 내내 명상가의 충동 억제 능력을 향상시켰다. 그리고 그 향상 효과는 5개월 뒤 실시한 후속 검사에서도 그대로 강하게 유지되었다.[16] 그리고 충동 억제가 증진되면서 행복감이 높아졌다는 자기 평가도 있었다.

메타인지

인도에서 처음으로 위빠사나 강좌에 참여했을 때, 우리는 자신의 마음이 오고 감에 주목하는 데 많은 시간을 몰두했다. 생각, 충동, 욕망, 감정 들이 우리를 이끄는 대로 따라가는 게 아니라, 그저 그것들을 알아차리고 관찰하여 안정감을 찾는 자신을 발견했다. 우리는 이렇게 마음의 움직임에 주의를 기울임으로써 순수한 메타인지Meta-Awareness를 체험할 수 있다.

메타인지에서는 대상에 주의를 두는 것이 중요하지 않다. 오히려 인식하고 있는 것 자체를 알아차리는 것이 중요하다. 일반적으로 우리가 지각하는 것은 인물이고, 그 배경에 우리의 인지가 있다. 그런데 메타인지는 우리의 지각에서 인물과 배경의 자리를 뒤바꾼다. 따라서 인지 자체가 제일 중요한 것이 된다.

이처럼 인지 자체에 대한 인지는, 우리로 하여금 주목하고 있는 생각과 감정에 휩쓸려가지 않고 그 생각과 감정을 살펴보게 해준다. 철학자 샘 해리스Sam Harris는 "슬픔을 인지하는 것은 슬프지 않다. 두려움을 인지하는 것은 두렵지 않다. 그러나 생각에 빠져 있는 그 순간 나는 누구보다도 혼란스럽다"라고 했다.[17]

과학자들은 우리의 의식적인 마음과 그 정신적 활동을 반영하는 뇌 활동이 '하향식'이라 말한다. '상향식'은 주로 인지의 밖에서, 전문 용어로 말하면 '인지적 무의식cognitive unconsciousness' 중에 마음속에서 진행되는 것을 지칭할 때 쓰인다. 그런데 하향식으로 진행된다고 생각하는 것 중 놀라울 정도로 많은 것이 실제로는 상향식으로 이루어진다. 우리가 인지에 하향식이라는 허울을 입히는 듯하다. 우리가 관심을 갖는 인지적 무의식 영역이 워낙 좁다 보니, 의식적인 마음이 마음의 전체인 것 같은 착각을 일으키기 때문이다.[18]

상향식 과정을 일으키는 훨씬 더 거대한 정신의 기계장치mental machinery에 대해서는 여전히 알지 못한다. 적어도 일상생활에 대한 기존의 인식에서는 그렇다. 그런데 메타인지는 상향식 인지 작용의 보다 넓은 영역을 보게 해준다.

메타인지는 우리의 주의 자체를 추적할 수 있게 해준다. 예컨대, 우리의 마음이 우리가 집중하길 원하는 무언가를 떠나 방황할 때 그것을 알아차리게 해준다. 휩쓸려가지 않고 마음을 주시하는 이런 능력은, 마음이 방황하고 있었음을 알아차리는 순간 우리가 중대한 선택을 할 수 있게 한다. 우리의 주의를 당면한 작업으로 되돌릴 수 있게 하는 것이다. 이러한 단순한 정신적 기술은 세상에서 우리를 효율적으로 살아갈 수 있도록 지지해준다. 공부하는 것에서부터 자신이 창의적인 통찰력을 가졌음을 깨닫는 것, 하나의 프로젝트를 끝마치는 것까지 말이다.

경험에는 두 가지 종류가 있다. 하나는 보통의 의식이 우리에게 주는 사물에 대한 '단순한 인지'이고, 다른 하나는 그 사물을 인지하고 있음을 아는 것, 즉 판단이나 다른 감정적 반응 없이 인지 자체를 인식하는 것이다. 흥미진진한 영화를 보다 보면 줄거리에 푹 빠져 주변의 것들은 물론이고 극장에 있다는 사실 자체도 인식하지 못하는 것이 일반적이다. 하지만 극장에 있다는 사실에 대한 배경 인식background awareness을 유지한 채 주의 깊게 영화를 볼 수도 있다. 그렇게 한다고 해서 배경 인식 자체가 영화에 대한 감상과 몰입을 감소시키지는 않는다. 단지 다른 유형의 인지다.

영화관에서 팝콘 봉지를 든 옆 사람이 바스락바스락 소리를 내도 당신은 그 소리에 신경 쓰지 않는다. 하지만 그 소리는 당신의 뇌에 기록된다. 이렇게 무의식적인 정신 처리 과정mental processing이 일어나는 동안 핵심적인 피질 영역인 배외측 전전두피질DorsoLateral PreFrontal Cortex; DLPFC의 활동이 줄어든다. 이에 반해 인지하고 있다는 것을 인식할수록 배외측 전전두피질의 활동이 활발해진다.

그렇다면 (6장에 언급되었던) 무의식적 편향, 즉 자신은 전혀 그렇지 않다고 믿고 있지만 실제로는 마음속에 품고 있는 편견들은 어떨까? 명상은 배외측 전전두피질의 기능을 향상시키는 동시에 무의식적 편향을 줄일 수 있다.[19]

인지심리학자들이 메타인지를 테스트하는 방식은 피험자들에게 대단히 난이도가 높다. 실험자는 피험자에게 실수할 수밖에 없는 정신 작업을 제시한 다음, 그런 실수의 횟수 그리고 실수가 있었을지도 모른다는 것을 피험자가 알아차리고 있는지 여부(이것이 메타인지 관점이다)를 추적한다. 이런 작업들은 의도적으로 악의적으로 설계되어 있다. 다시 말해, 그 작업을 하는 사람이 누구라도 반드시 몇 퍼센트의 실수를 하도록 그리고 결과에 대한 반응으로 다양한 정도의 자신감을 보고하도록 설계된 것이다.

예를 들어, 160단어가 연속으로 휙 지나가는 경우를 상상해보자. 이때 각 단어가 보이는 시간은 1.5초다. 그다음에는 또 다른 320개의 단어를 보게 되는데, 빠른 속도로 제시되는 이 단어들 속에는 앞서 보았던 단어들 중 절반이 포함되어 있다. 당신은 두 버튼 중 하나를 눌러 두 번째 단어 목록에서 보는 단어가 이전 목록에 들어 있었다고 생각하는지 '예, 아니오'로 답해야 한다. 그다음에는 자신이 내놓은 답이 얼마나 정확하다고 자신하는지 보고해야 한다. 자신감을 가지는 동시에 올바른 반응도 보이는 정도로 메타인지를 측정하는 것이다.

캘리포니아 대학교 산타바바라 캠퍼스의 심리학자들은 마음챙김 명상을 처음 배우는 사람들과 영양학 교육을 받은 집단에게 메타인지를 측정해보았다. 마음챙김 명상 집단과 능동적 대조군 모두 2주 동안 45분간의 수업을 일주일에 네 차례 받았고, 매일 집에서 15분씩 수련했다.[20] 그 결과 명상 집단에서는 메타인지가 개선되었지만, 영양학 강의를 들은 집단에서는 메타인지가 조금도 개선되지 않은 것으로 나타났다.

지속 가능한가?

아미쉬 자의 연구팀은 하루에 8시간 이상 한 달간 명상하는 집중 수련의 효과를 실험했다.[21] 그 결과 집중 수련은 참여자들의 '각성alerting', 즉 모든 일에 방심하지 않고 반응할 준비가 되어 있도록 경계를 늦추지 않는 태도를 신장시켰다. 그런데 아미쉬의 이전 연구에서는 마음챙김 훈련에 짧게 참가했던 초보자들이 지향하기에서 향상을 보였음에도, 이번 집중 수련의 참여자들은 전혀 나아진 점이 없었다.

어떤 때 명상이 중요하게 작용하고 또 어떤 때는 명상이 중요하게 작용하지 않는지, 그 메커니즘에 대해 우리는 완전한 그림을 얻고자 하기에, 이렇게 기대했던 효과가 나오지 않았다는 연구 결과 역시 중요한 데이터를 제공한다. 주의의 다양한 측면이 서로 다른 유형의 명상과 서로 다른 수준에서 어떻게 변화하는지 또는 변화하지 않는지에 대한 그림을 얻는 데 도움이 된다.

어떤 변화들은 바로 일어날 수 있지만, 다른 변화들은 더 오랜 시간이 걸린다. 지향하기는 처음에 약간의 변화를 보이다가 그 후로는 교착 상태에 빠지는 듯했지만, 그에 반해 각성은 수련할수록 개선되는 듯했다. 그리고 우리는 지속적으로 명상하는 것이 주의 변화를 유지하는 데 필요할지도 모른다고 생각했다.

리치가 하버드 대학교에서 명상가들의 신호-소음 전환에 대한 연구를 하고 있을 무렵, 앤 트레이즈먼Anne Treiisman과 마이클 포스너Michael Posner 같은 인지과학자들이 '주의'가 너무 총체적인 개념을 나타낸다고 지적했다. 그들은 주의의 하위 유형들과 각 유형에 관여하는 신경 회로들을 다양하게 살펴보아야 한다고 주장했다. 비록 아직 전체적인 그림을 파악하지는 못했지만, 오늘날 다양한 연구로 인해 밝혀진 바에 의하면, 명상이 이런 주의의 하위 유형 중 많은 부분을 향상시키는 것 같다. 아미쉬의 결과는 그 그림에 미묘한 차이가 존재한다는 것을 알려준다.

몇 시간의 (또는 어쩌면 몇 분의 수련에도!) 주의의 일부 측면이 개선되었지만, 그렇다고 그 개선이 지속된다는 뜻은 아니라는 점에 유의해야 한다. 일회적이고 짧은 훈련이 가져온 효과는 일시적일 뿐이다. 따라서 단기간의 훈련이 주의력 개선에 중요한 역할을 하리라는 가정에 동의하지 않는다. 예를 들어, 17분간의 마음챙김 명상에 의해 유도된 주의 점멸의 감소가 불과 몇 시간 뒤, 그러니까 일시적인 상태가 사라진 뒤에도 측정 가능한 차이를 만들어낼 수 있으리라는 증거는 전혀 없다. 이는 다중작업으로 인한 주의력 약화를 역전시켰던 10분간의 마음챙김 명상 수련에도 동일하게 적용된다. 매일 수련을 지속하지 않는 한, 다중작업으로 인한 주의력 약화를 피할 수 없을 것이다.

우리의 직감을 따르면, 주의와 같은 신경 작용을 지속적으로 개선하려면 짧은 훈련과 지속적인 수련뿐 아니라 집중적인 훈련도 필요하다. 클리프 세론의 연구에서 사마타samatha 집중 수련에 참여하고 5개월 뒤 테스트를 받았던 사람들처럼 말이다. 그렇지 않으면 뇌 신경 회로의 배선은 다시 예전의 상태로 돌아갈 것이다. 주의 산만한 삶을 중단하려면 중간중간 집중 수련을 해야 한다.

그렇다 해도, 그토록 짧은 기간의 명상이 주의를 개선한다는 것은 무척 고무적이다. 이렇게 빠른 속도로 개선된다는 사실은 주의를 더 날카롭게 키울 수 있다는 윌리엄 제임스의 추측을 뒷받침해준다. 오늘날 케임브리지에는 윌리엄 제임스가 살던 곳에서 도보로 15분 거리에 명상 센터들이 있다. 만약 그 센터들이 윌리엄 제임스가 살았던 시절에 있었고 그가 거기서 수련했다면, 틀림없이 자신이 미처 놓쳤던 탁월한 교육 방법을 찾아냈을 것이다.

정리

명상은 주의를 근본적으로 다시 훈련시키고, 다양한 유형의 명상은 주의의 다양한 측면을 향상시킨다. MBSR은 선택적 주의를 강화하고, 장기간의 위빠사나 수련은 이를 더 향상시킨다. 3개월간의 사마타 집중 수련을 마친 명상가들은 심지어 5개월 후에도 주의를 유지하는 능력인 각성 능력이 높은 수준에 머물렀다. 그리고 3개월간 위빠사나를 집중 수련한 이들은 주의 점멸이 크게 줄어들었다. 겨우 17분간 마음챙김 명상을 한 초보자들에게도 비슷한 효과가 나타났는데, 이들의 경우는 분명 일시적인 상태일 것이고, 집중 수련자들은 보다 지속적으로 효과가 이어졌을 것이다. 연습을 통해 완벽해진다는 격언은 다른 짧은 명상에도 적용할 수 있을 것이다. 불과 10분의 마음챙김 명상만으로도 다중작업으로 인한 주의력 저하를 단기적으로 극복할 수 있었고, 8분의 마음챙김 명상만으로도 한동안 마음의 방황이 줄어들었다. 마음챙김 명상을 2주간 10시간 정도 훈련한 학생들은 주의력과 작업기억이 모두 강화되었고, 그 결과 시험 점수가 상당히 향상되었다. 우리는 명상을 통해 주의의 다양한 측면을 향상시킬 수 있지만, 그 이익들은 단기적인 효과에 불과하다. 보다 지속적인 효과를 얻으려면 반드시 지속적인 수련이 필요하다.

8

존재의 가벼움

댈하우지에서 고엔카가 이끄는 집중 수련에 참가했던 리치의 이야기로 돌아가보자. 7일째 되는 날, 리치에게 뜻밖의 깨달음이 찾아왔다. 더 정확하게 말하면, 아무리 통증을 참을 수 없어도 절대로 움직이지 않겠다는 서약으로 시작된 '고요함의 시간Hour of Stillness' 명상에 참여하고 있던 때였다.

끝나지 않을 것 같던 시간이 시작될 때부터 평소에도 말썽이던 오른쪽 무릎에 통증이 있었다. 절대로 움직이지 않겠다는 서약에 따라 부동자세를 유지하다 보니 통증이 더 심해졌고, 몸을 움찔움찔하게 하는 욱신거림을 넘어서 고문 수준에 이르렀다. 그런데 통증이 참을 수 없는 지경에 이른 바로 그 순간, 무언가가 바뀌었다. 인식의 변화가 일어났다.

지금까지 통증으로 느껴지던 관념이 사라지면서 따끔거림, 화끈거림, 압박감 등 감각의 집합으로 바뀌었다. 무릎이 더 이상 아프지 않았다. '통증'이 감각의 끝없는 변화로 느껴지며 감정적 반응이 전혀 일어나지 않게 되었다.

그런 감각들에 집중한다는 것은 통증의 본질을 완전히 재조명함을 의미한다. 통증에 집착하지 않은 채, 통증의 개념을 낱낱이 감각 그 자체raw sensations로 보는 것이다. 그러면 감각에 대한 심리적 저항과 부정적인 감정은 사라진다.

통증 자체가 없어진 건 아니었지만 리치는 통증과 자신의 관계를 변화시켰다. 오직 감각 그 자체만 존재했다. 평소 불안한 생각들을 불러일으키던 통증이 아니었다.

우리는 앉아 있는 동안 대개 자세가 미묘하게 움직이는 것을 감지하지 못한다. 하지만 이런 작은 움직임들은 몸속에 축적된 스트레스를 완화한다. 근육을 움직이지 않으면 그런 스트레스가 점점 쌓여 고통스러운 통증이 될 수 있다. 그런데 리치처럼 그런 감각들을 훑어보게 되면 자기 경험과의 관계에 놀라운 변화가 일어난다. '통증'이라는 제한된 느낌이 물리적 감각의 집합체로 스르르 녹아내린다.

과학적 배경을 지닌 리치는 고요함의 시간 동안 지극히 사적인 체험을 통해 '통증'이라는 꼬리표가 붙은 것이 실은 무수한 신체 감각들의 결합임을 깨달았다. 새로운 인식 변화를 통해 '통증'은 단지 하나의 개념이 되었다. 다시 말해, 감각과 지각과 저항의 생각들이 동시에 잡다하게 섞일 때 일어나는 것에 개념을 덧붙인 정신적인 꼬리표가 '통증'이라는 것이다.

이 사건을 통해 리치는 '표면 아래의' 마음속에서 얼마나 많은 정신적 활동이 일어나고 있는지 그리고 우리는 그러한 활동을 얼마나 의식하지 못하는지 생생히 경험했다. 리치는 우리 경험이 현재 일어나고 있는 일을 직접적으로 이해하지 않고 우리의 기대, 예측, 기존의 반응에서 배운 습관적 사고 및 반응, 이해 불가능한 신경 작용에 바탕을 두고 있음을 알게 되었다. 우리는 매 순간 발생하고 있는 일의 무한한 세부 사항을 실제로 지각하는 것이 아니라, 마음이 생성하고 있는 세계에서 살고 있다.

리치는 이 경험을 통해 과학적 통찰력을 얻었다. 의식은 하나의 통합자integrator로 작용하면서 방대한 양의 기본적인 정신 과정을 하나로 묶는데, 우리 대부분은 이런 사실을 자각하지 못한다. 그 정신 과정의 궁극적인 산물인 '나의 통증'은 알고 있지만, 보통 그 인식과 결합된 수많은 요소는 알아차리지 못한다.

이와 같은 리치의 이해를 오늘날 인지과학에서는 기정사실로 받아들이고 있다. 그런데 댈하우지에서 집중 수련에 참가했던 시절에는 그렇지 않았다. 오로지 자기 자신의 인지 변화를 통해 그런 이해에 도달했던 것이다.

집중 수련이 시작되고 처음 며칠 동안 리치는 무릎과 등이 아파 자세를 바꾸곤 했다. 그러나 절대 움직여서는 안 되는 일곱째 날에 인식의 변화를 경험한 후에는 최대 3시간 이상의 마라톤식 수련 시간에서도 바위처럼 꼼짝 않고 앉아 있을 수 있었다. 극적인 내면의 변화를 겪어낸 리치는 이제 뭐라도 다 견뎌낼 수 있을 것 같았다.

리치는 우리가 정말 올바른 방식으로 경험의 본질에 주의를 집중한다면, 경험이 극적으로 변화할 수 있다고 생각했다. 절대 움직이지 않는 고요함의 시간은 우리가 매 순간 삶에서 깨어 있음으로써 어떻게 자기를 주인공으로 삼아 경험을 구성할 수 있는지 그리고 올바른 종류의 알아차림을 활용함으로써 '자아'라는 개념을 중심으로 구성한 이야기를 해체할 수 있는지를 보여준다.

뇌가 자아를 구성하는 법

마커스 라이클Marcus Raichle은 놀랐고 걱정스러웠다. 워싱턴 대학교 세인트루이스 캠퍼스의 신경과학자인 라이클은 다양한 정신 활동이 어떤 신경 영역들을 활성화시키는지 알아보는 뇌 연구를 선구적으로 개척해왔다. 2001년 라이클은 당시로서는 일반적인 연구 방법을 채택했는데, 활동적인 과제를 할 때와 '아무것도' 하지 않는 기저 상태를 비교하는 것이었다. 연구를 진행하는 동안 그를 곤혹스럽게 만든 것은 (암산으로 숫자 1,475에서 13을 계속 빼나가는 것처럼) 대단히 까다로운 인지 과제를 수행하는 동안에도 활성화되지 않는 뇌 부위가 있다는 것이었다.

우리는 일반적으로 노력이 많이 필요한 정신적 작업이 뇌를 활성화시킬 것이라고 추정한다. 그런데 라이클이 발견한 비활성화 부위는 휴식을 취하고 있는 기저 상태에서 활성화되었다.

다시 말해, 우리가 아무것도 하고 있지 않는 동안 고도로 활성화되는, 심지어 힘든 인지 작업을 할 때보다 훨씬 더 활성화되는 뇌 영역들이 존재한다는 것이다. 까다로운 뺄셈 같은 작업을 하는 동안에는 이 영역들이 오히려 잠잠해진다.

라이클의 연구 결과는 한동안 뇌과학계를 떠돌던 다음과 같은 신비로운 사실을 확인해주었다. 뇌는 체중의 2퍼센트에 불과하지만 신체에서 사용되는 산소의 20퍼센트를 소비하며, 이 비율은 우리가 무엇을 하는지에 상관없이 (심지어 아무것도 하고 있지 않을 때도) 거의 일정하게 유지된다. 뇌는 우리가 휴식을 취하고 있을 때도, 정신적 스트레스를 받았을 때처럼 바쁘게 일하고 있는 것처럼 보인다.

그렇다면 특히 우리가 아무것도 하고 있지 않는 동안에는 어느 부위의 뉴런들이 재잘대고 있는 것일까? 라이클은 여러 영역에서 이런 뉴런들을 발견했다. 내측 전전두피질midline of the PreFrontal Cortex; mPFC과 후측 대상피질Post Cingulate Cortex; PCC로 이루어진 영역들로, 변연계와 연결된 부위였다. 라이클은 이 회로를 뇌의 '디폴트 모드 네트워크Default Mode Network; DMN'라고 이름 붙였다.[1]

수학이든 명상이든 뇌가 적극적인 과제에 관여하는 동안, 그 작업에 필요한 영역은 활성화되고 디폴트 영역은 잠잠해진다. 정신적 과제가 끝나면 디폴트 영역이 활성화된다. 이로써 '아무것도' 하지 않는 동안에도 뇌가 어떻게 활동 수준을 유지할 수 있는가 하는 의문이 해결되었다.

과학자들은 사람들에게 '아무것도 하지 않고' 멍하니 있는 동안 마음속에서 무슨 일이 벌어지고 있었는지 물어보았다. 놀랄 것도 없이 사람들은 '아무것도 하지 않는' 게 아니었다. 그들의 마음은 방황하고 있었다. 마음이 이리저리 헤매고 있을 때는 자기 자신에 대한 고민들로 가득했다. '내가 지금 잘하고 있나?' '이 사람들이 나에 대해 무엇을 알아내고 있을까?' '조가 보낸 메시지에 답장해야 하는데' 등등. 이 모든 활동이 '나'에 초점이 맞춰져 있었다.[2]

요약하자면, 우리 마음은 주로 내 생각, 내 감정, 내 관계, 페이스북에 올린 내 새 글에 '좋아요'를 누른 사람 등 자신에 관한 무언가, 즉 내 삶의 모든 소소한 것을 찾아 떠돌아다닌다. 디폴트 모드는 모든 사건을 우리 자신에게 미치는 영향에 따라 배치하면서, 한 사람 한 사람을 우주의 중심으로 만든다. 이런 공상들은 주체로서의 '나', 대상으로서의 '나', 소유자로서의 '나'에 집중되는 단편적인 기억과 희망, 꿈, 계획 등을 재료로 해서 우리 자신에 대한 감각을 엮어낸다. 디폴트 모드는 우리 각자가 주연으로 출연하는 영화의 대본을 계속 고쳐 쓰면서, 특히 좋아하는 장면이나 속상한 장면들을 반복 재생한다.

디폴트 모드는 우리가 집중과 노력이 필요한 일을 하지 않고 긴장을 풀 때 작동된다. 즉 마음이 휴식할 때 꽃을 피운다. 반대로 우리가 어떤 과제에 집중할 때, 예컨대 잘 안 잡히는 와이파이 신호를 잡아보겠다고 씨름할 때처럼 어려운 문제에 집중하면 디폴트 모드는 잠잠해진다.

주의를 사로잡는 것이 거의 없을 때, 우리의 마음은 종종 우리를 괴롭히는 것들, 다시 말해 일상에서 불안을 부추기는 것들을 찾아 떠돌아다닌다. 이런 이유로 하버드 대학교 연구자들은 수천 명의 사람에게 하루 중 무작위로 선택한 순간에 그들의 정신 집중과 기분에 대해 묻고 나서 다음과 같이 결론 내렸다. "방황하는 마음은 불행한 마음이다."

이러한 자아 체계self-system는 우리의 삶, 특히 우리가 직면하는 문제, 관계의 어려움, 걱정, 근심에 대해 숙고한다. 자아는 우리를 괴롭히는 것을 되새김질하기 때문에 우리는 자아를 잠재울 수 있을 때 안도감을 느낀다. 암벽 등반 같은 고위험 스포츠의 가장 큰 매력 중 하나는 바로 위험성이다. 아주 위험하기 때문에 다음 순간 손이나 발을 어디에 둘 것인가에 완전히 집중할 수밖에 없다. 일상적인 걱정은 마음속에서 뒷전으로 물러난다.

사람들이 최선을 다하는 상태인 '몰입flow'도 마찬가지다. 몰입에 대한 연구에 따르면, 당면한 일에 모든 주의를 쏟는 것이 우리를 즐겁게 만드는 일들 중 가장 높은 순위에 있다. 방황하는 마음으로서의 자아가 몰입하는 동안 억눌려지기 때문이다.

7장에서 보았듯, 주의를 관리하는 일은 모든 명상에서 필수적인 요소다. 명상하는 동안 생각 속에서 길을 잃으면 디폴트 모드와 방황하는 마음에 빠진 것이다.

거의 모든 명상법의 기본적인 가르침은, 마음이 방황하면 그 순간 알아차리고 만트라나 호흡처럼 주어진 명상 대상에 다시 집중하라는 것이다. 모든 명상의 길에서 매우 보편적이고 익숙한 길이다.

이렇게 단순한 정신적 이동은 신경계와 관련이 있다. 배외측 전전두피질과 디폴트 모드 간의 연결이 활성화되는 것이다. 그런데 이 연결은 초보자보다 장기 명상가에게서 더 강한 것으로 보인다.[3] 이 연결이 강할수록 전전두피질의 조절 회로가 디폴트 모드 영역을 억제해 우리의 머릿속에서 끊임없이 자기중심적인 수다를 늘어놓는 원숭이를 잠재운다. 수피교의 한 시는 수천 개의 생각에서 단 하나의 생각으로의 전환된 순간을 다음과 같이 묘사했다. "그 자리에는 오직 그분뿐이어라."[4]

자아 해체

5세기 인도의 현자 바수반두Vasubhandu는 "자아를 꽉 잡고 있는 한, 우리는 고통의 세계에 묶여 있다"라고 말했다.

우리를 자아라는 짐으로부터 구원해주는 방법들은 대부분 일시적이다. 그러나 명상의 길은 그 내려놓음을 삶에서 지속된 특성으로 만드는 것이 목표다. 전통적인 명상의 길들은 끊임없이 일어나는 생각이나 불안한 마음, 결코 끝날 것 같지 않은 해야 할 일 목록으로 꽉 찬 우리의 일상 정신 상태와 이 짐에서 해방된 자유로움을 비교한다. 그리고 각각의 길은 저마다 용어는 다를지라도 우리의 자아의식을 가볍게 하는 것이 내면 해방의 열쇠라고 본다.

리치의 극심한 무릎 통증이 갑자기 견딜 만한 수준으로 변화되었을 때, 그가 통증과 자신을 동일시하던 방식에도 전환이 일어났다. 이제 더 이상 '나의' 통증이 아니었다. '나의 것'이라는 감각이 사라져버린 것이다.

고요함의 시간에 리치가 진정으로 경험했던 것을 통해 우리는 평범한 '자아'가 어떻게 마음의 착시현상으로 전락하는지를 엿볼 수 있다. 이렇게 예리한 관찰이 점점 더 강해지면 어느 순간 견고한 자아에 대한 감각 자체가 무너진다. 통증과 통증에 수반되는 모든 것을 경험하는 방식을 바꾸는 것은 모든 영적 수련의 중요한 목표 중 하나다. '나'라는 느낌을 만들어내는 체계를 환히 밝혀야 한다.

붓다는 바로 이런 통찰에 대해 말하면서, 자아를 바퀴, 멍에, 마부 등이 하나로 결합해 만들어진 마차에 비유했다. 이러한 비유를 현대로 가져오면, 타이어나 계기판, 철판 자체는 '차'가 아니다. 하지만 이 모든 것을 합치면 우리가 차라고 생각하는 것이 드러난다.

이와 마찬가지로, 인지과학은 우리의 자아 감각도 기억이나 인식, 감정, 생각과 같은 흐름들 사이에서 함께 엮어가는 하위 신경계neural subsystem의 속성으로 나타난다고 말한다. 그중 어느 하나만으로는 우리 자아에 대한 완전한 감각을 만들어낼 수 없지만, 제대로 결합되면 특유의 존재의식을 갖게 된다.

모든 종류의 명상 전통은 하나의 목표를 공유한다. 바로 우리가 하루하루 삶을 살아가는 데 안내 역할을 하는 지속적인 생각, 감정, 충동의 '고착성stickiness'을 놓아버리는 것이다. 전문 용어로 '탈구체화dereification'라고 하는 이 핵심적인 통찰은 명상가들로 하여금 생각, 감정, 충동이 실체 없이 지나가는 정신적 사건들임을 깨닫게 해준다. 이런 통찰을 갖게 되면 우리 생각들을 믿을 필요가 없다. 따라서 그들의 궤적을 따라가는 대신 그냥 오가게 둘 수 있다.

일본의 선불교 조동종의 설립자 도겐道元은 다음과 같이 가르쳤다. "생각이 일어나면 있는 그대로 알아차리고 흘려보내라. 모든 집착을 놓아버리면 자연스럽게 흐름과 하나가 될 것이다."

다른 전통들은 자아를 가볍게 하는 것이 내면의 자유로 가는 길이라고 본다. 우리는 달라이 라마가 '공emptiness'에 대해 말하는 것을 종종 들었다. 그 단어는 우리의 '자아'와 모든 사물이 실은 그것을 구성하는 요소들의 조합으로부터 나오는 감각이라는 것이다.

일부 기독교 신학자들은 자신을 비우는 것에 관해 '케노시스kenosis'라는 용어를 쓰기도 한다. 케노시스란, 우리의 욕구와 필요는 줄이고 타인의 필요를 향해 가슴을 열 때 연민심이 커진다는 뜻이다. 수피교의 한 스승이 말한 것처럼, "자기 자신에 사로잡혀 있을 때 당신은 신으로부터 분리된다. 신에 이르는 방법은 단 한 걸음이면 족하다. 자신으로부터 벗어나는 한 걸음 말이다."[5]

그렇게 자아로부터 벗어나는 한 걸음은, 기술적으로 말하면, 기억, 생각, 충동, '나'라는 개념과 동일시된 의식을 만들어내는 디폴트 모드가 약화되는 것을 암시한다.

우리는 모든 것에 대해 덜 집착하는 방향으로 바뀜으로써 덜 '고착'하게 된다. 수련이 높아질수록 '자아'의 활동이 줄어든다. '나'라는 자기동일성이 힘을 잃게 된다. 걱정도 줄어든다. 여전히 지불해야 할 비용이 있지만 '자기화selfing'가 적어질수록 비용에 대한 고민도 가벼워지고 더 자유로워진다. 비용을 지불할 방법은 찾아야 되겠지만 더 이상 감정적인 짐은 싣지 않는다.

명상의 길은 거의 대부분 존재의 가벼움lightness of being을 1차 목표로 두지만, 역설적이게도 이 목표에 대한 과학 연구는 거의 존재하지 않는다. 지금까지의 빈약한 연구를 살펴보면, 명상이 더 큰 무아로 이끄는 과정은 아마 세 가지 단계를 거치는 듯하다. 각 단계에서 뇌의 디폴트 모드를 잠재우기 위한 전략들이 사용되며, 결과적으로 우리는 자아의 손아귀에서 조금씩 벗어나게 된다.

디폴트 모드와 자아에서 벗어나는 3단계

현재 카네기 멜론 대학교에 재직 중인 젊은 과학자 데이비드 크레스웰David Creswell은 마음과 삶 연구소에서 운영하는 SRI에 참석한 후 명상에 흥미를 갖게 됐다. 크레스웰의 연구팀은 사흘간의 마음챙김 집중 코스에 참여한 실험 지원자들의 뇌 활동을 측정해 명상 초보자들에게서 발견되는 초기 단계를 평가했다.[6] 지원자들은 이전까지 한 번도 명상을 해본 적이 없었지만, 자신만의 멜로드라마(디폴트 모드가 가장 좋아하는 주제)에 빠져들 때, 즉 자아에 대한 동일시가 강해짐으로써 마음이 방황할 때, 이런 흐름을 스스로 끊을 수 있는 마음챙김 명상 방법을 배웠다. 이들은 개인적인 드라마에 제목을 붙이기도 하고, 호흡을 지켜보거나 현재의 순간을 있는 그대로 알아차리기bare awareness로 주의를 돌리기도 했다. 이런 방법들은 모두 마음속의 원숭이를 잠재우기 위한 적극적인 중재법이다.

이런 노력들은 디폴트 모드를 관리하는 핵심 회로인 배외측 전전두피질 영역의 활동을 증가시킨다. 앞에서 보았듯, 이 영역은 우리가 동요하는 마음을 잠잠하게 하려 할 때마다, 예컨대 반복적으로 떠오르는 불쾌한 만남 대신 즐거운 일을 생각하려 할 때 활동하게 된다.

이렇게 마음챙김 명상을 사흘 동안 집중 수련한 결과, 이 제어 회로와 디폴트 모드의 후측 대상피질 사이의 연결이 증가했다.

이는 명상 초보자들이 디폴트 영역을 잠잠하게 할 수 있는 신경 연결을 활성화해 마음이 방황하지 않게 되었다는 것을 뜻한다.

경험 많은 명상가들의 경우, 두 번째 단계로 나아가 자아에 대한 동일시가 느슨해지면서 디폴트 모드 핵심 영역의 활동이 감소되는 모습이 보였다. SRI의 교수로도 활동하는 브라운 대학교 저드슨 브루어Judson Brewer 연구팀은 (평생 수련 시간이 약 10,500시간으로) 대단히 경험 많은 명상가들과 초보자들을 비교함으로써 마음챙김 수련과 뇌의 상관관계를 연구했다.[7]

실험에 참가한 사람들은 명상을 수련하는 동안 "가려움이 일어나고 있다"처럼 자기가 경험하는 것에 주의를 기울이는 것과 "나는 가렵다"처럼 그 경험과 자신을 동일시하는 것을 구분하라는 지시를 받았다. 이러한 구분은 메타인지를 활성화함으로써 자아를 느슨하게 하는 중요한 요소다. '가장 축소된 자아'는 가려움을 자신의 이야깃거리로 끌어들이는 것을 막는다. 그저 그것을 알아차리기만 할 뿐이다.

앞서 언급했듯, 영화 속 이야기에 빠져 있다가 영화관에서 영화를 보고 있음을 알아차렸을 때, 우리는 영화의 세계에서 빠져나와 영화를 포괄하는 현실 세계를 인지한다. 그러한 메타인지를 가지면 자신의 생각, 감정, 행동을 주시하고 원하는 방식대로 관리할 수 있다. 또 그것들의 역동성을 조사할 수도 있다.

우리의 자아의식은 삶의 이질적인 부분을 일관된 줄거리로 묶어 현재 진행형의 사적인 이야기로 엮는다. 이런 이야기의 해설자는 주로 디폴트 모드에 있는데, 자아의식과 아무런 관련이 없는 광범위한 뇌 영역의 입력 정보를 모은다.

브루어의 연구를 통해 숙련된 명상가들은 초보 명상가들과 마찬가지로 제어 회로와 디폴트 모드의 연결이 매우 강하다는 것이 밝혀졌다. 그뿐만 아니라, 디폴트 모드 영역 자체의 활성도도 약했다. 특히 자애 명상을 수련한 장기 명상가들이 더 그랬다. 타인의 행복을 생각하면 할수록 우리 자신에게 집중하지 않는다는 격언을 확인해주는 증거다.[8]

흥미롭게도, 장기 명상가들은 검사를 받기 전 그냥 휴식을 취하고 있는 동안에도 마음챙김 수련 중에 나타나는 것과 똑같이 디폴트 모드 회로와의 연결성이 감소되는 현상을 보였다. 명상을 하는 동안뿐만 아니라 일상에서도 의도적으로 마음챙김 수련을 하는 증거라 볼 수 있다. 이처럼 비명상가들에 비해 연결성이 줄어든다는 사실은 이스라엘의 뇌 연구자들이 평균 9,000시간의 수련 경험이 있는 장기 마음챙김 명상가들을 대상으로 실험한 연구에서도 동일하게 발견되었다.[9]

장기 명상가들에게서 나타나는 이러한 변화를 뒷받침해주는 증거도 있다. 에모리 대학교 연구팀은 (3년 이상 수련했지만 평생 수련 시간은 알려지지 않은) 숙련된 선 명상가들을 대상으로 뇌 스캔을 실시했는데, 이들이 호흡에 집중하는 동안 디폴트 영역 여러 부분의 활성도가 약화되었다. 디폴트 영역이 덜 활성될수록 장기 명상가들은 스캐너 밖에서 실시한 지속적 주의 테스트에서도 마음의 방황이 줄어드는, 더 좋은 기록이 보였다.[10] 마지막으로, 몬트리올 대학교에서도 선 명상가들을 대상으로 작지만 중요한 연구를 했다. 연구자들은 (평균 수련 시간이 약 1,700시간인) 선 명상가들과 일주일 동안만 좌선 명상을 수련한 지원자 그룹이 휴식을 취할 때 어떤 차이가 있는지 비교했는데, 선 명상가들의 뇌에서는 디폴트 영역의 연결성이 훨씬 더 작은 것을 발견했다.[11]

집착은 우리의 주의를 사로잡는 것을 의미한다. 우리가 집착을 느낄수록 더 자주 그 대상에 사로잡힐 것이라는 이론이 있다. 이 명제를 검증하는 실험을 했다. 지원자 집단과 (평균 수련 시간이 4,200시간인) 숙련된 명상가 집단은 어떤 배열 안에 있는 특정한 기하학적 모양을 인식할 때마다 돈을 받게 될 것이라는 지침을 들었다.[12] 작은 집착을 심어놓은 것이다. 그 후 호흡에만 집중하고 기하학적 모양은 무시하라는 말을 들었을 때, 명상가들은 대조군에 비해 형상에 주의를 빼앗기는 정도가 덜했다.

같은 맥락에서 리치의 연구팀은 이전보다 더 엄격한 기준을 적용한 연구를 통해, 평생 수련 시간이 7,500시간인 명상가들에게서 비슷한 결과를 얻었다. 명상가들은 같은 나이의 사람들에 비해 중격핵nucleus accumbens의 회백질 부피가 줄어들었다.[13] 같은 연령대의 대조군과 비교했을 때 뇌 구조의 차이를 보인 유일한 영역이었다. 중격핵의 부피가 줄어들면, 자아의식을 만들기 위해 조정되는 신경 모듈들 간의 연결성이 약해진다.

다소 놀라운 결과인데, 중격핵은 우리 삶에서 기분 좋은 감정을 느끼게 해주는 원천인 뇌의 '보상' 회로에 큰 역할을 하기 때문이다. 하지만 동시에 정서적 집착과 중독을 일으키는 핵심 영역이기도 하다. 따라서 중격핵의 회백질 부피 감소는 어쩌면 명상가들의 집착 감소, 특히 재잘거리는 자아narrative self에 대한 집착 감소를 반영하는지도 모른다.

그렇다면 이런 변화가 명상가들을 차갑고 무관심하게 만들지는 않을까? 달라이 라마나 다른 숙련된 명상가들을 떠올려보라. 리치의 연구실에 찾았던 이들도 마찬가지였다. 대부분은 즐거움과 따뜻함을 추구하는 경향이 있다.

명상에 관한 경전들에는 장기 수행자들이 지속적인 연민심과 행복감을 성취하지만, 거기에 집착하지 않는다는 의미에서 '공emptiness'도 함께 성취한다고 기록되어 있다. 예를 들어, 힌두교 명상에서는 집착이 줄어드는 수련의 후기 단계인 바이라기아vairagya에 대해 말한다. 이런 의미에서 금욕은 의지의 힘을 통해서가 아니라 저절로 일어나는 것이다. 그리고 이런 변화로 순수한 존재에 대한 또 다른 기쁨의 근원이 생겨난다.*

그렇다면 이런 사실이 중격핵에 기반을 둔 집착이 약해져도 조용한 즐거움을 가져오는 신경회로의 증거가 될 수 있을까? 바로 그런 가능성에 대해서는 12장에서 숙련된 수행자들의 뇌 연구들

---

* 아마도 일부 명상가들은 그들을 더 냉담하고 더 무관심하게 만드는 길을 따라갈 것이다. 많은 전통이 연민과 헌신을 강조하는 한 가지 이유가 어쩌면 이런 경향을 상쇄하기 위한 것일지 모른다.

을 살펴봄으로써 알아보게 될 것이다.

마음과 삶 연구소에서 두 번째로 소장을 역임한 양자물리학자이자 철학자인 아서 자이언스Arthur Zajonc가 이런 말을 한 적 있다.

"집착을 놓아버리면 우리 자신의 경험과 타인에 대해 더 열린 상태가 된다. 그리고 사랑의 한 형태인 열린 상태를 통해 다른 사람들의 고통에 더 쉽게 접근할 수 있게 된다. 위대한 영혼들은 고난에 관여해도 무너지지 않고 그것을 처리할 수 있는 능력을 체화한 것처럼 보인다. 집착을 내려놓게 되면 자유로워지고, 연민 행동과 연민심을 위한 도덕적 중심축을 만들어낸다."[14]

빈집에 들어간 도둑

고대의 명상 안내 책자들에 따르면, 생각을 내려놓는 일은 뱀이 똬리를 푸는 것과 같다. 즉 어느 정도의 노력이 필요하다. 그러나 나중에는 어떤 생각이 마음에 떠오르든 그 생각들은 그냥 빈집에 들어온 도둑 같은 신세가 된다. 훔칠 것이 아무것도 없어서 그냥 떠날 수밖에 없다.

처음에는 노력을 들이다가 나중에는 노력이 필요 없는 상태로 전환하는 것은 명상의 다양한 길에서 보편적인 주제인 듯하다. 새로운 기술을 배우려면 처음에는 강도 높은 노력이 필요하지만,

계속 연습하다 보면 점점 더 쉬워지기 마련이다. 인지신경과학에 따르면, 이렇게 노력이 필요 없는 상태로의 전환은 습관이 되는 신경 변화habit mastery를 나타낸다. 다시 말해, 뇌 아래쪽에 위치한 기저핵basal ganglia이 전전두피질 부위의 일을 대신할 수 있기 때문에 애쓰지 않음effortlessness의 단계가 되는 것이다.

명상 초기 단계에서 열심히 수련하면 전전두피질의 조절 회로들이 활성화된다. 그러나 이후 노력이 필요 없는 수련으로 전환되면 변화가 일어날 것이다. 디폴트 회로의 다양한 접속점 간 연결성이 감소하고, 의도적인 통제가 더 이상 필요하지 않기 때문에 후측 대상피질의 활성도가 저하될 것이다. 이 단계에서는 마음이 실제로 안정되기 시작하고 자기 이야기self-narrative에도 훨씬 덜 집착하게 된다.

브라운 대학교 저드슨 브루어 연구팀의 연구에서는 숙련된 명상가들에게 자기 경험을 보고하도록 하고, 과학자들이 뇌의 어느 부위와 연관되었는지 살폈다. 명상가들은 후측 대상피질의 활성이 줄었을 때 '주의가 흐트러지지 않은 알아차림'과 '애쓰지 않음'을 보고했다.[15]

치의학부터 체스에 이르기까지, 사람들이 연마하는 기술을 과학적으로 연구한 결과, 전문가와 초보자를 분류하는 가장 결정적인 요인은 평생 연습 시간이었다. 처음에는 강도 높은 노력에서 출발해 나중에는 노력은 덜 들이면서도 업무에 더 능숙한 상태로 전환하는 패턴은 수영 선수, 바이올리니스트 등 다양한 전문가에게서 나타난다. 그리고 이 책에서 살펴본 것처럼, 오랜 시간 명상 수련을 한 전문가들의 뇌는 온갖 방해에도 거의 노력을 기울이지 않은 채 한곳에 집중을 유지할 수 있는 모습을 보여준다. 반면 명상 시간이 상대적으로 적은 이들의 뇌는 노력을 더 많이 해야 했다. 그리고 그 시작에서 초보자들은 정신적 노력을 보여주는 생물학적 표지가 증가했다.[16]

대체적으로 초보자의 뇌는 열심히 일하는 반면, 전문가의 뇌는 거의 에너지를 쓰지 않았다. 우리가 어떤 활동에 숙련될수록 뇌는 자동적으로 그 행동을 하면서 연료를 덜 사용한다. 그 활동을 지휘하는 부위는 신피질 아래쪽의 기저핵이다. 걷는 법을 배웠을 때, 또 그 외의 다른 것들을 익힐 때 처음에는 힘들다가 나중에는 수월함으로 바뀌는 이러한 전환을 달성한 것이다. 처음에는 주의와 노력을 들여야 하는 것이 나중에는 자동적이고 노력이 필요 없는 것으로 바뀐다.

우리는 탈동일시의 세 번째이자 마지막 단계에서 디폴트 모드의 연결이 느슨해지고 제어 회로의 역할도 줄어들 것이라 추측한다. 브루어의 연구팀이 바로 그러한 감소를 발견했다.

노력이 필요 없는 상태로 자연스럽게 전환되면 자아와의 관계에도 변화가 생긴다. 더 이상 집착적인 자아는 존재하지 않게 된다. 똑같은 생각들이 떠오르긴 하겠지만 훨씬 더 가볍다. 강렬하지도 않고 감정적 내용도 없는 것들이어서 쉽게 지나간다. 어쨌든 고전적인 명상 안내서뿐 아니라 리치의 연구실에서 연구한 숙련된 명상가들이 알려준 것들을 반영한 설명이다.

그러나 현재로서는 이 지점에 대한 데이터가 없으며 묵은 연구 과제로 남아 있다. 앞으로 더 놀라운 것들이 발견될 수 있다. 예를 들어, 자아와의 관계가 변화하는 과정에서 현재 알려진 신경 '자아 체계'가 그다지 많이 바뀌지 않을 수도 있다. 오히려 아직 발견되지 않은 다른 회로를 찾아낼 수도 있다.

자아의 힘을 약하게 하는 것이 명상 수련자들의 주요 목표임에도, 이상하게 이 주제는 지금까지 명상 연구자들에게 주목받지 못했다. 아마도 연구자들이 긴장 완화와 건강 개선같이 보다 대중적인 효과에 대해 집중해왔기 때문일 것이다. 그래서 명상의 핵심적인 목표인 무아에 대한 데이터는 극히 소량에 불과하다. 반면 건강 개선 같은 다른 효과에 대해서는 대단히 많은 연구가 이루어졌는데, 이에 대해서는 다음 장에서 살펴볼 것이다.

무엇에도 고착되지 않는 삶

리치는 언젠가 달라이 라마가 티베트의 비극적인 상황을 전해 듣고 눈물 흘리는 것을 본 적이 있다. 중국 공산당이 영토를 점령한 데 항의해 티베트인들이 분신했다는 소식이었다.

잠시 후 그 방에 있던 누군가 재미있는 행동을 하자, 달라이 라마는 그것을 보고 웃기 시작했다. 하지만 그 웃음에는 눈물을 자아냈던 비극에 대한 결례는 전혀 없었다. 오히려 하나의 감정emotional note에서 다른 감정으로, 경쾌하고 매끄러운 전환만이 있을 뿐이었다.

감정과 그 표현에 대한 연구에서 세계적 전문가인 폴 에크만은 달라이 라마를 처음 만났을 때부터 이러한 놀라운 정서적 유연성affective flexibility을 대단히 이례적으로 느꼈다. 달라이 라마는 한 사람에게 느끼는 감정을 자신의 태도에 그대로 반영한다. 그리고 다음 순간 또 다른 감정적 현실emotional reality을 만나면 이전의 감정을 바로 내려놓는다.[17]

달라이 라마의 감정적 삶emotional life은 격한 슬픔에서 강력한 기쁨에 이르기까지 놀라울 정도로 역동적인 범위의 다채로운 감정이 포함되는 듯하다. 특히 하나의 감정에서 다른 감정으로의 신속하고 매끄러운 전환은 매우 독특하다. 이렇게 빠른 전환은 집착이 거의 없음을 보여주는 것이다.

집착은 편도체와 중격핵을 포함하는 뇌 감정 회로의 역학을 반영하는 듯하다. 이 영역들은 전통적인 문헌들이 고통의 근원이라 보는 것, 즉 마음이 원하는 것을 얻거나 불쾌한 것을 없애기 위해 집착하는 갈망이나 혐오의 근원이 될 가능성이 매우 높다.

집착의 스펙트럼은 고통스러운 감정이나 중독적인 욕구에서 벗어나지 못하고 완전히 고착되는 것부터, 달라이 라마처럼 주어진 모든 감정에 즉각적으로 자유로워지는 것까지 매우 다양하다. 무엇에도 고착되지 않는 삶의 한 특성은 지속적인 긍정이자 기쁨이라고 할 수 있다.

달라이 라마에게 살아오면서 가장 행복한 순간이 언제였냐고 질문한 적이 있다. 그때 그는 이렇게 대답했다.

"바로 지금입니다."

정리

디폴트 모드에서 뇌는 정신적인 노력이 필요한 것을 하지 않는다. 디폴트 모드는 마음이 그냥 방황할 때 활성화된다. 우리는 자신에게 초점을 맞춘 생각과 감정을 반추하며 우리의 '자아'로 경험하는 이야기를 구성한다. 디폴트 모드 회로는 마음챙김 명상과 자애 명상 중에는 잠잠해진다. 명상 초기 단계에서는 이러한 자아 시스템을 잠재우기 위해 디폴트 영역을 억제하는 뇌 회로가 작동한다. 그러나 명상을 진행할수록 이 영역 간의 연결과 활동이 줄어든다.

이러한 자아 회로 잠재우기는 명상 중이나 직후에 보이는 상태 효과로 시작되지만, 장기 명상가들의 경우 지속적인 특성이 되어 디폴트 모드 자체의 활동이 감소된다. 집착이 줄어든다는 것은 결과적으로 마음속에 일어나는 자기중심적인 생각과 감정에 훨씬 덜 집착하고 주의를 점점 덜 빼앗긴다는 것을 의미한다.

마음과 몸 그리고 게놈

우스터에 위치한 매사추세츠 대학교의 의료 센터에서 존 카밧진이 MBSR을 처음 개발하고 나서, 그는 직접 그곳의 의사들을 한 사람 한 사람씩 만났다. 진통제도 듣지 않아 의학적 장애로 간주되는 치료 불가능한 만성 통증 환자들이나 당뇨병, 심장병같이 평생 관리해야 하는 질환을 앓는 환자들을 자신에게 맡겨달라고 요청했다. 그 병을 고칠 수 있다고 주장한 적은 한 번도 없다. 카밧진은 환자의 삶의 질을 향상하는 것이 자기 임무라 생각했다.

놀랍게도 존의 제안을 거절한 의사는 거의 없었다. 담당의들은 처음부터 존이 운영하는 프로그램에 환자들을 보내주었다. 당시 존은 의과대학 물리치료과의 지하 방 하나를 빌려 '스트레스 감소 및 이완 클리닉Stress Reduction and Relaxation Clinic'을 운영했다.

존은 일주일에 며칠만 그곳에서 프로그램을 지도했다. 그런데 불치병을 가지고도 일상을 잘 살아갈 수 있게 해주는 방법에 대한 호평과 입소문이 퍼져나가면서 프로그램이 인기를 끌게 되었다. 그리고 1995년에는 임상 연구를 진행하고 전문적인 교육 프로그램을 제공하기 위해, '의학, 건강 관리 및 사회를 위한 마음챙김 센터Center for Mindfulness in Medicine, Health Care, and Society'로 확장되었다. 오늘날 MBSR은 전 세계 병원과 클리닉에서 가장 빠르게 퍼지는 명상법 중 하나이자, 그 효과가 경험으로 확실히 입증된 방법이다. MBSR은 의료 분야 밖에서도 흔히 볼 수 있다. 심리치료와 교육 분야, 심지어 비즈니스 영역까지 진출해 마음챙김을 대중화하고 있다.

현재 북미를 비롯해 유럽 여러 지역의 대학 의료 센터에서 MBSR을 하나의 표준적인 프로그램을 교육하고 있어 과학 연구의 대상으로 삼기에 아주 적당하다. 그러한 이유 때문에 현재까지 MBSR에 대한 연구 논문이 발표된 것만도 600편이 넘으며, 덕분에 MBSR의 다양한 효과가 밝혀져 있다.

예를 들어, 만성 통증 치료에 약물이 효과가 없을 때가 있다. 아스피린을 비롯해서 의사의 처방전이 필요 없는 진통제들을 몇 년간 매일 복용하면 수많은 부작용이 발생할 수 있다. 스테로이드는 일시적으로 도움이 되긴 해도 몸에 해로운 부작용을 일으키기도 한다. 마약성 진통제는 널리 이용되기에는 중독성이 너무 강하다는 것도 입증되었다. 그러나 MBSR은 부작용이 거의 없기 때문에 8주간의 MBSR을 수련하면, 만성 질환자를 비롯해 정통 의학으로 낫기 어려운 스트레스 관련 질환을 가진 이들이 더 잘 일상을 살아갈 수 있게 꾸준히 도와준다. 이러한 혜택을 오래 누리려면 무엇보다 꾸준히 수련하는 것이 중요하다. 하지만 MBSR의 오랜 역사에도, MBSR 코스에 참여한 사람들이 첫 수련을 마친 후에 얼마나 오래 수련을 지속하는지에 관한 정보는 사실상 전무하다.

노인들의 심신을 힘들게 만드는 통증을 생각해보자. 나이 들수록 생기는 큰 두려움 중 하나는, 척추나 무릎, 고관절에 염증이 생겨 통증 때문에 마음껏 움직일 수 없게 되는, 독립성의 상실이다. 통증을 앓는 노년의 환자들을 대상으로 연구를 했다. 매우 설계를 잘한 이 연구에서 MBSR은 엄청난 통증을 완화하는 데 효과적일 뿐 아니라, 그로 인한 거동의 불편함을 해소하는 데도 효과적임이 증명되었다.[1] 통증 감소는 6개월 뒤 추가 검사를 했을 때도 여전히 유지되었다.

MBSR은 모두 노인 참가자들이 매일 집에서도 수련하도록 권유하고 있다. 통증을 완화하는 방법을 스스로 활용할 수 있게 되면, 환자들은 '자기 효능감self-efficacy', 즉 자신의 삶을 어느 정도 효과적으로 조율할 수 있다는 느낌을 받는다. 환자들은 통증이 사라지지 않더라도 이러한 느낌을 받는 것만으로 더 잘 살아갈 수 있다.

네덜란드 연구자들은 통증 치료로서의 마음챙김에 대한 연구 자료를 수십 건 분석한 결과, 마음챙김 명상이 의학적 치료의 좋은 대안이 될 수 있다고 결론 내렸다.[2] 그럼에도 지금까지 명상이 통증의 생물학적 원인을 제거함으로써 만성 통증을 임상적으로 개선시킨다는 사실을 밝힌 연구는 없다. 사실 통증 완화의 효과는 사람들이 통증과 관계 맺는 방식의 변화를 통해 생긴다.

그 좋은 사례가 섬유 근육통fibromyalgia이다. 섬유 근육통은 의학적으로는 풀리지 않는 미스터리다. 심신을 쇠약하게 만드는 이 질병의 증상은 만성 통증, 피로, 경직, 불면증인데, 이에 대해 어떤 생물학적 설명도 알려지지 않았다. (이에 대해서도 논란이 분분하지만) 다만 심장 기능을 조절하는 데 장애가 있는 것처럼 보인다는 소견이 있을 뿐이다. MBSR을 활용한 연구에서도 심장 활동에 대한 어떠한 영향도 발견하지 못했다.[3]

훌륭하게 설계된 또 다른 연구를 보면, MBSR이 섬유 근육통 환자들이 느끼는 스트레스 등의 심리 증상을 상당히 개선했고, 환자들이 주관적으로 느끼는 증상도 상당히 감소시켰다.[4] 환자들이 MBSR 수련을 자주 할수록 효과는 더 좋게 나타났다. 그러나 신체 기능이나 주요 스트레스 호르몬인 코르티솔에는 변화가 없었다. 코르티솔의 수치는 여전히 높았다. 환자의 통증은 MBSR을 통해 더 나아졌지만, 통증 자체를 유발하는 생물학적 차원에서는 변화가 없었다.

그렇다면 만성 통증이나 섬유 근육통을 가진 사람들이 MBSR이나 다른 명상을 시도해야 할까? 답은 누구에게 묻느냐에 따라 달라진다.

확실한 결과물을 끊임없이 추구하는 의학 연구자들과 환자들은 서로의 기준이 완전 다르다. 의사들이 보고 싶어 하는 것은 의학적 개선을 보여주는 확실한 데이터다. 반면 환자들은 임상적으로 개선할 방법이 거의 없다면 나아진 느낌이라도 원한다. 그렇다면 마음챙김이 환자의 관점에서 통증 완화 방법을 제시하고 있는 것이다. 의학적 연구에서 통증의 생물학적 원인을 제거했다는 증거가 명확하지 않을 때조차 그렇다.

환자들은 MBSR 8주 과정을 마치고 통증에서 벗어나기도 하지만, 대부분은 시간이 지나면 수련을 중단한다. 그래서 여러 연구가 MBSR을 마친 직후의 환자들에게서 개선 효과를 발견했지만, 6개월 후 추적 조사에서는 같은 결과를 얻지 못했다. 존이 말하듯, 신체적·감정적 고통의 경험에서 비교적 자유로운 삶을 살기 위한 열쇠는 MBSR 이후에도 매일 마음챙김 수련을 지속하는 것이다.

피부가 보여주는 것

인간의 피부는 스트레스가 건강에 미치는 영향을 엿볼 수 있는 놀라운 창이다. 피부는 (위와 폐가 그렇듯) 피부 바깥의 이질적인 병원체와 직접 접촉하는 장벽 조직이자 세균 침입을 막는 첫 번째 방어선이다. 염증은 건강한 조직이 감염되지 않도록 차단하는 생물학적 방어 기법이다. 빨갛게 염증이 생긴 부위는 피부가 병원체를 공격했음을 나타내는 신호다.

뇌와 신체의 염증 수치는 알츠하이머, 천식, 당뇨와 같은 질병을 악화시키는 데 큰 역할을 한다. 스트레스는 종종 염증을 악화시키는데, 심리적인 반응으로써 신체의 회복 자원을 집결시켜 위험에 대비하려는 일종의 생리학적 반응인 것으로 보인다(독감에 걸렸을 때 휴식하고 싶은 것도 이런 생물학적 반응이다). 선사시대에 이런 반응을 촉발하는 위협들은 우리를 잡아먹으려는 포식자들처럼 물리적인 위협이었다. 그러나 요즘은 화난 배우자나 기분을 상하게 하는 SNS 댓글처럼 주로 심리적인 것들이다. 그러나 감정적 동요가 수반되는 신체적 반응인 것에는 차이가 없다. 인간의 피부는 비정상적이리만큼 신경 말단이 많다. 그 신경 말단들은 모두 뇌가 신경성 염증에 신호를 보낼 수 있는 통로다.

피부 전문의들은 오래전부터 생활 스트레스가 건선이나 습진 같은 염증성 질환의 신경성 발진을 일으키는 것을 알고 있었다. 이런 현상으로 볼 때 피부는 감정적 동요가 건강에 미치는 영향을 연구할 수 있는 매력적인 실험실이다. 뇌가 피부에 염증을 일으키도록 신호를 보내는 신경 경로들은 고추의 매운맛을 내는 화학물질인 캡사이신에 민감하다는 것이 밝혀졌다. 리치의 연구팀은 스트레스가 어떻게 이런 반응을 증가시키는지, 그리고 명상이 어떻게 이런 반응을 잠재우는지 알아보기 위해 염증 부위를 만들어냈다. 리치의 연구팀에 소속된 과학자 멜리사 로젠크란츠Melissa Rosenkranz는 염증 부위에 (통증은 느껴지지 않지만) 액체로 가득한 인공 물집을 만들고 염증을 유발하는 화학물질을 분석하는 기발한 방법을 생각해냈다.

멜리사가 만든 기묘한 장치로 이런 물집을 만들 수 있었다. 진공 시스템을 이용해 45분에 걸쳐 작은 원형 부위의 피부 가장 바깥 층을 들어 올리는 것이었다. 이 방법은 천천히 시행하면 거의 통증을 유발하지 않기 때문에 실험 참가자들은 수포가 생기고 있다는 사실을 거의 알아차리지 못했다. 그러고 나서 수포 안에 들어 있던 액체를 흘러나오게 하면 홍반을 직접적으로 유발하는 단백질 유형인 친염증성 사이토카인cytokine의 수치를 측정할 수 있었다.

리치의 연구팀은 MBSR 집단과 HEP 집단을 대상으로 TSST를 실시했다. TSST는 사회적 스트레스인 면접을 보고 난 후 곧바로 힘든 암산 작업을 하게 하면서 스트레스 반응을 검사하는 방법이다.[5] 좀 더 구체적으로 설명하면, 뇌의 위협 감지 레이다인 편도체가 ('시상하부Hypothalamic-뇌하수체Pituitary-부신Adrenal' 회로인) HPA 축에 스트레스 호르몬 코르티솔과 함께 '투쟁-회피-긴장 반응'을 일으키는 중요한 뇌 화학물질인 아드레날린을 방출하라는 신호를 보낸다. 그러면 아드레날린이 몸의 에너지 소비를 증가시켜 스트레스 원인에 반응하게 한다. 그리고 상처 내의 박테리아를 물리치기 위해 친염증성 사이토카인이 상처 부위로 가는 혈액 흐름을 증가시키고 외부 물질들을 먹어치우는 면역 물질들을 공급한다. 그로 인해 생기는 염증이 이번에는 섬엽 그리고 뇌 곳곳으로 이어지는 섬엽의 광범위한 연결들을 포함하는 신경 회로들을 활성화하는 방식으로 뇌에 신호를 보낸다. 섬엽이 보내는 메시지에 의해 작동되는 영역들 중 하나가 전대상피질Anterior Cingulate Cortex; ACC로, 염증을 조절하고 우리의 생각과 감정을 연결하며 심장 박동을 포함하는 자율신경의 활동을 통제한다. 리치의 연구팀이 발견한 바에 따르면, 알레르기 항원에 대한 반응으로 전대상피질이 활성화되면, 천식 환자는 24시간 후 더 많은 발작을 일으키게 된다.[6]

다시 염증 연구에 대한 이야기로 돌아가보자. 원래 두 집단 간에는 심적 고통에 대한 자기 평가에서도, 염증을 촉발하는 사이토카인의 수치에서도, 당뇨병, 동맥경화, 천식같이 만성적 스트레스에 의해 악화되는 질병들의 전구 호르몬hormonal precursor인 코르티솔에서도 아무런 차이가 없었다.

그러나 MBSR 집단은 TSST 후 염증 부위가 현저히 작았고, 피부는 더 빠르게 회복되었다. 그 차이는 심지어 4개월 후에도 지속되었다.

비록 MBSR의 주관적인 이점 혹은 어떤 생물학적 이점도 있겠지만, 그리 특별해 보이지는 않는다. 다만 염증에 영향을 끼친다는 사실만은 분명하다. 매일 집에서 35분 이상 MBSR 수련을 한 사람은 HEP 수련을 한 사람들에 비해 홍반을 유발하는 단백질인 친염증성 사이토카인 수치가 더 많이 감소되었다. 흥미롭게도 이러한 결과는, 존 카밧진과 일부 피부 전문가들이 사이토카인에 의해 악화되는 건선증 치료의 속도를 높이는 데 MBSR이 도움이 될 수 있다고 밝힌 연구 결과를 뒷받침한다(그러나 약 30년이 지난 지금까지 피부과 연구자들은 이 실험을 재현하지 않고 있다).[7]

리치의 연구팀은 그러한 염증성 질환을 치료하는 일에 명상 수련이 어떤 영향을 줄 수 있는지 더 알아보기 위해, (평생 수련 시간이 대략 9,000시간인) 숙련된 위빠사나 명상가들을 대상으로 스트레스 연구를 반복했다.[8] 그 결과, 5장에서 보았듯 TSST를 받은 명상가 집단은 초보자 집단보다 스트레스를 덜 받을 뿐 아니라 염증 부위도 작게 나타났다. 무엇보다도 그들의 스트레스 호르몬인 코르티솔 수치는 대조군보다 13%나 낮았는데, 이는 임상적으로 상당히 의미 있는 차이이다. 그리고 명상가들은 성별과 나이를 맞춘 비명상 대조군보다 정신적으로 더 건강하다고 평가했다.

중요한 것은, 이처럼 숙련된 수련자들도 테스트를 받을 때는 명상을 하고 있지 않았다는 사실이다. 상태가 아닌 특성에서 나온 효과였다. 마음챙김 수련은 명상을 하는 동안만이 아니라, 그 외의 시간에도 염증을 완화해주는 듯하다. 이 효과는 (약 30시간 정도 진행되는) 4주간의 마음챙김 수련을 통해서뿐만 아니라 자애 명상을 통해서도 나타나는 것처럼 보인다.[9] MBSR에 처음 참가했을 때도 코르티솔 수치가 낮아지기는 하지만, 스트레스 상황에서 코르티솔의 극적인 감소는 지속적으로 수련한 뒤에야 비로소 나타나기 시작하는 듯하다. 명상가들은 삶의 혼란을 다루는 것이 점점 더 쉬워진다고 말해왔는데, 그것이 생물학적으로 확인된 것 같았다.

끊임없는 스트레스와 걱정은 세포의 노화에 지대한 영향을 준다. 여러 생각으로 방황하는 산만한 마음도 마찬가지다. 꼬리에 꼬리를 무는 생각을 하는 우리의 마음은 관계의 문제로 방황하지만, 결코 해결책이 되지 못한다. (7장 연구를 통해 살펴보았던) 데이비드 크레스웰은 스트레스가 높은 실직 상태에서 구직 활동을 하는 사람들을 모집한 뒤, 사흘 동안 마음챙김 수련 프로그램 혹은 이완 프로그램을 실시했다.[10] 프로그램에 참가하기 전후에 혈액 샘플을 채취해 분석한 결과, 마음챙김 명상가들은 친염증성 사이토카인이 감소했지만, 이완 프로그램에 참여한 이들은 변화가 없었다. 그리고 fMRI 스캔에서는 전전두피질 부위와 디폴트 영역 간의 연결이 증가할수록 사이토카인의 감소 폭이 더 큰 것으로 발견되었다. 아마 절망감과 우울감으로 가득 찬 파괴적인 자기 대화에 제동을 거는 것도 사이토카인 수치를 낮추는 데 일조했을 것이다. 자기와의 우울한 대화는 건강에 직접적인 영향을 미친다.

고혈압과 이완

오늘 아침 눈을 뜨는 순간에 당신은 숨을 들이쉬고 있었는가, 내쉬고 있었는가?

참으로 어려운 질문이다. 이 질문은 이미 고인이 된 미얀마의 승려이자 명상의 대가인 우 빤디따 사야도U Pandita Sayadaw가 어느 집중 수련에 참가한 이에게 던진 질문이다. 극도로 세심하고 정교한 마음챙김의 버전을 이렇게 가르친 것이었다. 그의 이름이 세상에 널리 알려진 건 바로 이 명상법을 가르치면서부터였다.

우 빤디따 사야도는, 수년간 가택 연금을 당한 뒤 미얀마 대통령이 된 아웅 산 수 치Aung San Suu Kyi 여사의 정신적 지도자 역할을 했다. 또한 미얀마의 큰 스승인 마하시 사야도의 직계 제자이기도 했다. 가끔 서구를 여행했던 우 빤디따 사야도는 위빠사나 명상을 가르치는 지도자들 중 상당수를 지도했다.

댄은 우 빤디따의 지도 아래 몇 주를 보내기 위해 애리조나의 고지대 사막에서 열린 여름 캠프로 향했다. 후에 댄이 《뉴욕 타임스 매거진New York Times Magazine》에 쓴 것처럼, "하루 종일 온 마음으로 해야 하는 과제는 호흡에 정확하게 주의를 집중해 들이쉬고 내쉴 때마다 모든 차이를 알아차리는 것이었다. 호흡이 빠른지, 가벼운지, 거친지, 부드러운지를 주의 깊게 알아차려야 했다."[11] 댄이 배운 수행 방법은 마음을 비움으로써 몸을 고요하게 하는 것이었다.

댄은 대학원 시절 아시아에서 한동안 체류하고 돌아온 후로 몇십 년 동안 가능하면 집중 수련을 연간 일정에 꼭 끼워 넣으려 애써왔고, 이번 집중 수련도 그 일환이었다. 하지만 이번에 그가 바라는 것은 단지 명상의 진전만이 아니었다.

인도에서의 마지막 장기 체류 이후 약 15년간 혈압이 너무 높아진 터라, 댄은 이번 집중 수련으로 혈압이 최소한 얼마라도 낮아지기를 바랐다. 그의 주치의는 고혈압의 경계선에 해당하는 90/140이라는 혈압 수치를 보며 곤혹스러워하곤 했다. 그런데 댄이 집중 수련을 마치고 집으로 돌아와 혈압을 재보니, 고혈압 경계선에 훨씬 못 미치는 혈압 수치가 나왔다.

사람들이 명상을 통해 혈압을 낮출 수 있다고 생각하게 된 것은 하버드 의과대학 전문의 허버트 벤슨Herbert Benson 박사 때문이었다. 우리가 하버드에 있던 시절, 벤슨 박사는 명상이 혈압을 낮추는 데 도움이 된다는, 명상에 대한 최초 연구 중 하나를 막 발표한 참이었다.

벤슨은 댄의 박사 논문 심사위원이었고, 하버드에서 명상 연구에 호의적인 몇 안 되는 교수 중 하나였다. 그 후 발표된 명상과 혈압에 대한 연구가 보여주듯, 그는 올바른 길로 나아가고 있었다.

고혈압과 심장 및 신장 질환 발병률이 특히 높은 아프리카계 미국인 남성들을 대상으로 실시한 연구를 하나 살펴보자. 신장 질환을 앓고 있는 집단에게 마음챙김 명상을 겨우 14분 실시한 결과, 신장 질환의 신진대사를 줄어들게 하는 패턴을 보였다. 이 패턴이 몇 년 동안 지속되면 고혈압이나 심장병의 치료로도 연결될 수 있었다.[12]

당연히 다음 단계는 아직 완전히 발병하지 않은 비슷한 집단을 대상으로 마음챙김 수련(혹은 다른 형태의 명상)을 하게 한 뒤

HEP 같은 건강 증진 대조군과 비교하며 마음챙김 수련 덕분에 질병이 예방됐는지 몇 년간 추적 조사해보는 일일 것이다(발병이 줄었다는 결과가 나오길 바라지만, 확실히 알기 위해서는 이런 연구를 시도해야 한다).

반면 더 큰 규모로 실시된 일련의 연구들을 보면 좋은 소식과 나쁜 소식이 혼재되어 있다. 심부전이나 허혈성 심장병 같은 질병을 가진 환자들을 명상 수련 집단이나 대조군에 무작위로 배정한 임상 연구 11건에 대한 메타분석(동일하거나 유사한 주제로 연구된 많은 연구물의 결과를 객관적이고 계량적으로 종합하여 고찰하는 연구방법—옮긴이)을 실시한 연구자들은 '고무적'이기는 하지만 결정적이지는 않다고 결론 내렸다.[13] 늘 그렇듯, 이 메타분석 논문은 더 규모가 크고 더 철저한 연구들을 수행해야 한다는 지적으로 끝나고 만다.

이 주제를 연구하는 기관들이 늘어나고 있긴 하지만, 훌륭하게 설계된 연구들을 찾을 가능성은 여전히 낮다. 대부분은 무작위로 배정한 대기자 집단wait-list controls을 두고 있는데, 그 자체는 괜찮다 해도 대개 능동적 대조군을 두지 않는다는 것이 문제다. 능동적 대조군을 두면 그야말로 최상의 연구가 될 것이다. 이럴 때만이 명상을 격려하는 지도자나 지지집단supportive group 때문에 생기는 '특정할 수 없는nonspecific' 영향을 걷어내고 명상 자체의 효과를 볼 수 있기 때문이다.

유전체학

하루 동안 명상을 하면 유전자 발현에 변화가 있을 것이라고 리치가 말하자, 연구비를 심사하는 한 위원은 "참 순진하시네요"라고 퉁명스럽게 말했다. 미국 국립보건원National Institutes of Health; NIH도 리치의 제안서를 거절하며 똑같이 부정적인 의견을 보내왔었다.

그 배경은 다음과 같다. 유전학자들은 인간의 전체적인 게놈 지도를 완성한 후 특정 유전자의 유무를 아는 것만으로는 충분하지 않음을 깨달았다. 그리고 다음과 같은 질문이 필요하다고 생각했다. 그 유전자는 발현되고 있는가? 설계한 단백질을 제조하고 있는가? 제조한다면 얼마나 만들어내는가? 유전자 세트의 '부피 조절'은 어디에서 이루어지는가?

이런 의문들은 또 다른 중요한 단계가 있음을 의미한다. 유전자를 활성화시키거나 비활성화시키는 것을 찾아내는 단계다. 당뇨병 같은 질병에 걸리기 쉬운 유전자를 물려받았다고 해도 규칙적으로 운동을 하고 설탕을 먹지 않는 습관을 평생 유지하면, 결코 당뇨병에 걸리지 않을지도 모른다.

설탕은 당뇨병 유전자를 활성화시킨다. 반면에 운동은 당뇨병 유전자를 비활성화시킨다. 설탕과 운동은 유전자의 발현 여부를 제어하는 많은 요인 중 '후생적epigenetic'으로 영향을 미치는 요인이다. 후생유전학epigenetics은 유전 연구의 최전선에 서 있다.

그리고 리치는 명상이 후생유전학적 영향을 미치고, 또 염증 반응을 일으키는 유전자를 '하향 조절down-regulating'할지도 모른다고 생각했다. 우리가 본 것처럼 명상은 영향을 미치는 것 같다. 그러나 그 영향의 유전적 메커니즘은 완전히 수수께끼였다.

리치의 연구팀은 회의론자들의 말에 얽매이지 않고 연구를 그대로 계속 진행했다. (평생 수련 시간이 약 6,000시간인) 숙련된 위빠사나 명상가들로 이루어진 집단을 대상으로, 명상 전과 후에 유전자들의 발현에 어떤 변화가 나타나는지 분석했다.[14] 이 명상가들은 하루 종일 정해진 8시간의 수련 일정을 따랐고, 조셉 골드스타인의 강연과 수련 안내가 담긴 테이프를 들었다.

하루 동안의 수련이 끝난 후 명상가들에게서 염증 유전자의 '하향 조절'이 현저하게 나타났다. 정신 수련만으로 이러한 반응이 생긴 적은 한 번도 없었다. 이런 감소가 평생 유지된다면 만성 염증성 질환과 싸우는 데 큰 도움이 될 것이다. 앞서 말했듯, 이런 질환에는 심혈관 질환, 관절염, 당뇨병, 암에 이르기까지 세계의 주요 건강 문제 상당수가 포함된다.

이런 후생유전학적 영향은 당시 팽배했던 유전학적 지식에 반하는 '순진한' 생각이었다. 실험 전 가정과는 다른 결과이기는 했지만, 리치의 연구팀은 명상이 유전자 수준에서 어떻게 몸의 건강을 관리하는 데 도움을 줄 수 있는지 보여주었다.

몇몇 다른 연구에서도 명상이 유익한 후생유전적 효과를 가지고 있다는 것이 나타났다. 예를 들어, 외로움은 친염증성 유전자들의 발현 수준을 높인다. 그런데 MBSR은 그 발현 수준을 낮출 뿐 아니라 외롭다는 느낌도 약화시킨다.[15] 비록 예비 연구들이기는 하지만, 다른 두 가지 명상법에 대한 연구에서도 후생유전학 효과가 확인됐다. 하나는 만트라를 외우듯 '평화' 같은 단어를 묵묵히 반복하게 하는 벤슨 박사의 '이완 반응relaxation response'이었다.[16] 다른 하나는 '요가 명상yogic meditation'인데, 처음에는 산스크리트어 만트라를 큰 소리로 암송하다가 마지막에는 속으로만 암송한 뒤 잠시 심호흡 이완 기법으로 마무리하는 명상법이다.[17]

명상이 후생유전학으로 우리를 향상시킬 수 있다는 것을 암시하는 다른 징후들도 있다. 텔로미어는 세포의 수명을 결정하는 DNA 가닥 끝에 있는 말단 조각으로, 텔로미어가 길수록 세포의 수명은 더 길다.

텔로머레이즈는 텔로미어가 나이가 들면서 짧아지는 것을 늦추는 효소다. 텔로머레이즈가 많을수록 건강과 장수에 좋다. 명상가 총 190명을 대상으로 한 네 건의 무작위 대조군 연구에 대한 메타분석 리뷰 논문을 살펴보자. 마음챙김 명상을 수련하는 것은 텔로머레이즈 활성이 증진되는 것과 관련이 있었다.[18] 그리고 클리프 세론이 진행한 프로젝트에서도 지원자들에게 마음챙김 명상과 자애 명상 수련을 3개월 동안 집중적으로 실시한 후 똑같은 효과가 나타나는 것을 확인했다.[19]

명상 경험이 많을수록 그리고 집중 훈련을 하는 동안 마음의 방황이 적을수록 텔로머레이즈 활성이 더 커졌다. 또 다른 예비 연구가 발견한 바에 따르면, 평균 4년 동안 자애 명상을 정기적으로 수련한 여성들에게서 텔로미어의 길이가 더 길었다.[20]

명상에 약용식물, 마사지, 식단 변화, 요가를 결합한 '다섯 가지 치료법'인 판차카르마panchakarma라는 것이 있다. 고대 인도의 치유 시스템인 아유르베다 의학에 그 뿌리를 두고 있으며, 미국의 일부 고급 건강 리조트(와 인도에 많은 저렴한 건강 스파)에서 경험할 수 있다. 신진대사를 측정한 결과, 판차카르마 치료를 6일 동안 받은 집단은 같은 리조트에서 휴가를 보낸 다른 그룹에 비해 후생유전학적 변화와 실제 단백질 발현 두 가지 모두에서 개선된 결과가 보였다.[21] 이런 결과는 유전자들이 유익한 방식으로 관리되고 있음을 의미한다.

그런데 여기에 이런 문제가 있다. 판차카르마가 건강에 긍정적 영향을 미쳤을지는 모르지만, 여러 치료가 혼합되어 있어 그중 어떤 것이 얼마나 적극적으로 기여했는지 알 수 없었다. 이 연구에는 다섯 가지 중재법이 동시에 사용됐다. 이렇게 여러 기법이 혼재되어 있는 상황에서는 어떤 것이 더 많이 기여했는지 알 수 없다. 개선의 원인이 명상인지, 약초인지, 채식 식단인지, 아니면 다른 복합적인 영향인지 구분할 수 없다. 개선이 되기는 하지만, 그 이유를 알 수 없는 것이다.

또한 명상이 유전자 수준에서 개선을 보여주는 것과 의학적으로 중요한 생리적 효과를 가지고 있음을 증명하는 것은 서로 다른 일이다. 앞의 연구 중 어느 것도 그 연결고리를 추가로 밝히지 못했다.

게다가 어떤 종류의 명상이 생리학적 영향을 미치는가 하는 문제도 있다. 타니아 싱어의 연구팀은 호흡 명상, 자애 명상, 마음챙김 명상을 비교했다. 각각의 명상법이 심장 박동 수에 미치는 영향 그리고 명상가들이 각각의 방법에 얼마나 많은 노력을 들이는지를 살펴보았다.[22] 호흡 명상은 사람을 가장 잘 이완시키는 방법이었고, 자애 명상과 마음챙김 명상은 둘 다 심장 박동 수를 약간 증가시켰다. 이는 후자의 두 기법이 노력을 필요로 한다는 표시다. 리치의 연구실에서도 (평생 수련 시간이 30,000시간 이상으로) 대단히 경험이 많은 명상가가 연민 명상을 하는 동안 심박수가 증가하는 것을 발견했다.[23]

이렇듯 마음을 따뜻하게 하는 명상에서 심장 박동이 빨라지는 것은 상태 효과처럼 보이지만, 호흡의 특성 효과는 이와는 다른 방향으로 가는 듯하다. 과학계 종사자들은 불안장애와 만성 통증과 같은 문제들을 가진 사람들이 다른 사람들보다 더 빠르고 불규칙적으로 호흡한다는 것을 알고 있었다. 만약 이미 호흡을 빠르게 하고 있다면, 스트레스가 많은 무언가에 맞서며 '투쟁-회피-반응'을 할 가능성이 더 높다.

하지만 리치의 연구팀이 (평생 수련 시간이 약 9,000시간인) 숙련된 명상가들을 조사하고 발견한 결과를 살펴보자.[24] 나이와 성별이 같은 비명상인들과 비교했을 때, 명상가들은 호흡을 평균 1.6회 느리게 하고 있었다. 이 결과는 그저 가만히 앉아서 인지 테스트를 기다리는 동안 나타난 것이었다.

이렇게 호흡 속도에서 차이가 나면 명상하지 않는 이들은 하루에 2,000회, 1년이면 800,000회 이상의 호흡을 더 하게 된다. 이렇게 호흡 속도가 빠르면 생리적으로 부담을 준다. 당연히 시간이 흐를수록 건강에 좋지 않은 영향을 줄 수 있다.

수련을 계속해서 호흡이 느려지면 몸은 그에 따라 호흡수에 대한 생리학적 설정치를 조정한다. 만성적으로 빠르게 호흡하는 것은 불안을 지속적으로 느낀다는 것을 의미하는 반면, 호흡을 느리게 하는 것은 자율신경이 안정되고 기분이 좋아지며 건강에 유익하다는 것을 의미한다.

명상가의 뇌

명상이 뇌의 주요 부위들을 두껍게 한다는 희소식을 들어보았을 것이다. 2005년 사라 라자Sara Lazar는 최초로 이런 신경 효과에 대한 과학적 연구 결과를 내놓았다. 그녀는 마음과 삶 연구소 부설 SRI의 초창기 졸업생으로, 2005년에 하버드 의과대학교의 연구원이 되었다.[25]

사라의 연구팀은 (평생 수련 시간이 약 3,000시간인) 20명의 위빠사나 명상가를 나이와 성별을 맞춘 비명상인들과 비교했다. 그 결과, 몸 내부의 감각을 인지하고 주의에 중요한 역할을 하는 영역들, 특히 전뇌섬엽anterior insula과 전전두피질 부위가 명상가에게서 더 두껍게 나타났다고 보고했다.

사라의 연구가 발표된 후 명상인들의 뇌의 중요 부분이 커졌다고 보고하는 다른 연구 결과도 나오기 시작했다. 10년도 채 되지 않아 (그런 연구를 시작해서 수행하고 분석하고 보고하기까지 얼마나 오랜 시간이 걸리는지 고려하면 매우 짧은 시간이다) 메타분석을 수행하기에 충분할 정도로 많은 뇌 영상 연구가 명상인들을 대상으로 이루어졌다. 그리고 21개 연구를 취합해 메타분석한 결과, 뇌의 어느 부위가 확장되고 어느 부위가 그렇지 않았는지 알 수 있었다.[26] 명상가들의 뇌에서 확대된 것처럼 보이는 부위들은 다음과 같다.

뇌섬엽 신체 내부에서의 신호에 주의를 기울여 내부 상태를 조율하게 하고, 정서적 자기 알아차림emotional self-awareness을 강화한다.

체성 운동영역somatomotor areas 촉각과 통증을 감지하는 뇌의 중요 피질 중추로, 신체적 지각bodily awareness이 증가하면 확대된다.

전전두피질 부위들 거의 모든 형태의 명상에서 함양되는 능력인 주의와 메타인지가 일어날 때 작동하는 영역이다.

대상피질의 영역들 명상으로 함양되는 자기 조절에서 중요한 역할을 한다.

안와전두피질orbitofrontal cortex 자기 조절을 위한 회로의 일부분이다.

노년층에서 들으면 솔깃할 만한 소식도 있다. 캘리포니아 대학교 로스앤젤레스 캠퍼스UCLA에서 진행한 연구에 따르면, 명상은 노화로 인한 일반적인 뇌 수축의 속도를 늦춘다고 한다. 50세의 장기 명상인들은 같은 나이의 비명상인들에 비해 뇌가 7.5세 정도 젊다고 한다.[27] 그뿐만이 아니다. 50세 이상 명상가들의 뇌는 동년배보다 매년 1개월 22일 정도 노화 속도가 더뎠다.

UCLA 연구원들은 명상이 뇌의 수축 속도를 늦춤으로써 뇌를 유지하는 데 도움이 된다고 말했다. 뇌의 수축이 실제로 역전될 수 있는지는 확실하지 않지만, 느려질 수는 있을 것이다.

그런데 이런 사실을 증명하는 데에는 어느 정도 문제가 있었다. 명상과 뇌 노화에 대한 발견은 명상인 50명 그리고 그들과 나이와 성별을 맞춘 비명상인 50명을 대상으로 UCLA에서 실시한 이전의 연구를 재해석해서 나온 것이었다. 이들은 뇌 영상을 정밀히 촬영해 명상가들에게 피질 주름cortical gyrification(신피질 최상층부의 접힘)이 더 많고, 따라서 뇌 성장이 더 많이 이루어졌음을 발견했다.[28] 명상가가 오래 수련할수록 주름의 접힘이 더 많았다.

그러나 연구자들 스스로도 인정한 것처럼 이러한 연구 결과에는 여전히 많은 의문이 남아 있다. 50명의 명상인이 수련한 명상법들은 위빠사나와 선부터 크리야kriya 요가, 쿤달리니kundalini 요가에 이르기까지 매우 다양했다. 예를 들어, 열린 현존open presence으로 어떤 대상이든 알아차리는 방법으로 수련하는 사람이 있는가 하면, 한 가지에만 철저히 집중하는 방법으로 수련하는 사람도 있었다. 또 호흡을 의식적으로 조절하는 사람도 있었고, 호흡을 그냥 자연스럽게 허용하는 사람도 있었다. 따라서 이런 수련법 각각을 수천 시간씩 수련한다면, 신경가소성을 포함해 저마다 상당히 다른 영향을 미칠 수 있을 것이다. 그러니 이 연구를 통해서는 어떤 방법이 어떤 변화를 일으키는지 알 수 없었다. 모든 종류의 명상이 주름의 증가를 가져오는 뇌의 크기 변화로 이어지는 것일까, 아니면 단지 몇몇 명상만이 그런 효과를 낳는 것일까?

서로 다른 명상법들이 마치 다 똑같은 것처럼 (그래서 뇌에 모두 비슷한 영향을 미치는 것처럼) 뒤섞어놓은 것은 메타분석에서도 마찬가지다. 메타분석 논문에 포함된 연구들 역시 혼합된 명상 유형들을 대상으로 실시했기 때문에, 몇몇을 제외한 거의 모든 뇌 영상 연구가 (한때의 뇌만 기록한) '단면cross-sectional' 연구의 성격을 띤다는 딜레마가 있다.

그렇게 차이가 나는 이유는 교육이나 수련 같은 요인들 때문일 수 있다. 각각의 요소에는 뇌에 관한 고유의 완충 효과가 있다. 이 외에 자기 선택의 문제도 있을 것이다. 뇌의 변화를 겪은 사람들은 명상을 계속하겠다는 선택을 하는 반면, 다른 사람들은 명상을 중단할지도 모른다. 어쩌면 애초에 뇌섬엽이 더 큰 사람들이 명상을 더 좋아하는 것일지도 모른다. 이러한 잠재적 요인들은 각각의 명상과는 아무런 관련이 없다.

공정을 기하기 위해 말하자면, 앞서 소개한 연구자들은 자신들의 연구에 그런 결점이 있음을 스스로 언급하고 있다. 그런데 우리가 여기서 굳이 그런 문제를 부각하는 이유는, 복잡하고 이해하기 힘든 잠정적인 과학적 발견이 지나치게 단순화되어 그저 "명상이 뇌를 강화한다"는 메시지로 대중에게 전파될 수 있다는 우려 때문이다. 흔히들 말하는 것처럼 악마는 디테일에 숨어 있다.

수련 진행 전과 후에 발견된 차이들을 토대로 약간의 명상 훈련이 뇌의 일부 부피를 증가시킨 것으로 보고했던 세 가지 연구의 결과를 살펴보자.[29] 해당 뇌 부위의 두께가 증가하는 것과 같은 결과는 암기와 같은 정신 훈련에서도 나타난다. 그리고 신경가소성은 명상을 통해 비슷한 효과를 얻을 수 있다는 것을 의미한다.

그보다 더 큰 문제가 있다. 결정적인 결론에 도달하기에는 연구 대상자들의 숫자가 너무 적다. 이러한 연구에는 더 많은 참가자가 필요하다. 연구에 사용된 뇌 검사법들이 상대적으로 소프트하기 때문이다. 연구에 이용되는 뇌 측정은 약 300,000복셀(부피 단위인 복셀은 3차원 픽셀이며, 1복셀은 1mm^{3}의 입방체에 해당한다)에 대한 통계적 분석을 토대로 하고 있어 비교적 치밀하지 못하다.

이처럼 300,000복셀을 분석할 때는 실제로는 무작위임에도 통계적으로는 '유의미한' 것으로 나타날 가능성이 있다. 이러한 문제를 줄이는 방법은 영상으로 촬영하는 뇌의 숫자를 늘리는 것이다. 그러나 지금으로서는 이 연구들에서 발견된 뇌 성장이 실제

인지, 아니면 사용된 방법들로 인한 작위적인 결과인지 전혀 알 길이 없다. 또 다른 문제도 있다. 연구자들은 긍정적인 연구 결과는 발표하지만, 반대의 경우에는 발표하지 않는 경향이 있다.[30]

마지막으로, 뇌 검사들은 이러한 연구가 많이 수행된 후에 더 정교하고 더 정확해져왔다. 따라서 더 새롭고 엄격한 기준을 사용하는 측정법들을 적용해도 똑같은 발견들이 이루어질지는 미지수다. 우리는 더 많은 연구를 통해, 명상으로 뇌 구조가 긍정적으로 변화한다는 것이 밝혀지리라고 생각한다. 하지만 아직은 확신할 수 없다. 그런 날이 오길 기다릴 뿐이다.

리치의 연구팀은 사라 라자의 연구 결과처럼, 뇌 피질이 두꺼워지는지 검증해보기로 했다. 이번에는 본업이 따로 있고 명상을 최소 5년 이상 한 (평생 수련 시간이 약 9,000시간인) 서양인들을 대상으로 검사를 실시했다. 그러나 사라가 보고했던 현상, 즉 피질이 두꺼워지는 현상은 찾아볼 수 없었고, MBSR에 대해 보고된 다른 여러 구조적 변화도 나타나지 않았다.

현재로서는 해답보다 의문이 더 많다. 그 의문에 대한 해답들 중 일부는 우리가 이 글을 쓰면서 분석하고 있는 데이터에서 나올 수도 있다. 현재 막스플랑크협회 인간인지뇌과학연구소에 있는 타니아 싱어의 연구실에서는 세 가지 다른 종류의 명상 수련과 관련해 피질 두께가 어떻게 변화하는지 매우 신중하고 체계적으로 연구하고 있다(6장 참조).

이 연구 초기에 서로 다른 유형의 명상이 뇌에 서로 다른 효과를 미친다는 것이 발견됐다. 예를 들어, 한 개인이 삶의 사건을 바라보는 방식과 이해를 강조하는 방법은 측두두정 영역Temporo-Paretal Junction; TPJ의 피질 두께를 증가시키는 것으로 밝혀졌다. 싱어 연구팀의 이전 연구에서 우리가 다른 사람의 관점을 받아들일 때 특히 활성화된다고 밝혀졌던 영역이다.[31]

이러한 뇌 변화는 오직 이 명상법을 사용할 때만 발견되었고, 다른 명상법에서는 발견되지 않았다. 이 같은 발견은 명상 연구자들이 특히 명상과 관련해서 수련 유형 간의 차이를 구분하는 것이 얼마나 중요한지 보여준다. 뇌 안에서 관련된 변화를 정확히 찾아내고자 할 때 특히 더 그렇다.

신경과학적 신화

우리는 명상과 관련된 신경과학적 신화를 조명하면서, 리치 자신의 연구까지 거슬러 올라가서 살펴보고자 한다.[32] 이 책을 쓰고 있는 현재, 리치의 연구실에서 발표된 학술 논문 중 가장 잘 알려진 연구는 2,813번의 인용 실적을 자랑하고 있다. 학술 논문으로서는 놀라울 만큼 명성을 떨치고 있는 셈이다. 댄은 이 연구를 세상에 처음으로 알린 사람이다. 그는 2000년에 달라이 라마와 부정적인 감정들에 관해 나눈 대화를 책으로 냈는데, 거기에서 리치의 연구를 언급했다.[33]

리치의 연구는 입소문을 타고 학계 밖으로까지 퍼져나갔고, 언론과 소셜 미디어를 통해서도 널리 알려졌다. 그리고 마음챙김 명상을 기업에 도입하는 사람들은 하나같이 마음챙김이 모든 이에게 도움이 될 거라는 '증거'로 리치의 연구를 언급했다.

그러나 이 연구를 본 과학자들은 의문을 갖게 되었고, 특히 리치 자신도 그랬다. 해당 논문은 24시간 내내 일하면서 스트레스를 어마어마하게 받던 생명공학 스타트업의 직원 지원자들을 대상으로 존 카밧진이 MBSR을 가르치는 동안 리치가 연구해 작성했다.

먼저 배경을 간단히 살펴보자. 수년 동안 리치는 사람들이 쉬는 동안 우측 전전두피질과 좌측 전전두피질의 어떻게 활성화되는지를 비교하고, 그 비율을 데이터로 추적해왔다. 우울과 불안 같은 부정적인 기분은 좌측보다 우측 전전두피질의 활성화와 더 관련이 있었고, 좌측 전전두피질의 활성화는 에너지와 열정 등 활기찬 기분과 관련이 있었다.

좌측과 우측 전전두피질의 활성화 비율은 사람들이 하루하루 살아가면서 느끼는 기분의 폭을 예측 가능하게 했다. 일반인들의 경우 그 비율은 종 모양 곡선으로, 정규 분포를 나타내는 곡선과 일치했다. 그런데 극소수의 사람들은 이 곡선의 양극단에 속해 있었다. 활성화 비율이 좌측 전전두피질 쪽으로 기울어지면 우울에서 회복하지만, 우측 전전두피질 쪽으로 기울어져 있다면 임상적으로 불안하거나 우울한 상태일 수 있다.

생명공학 스타트업 직원들을 대상으로 한 연구에서 지원자들은 명상 수련 후 우측 전전두피질로 기울었던 활성화 비율이 좌측으로 옮겨졌고, 마음이 좀 더 편안해졌다고 보고하는 등 뇌 기능의 변화를 보여주었다. 나중에 명상 수련을 하게 될 것이라는 고지를 받고 대기하던 대기자 집단에서는 그러한 변화가 없었다.

그러나 이 연구 결과를 그대로 받아들이기에는 커다란 걸림돌이 하나 있다. 이 연구는 소규모 시범 연구로 끝났고 이후 재현된 적이 한 번도 없었다. HEP와 같이 능동적 대조군을 두는 경우, 유사한 효과가 나타날지는 아무도 모른다.

이 연구가 재현된 적은 없지만 좌우 전전두피질의 활성화 비율과 변화에 대한 발견을 뒷받침하는 듯한 연구들은 존재한다. 독일의 한 연구진은 반복적으로 심한 우울증에 걸리는 환자들을 대상으로 연구했다. 그들은 좌우 전전두피질의 활성화 비율이 오른쪽으로 심하게 기울어져 있었다. 이러한 비율은 장애를 나타내는 신경상 표지일 수도 있다.[34] 이러한 우측 편향이 좌측으로 기울어지는 일은 마음챙김을 수련하는 동안에만 일어났고, 일반적인 휴식을 취할 때는 그러지 않았다.[35]

문제는, 리치의 연구팀이 이런 좌측과 우측 전전두피질의 활성화가 명상을 하면 할수록 점점 더 좌측으로 기울어진다는 사실을 보여주지는 못했다. 리치는 전문가 수준의 명상가들인 티베트 수행자들(12장 참조)을 연구실로 데려왔을 때 난관에 봉착했다. 엄청난 시간 동안 명상을 수련한 그들은 리치가 지금까지 알았던 사람들 중 가장 낙천적이고 행복한 사람들이었지만, 예상과 달리 큰 폭의 좌측 기울기를 보여주지 않았다.

그로 인해 좌우 전전두피질의 활성화 평가에 대한 신뢰가 떨어지자 리치는 실험을 중단하고 말았다. 그는 티베트 수행자들의 경우 왜 예상했던 대로 결과가 나오지 않았는지 전혀 추측도 하지 못하고 있다. 한 가지 가능성이라면, 명상 수련을 시작할 때 좌측 피질이 더 활성화되는 작은 변화 외에는 좌우 활성에 그다지 큰 차이가 없을 수 있다는 것이다. 그것은 일시적인 영향력이거나 기본적인 기질을 반영할지는 모르지만, 명상을 오래 한 사람들에게서 발견되는 지속적인 행복감의 특징이나 복잡한 뇌의 변화와는 별 관련이 없을 수도 있다.

현재 우리가 가지고 있는 가정은, 명상이 더 깊어지는 단계에서는 다른 메커니즘이 나타나기 시작한다는 것이다. 변화하는 것은 긍정적인 감정과 부정적인 감정의 비율이 아니라 감정과의 관계(회복탄력성)다. 명상 수련의 수준이 높아지면 감정으로 말미암아 자기만의 드라마에 빠져드는 비율이 적어지기 때문이다.

명상의 서로 다른 수련법들은 각각 다른 효과를 내기 때문에 연속적인 명상의 발달선a line of development이 없을지도 모른다. 예를 들어, 처음에는 마음챙김 수련을 하다가, 장기 위빠사나 수련자가 되기도 하고, 리치의 연구실에서 실험 대상이 되었던 티베트 명상 전문가처럼 변하기도 한다.

그리고 마음챙김 명상을 지도하는 사람이 누구인지에 따라서 달라질 수도 있다. 존이 우리에게 말했듯, MBSR 지도자들은 전문성, 명상 수련에 투자한 시간, 개인의 특성에 따라 상당한 차이를 보인다. 리치의 실험 대상이 된 생명공학 스타트업 기업의 지원자들은 존을 지도자로 삼는 혜택을 누렸다. 그는 MBSR의 지도 능력만 뛰어난 게 아니라 학생들의 경험을 잠재적으로 바꾸어줄 수 있는 삶의 가치관을 전하는 특별한 재능도 가지고 있다. 아마 뇌 비대칭성의 변화를 그렇게 설명할 수도 있을 것이다. 무작위로 선발된 다른 MBSR 지도자가 가르쳤다면 어떤 결과가 나왔을지 알 수 없다.

행복한 결말

댄이 혈압을 낮출 수 있기를 희망하며 참석했던 집중 수련의 이야기로 돌아가보자. 집중 수련 직후 혈압 수치가 크게 떨어지기는 했지만, 그것이 명상 때문인지, 일상에서 오는 압박감에서 벗어나면 누구나 느끼는 이완 때문인지, 아니면 일반적인 '휴가의 효과'인지 알 수 없었다.[36]

몇 주가 지나자 댄의 혈압 수치는 다시 높아졌다. 그러자 한 경험 많은 의사가 고혈압 원인 중 하나인 유전성 부신 질환 때문인 것 같다고 하면서 신진대사 불균형을 바로잡는 약을 처방해주었다. 덕분에 댄의 혈압은 떨어졌고 떨어진 수치가 계속 유지되었다. 명상으로는 얻지 못했던 효과였다.

명상을 하면 건강이 좋아진다는 것에 관한 한, 우리의 질문은 간단하다. 무엇이 진실이고 무엇이 진실이 아닌가? 그리고 알려지지 않은 것은 무엇인가? 명상과 건강 효과들을 연결 짓는 수백 건의 연구를 조사하면서 우리는 엄격한 기준들을 적용했다. 너무나 많은 명상 연구가 그러했듯, 건강 효과를 연구한 숱한 방법들은 그 기준을 통과하지 못했다. 건강 증진의 방법으로서의 명상에 대한 지나친 흥분과 과대광고를 생각하면, 확실하게 말할 수 있는 것이 얼마나 적은지 놀랄 수밖에 없었다.

우리는 최근 연구자들이 의학적 증상 치료나 생물학적 기재를 찾는 것보다는 심리적인 고통을 완화하는 데 초점을 두고 있다는 것을 알게 되었다. 만성 질환자들의 삶의 질이 더 나아지도록 하는 노력에 명상이 한몫하고 있는 것이다. 의학 분야에서 너무나도 자주 무시되는 완화 치료는 환자들에게 상당히 중요하다.

그래도 명상이 '생리학적 효과도 주지 않을까?'라는 의문이 들 수 있다. 현재 80대인 달라이 라마를 한번 보자. 달라이 라마는 저녁 7시에 잠자리에 들어 새벽 3시 30분에 기상한다. 그리고 명상을 포함해 네 시간 정도 영적인 수련을 하고, 잠자리에 들기 전 한 시간 더 수행을 한다. 그러면 그가 하루 동안 명상으로 보내는 시간이 총 다섯 시간이다.

그러나 그는 무릎 관절염을 앓고 있어 계단 오르내리기를 힘겨워한다. 사실 90년 가까이 살아온 사람에게는 흔한 일이다. 누군가가 명상이 질병에 도움이 되냐고 물었을 때, 달라이 라마는 "명상이 모든 건강 문제에 효력이 있으면 제 무릎 통증이 다 나았을 겁니다"라고 답했다.

우리는 명상이 임시방편 이상으로 도움을 줄 수 있는지에 관해서는 아직 확신하지 못한다. 그렇다면 어떤 질병에 도움이 되는 걸까?

리치는 하루 동안 명상을 하고 나서 어떤 유전적인 변화가 있는지 실험하려는 계획을 짰으나 퇴짜를 맞았다. 몇 년 뒤, 미국 국립보건원에서 매년 국립보완통합건강센터National Center for Complementary and Integrative Health; NCCIH의 설립자를 기리기 위해 연례행사로 여는 권위 있는 스티븐 스트라우스Stephen E. Straus 강연의 강연자로 초청받았다.[37]

그날 리치의 강연 주제는 '마음을 수련해서 뇌를 변화시켜라'였다. 강연하기 전부터 국립보건원 내의 많은 회의론자 사이에서 논란이 되었다. 그러나 막상 리치가 강연하는 날, 국립보건원의 임상 센터 강당이 가득 찼고 다른 수많은 과학자가 각자 사무실에서 실시간으로 강의를 들었다. 아마 진지한 연구 주제로서 명상의 위상 변화를 예고하는 전조였을지도 모른다.

리치의 강의는 주로 자신의 연구실에서 나온 연구 결과에 초점이 맞춰졌다. 대부분 이 책에서 설명한 것들이었다. 리치는 명상으로 인한 신경학적·생리학적·행동적 변화들을 설명하면서 명상이 건강을 유지하는 데 어떻게 도움이 되는지 강조했다. 예를 들면, 감정 조절을 더 잘하게 되는 것과 주의력을 예리하게 만드는 것 등이었다. 그리고 우리가 이 책에서 시도한 것처럼, 리치는 비판적인 엄격함과 명상에 정말 '무언가'가 있다는 자기 확신을 조심스레 오가며 강연을 이어갔다. 마침내 강연을 마쳤을 때는, 엄숙하고 학술적인 분위기에도 불구하고 리치에게 기립박수가 쏟아졌다.

정리

지금까지 연구된 다양한 종류의 명상법은 원래 질병을 치료하려고 고안된 것들이 아니다. 적어도 서양인이 생각하는 것처럼은 아니다. 그러나 오늘날 과학계에는 이 고대의 수련법들이 질병 치료에 유용한지 평가하는 연구들이 넘쳐난다. MBSR을 비롯해 유사한 방법들은 질병에서 비롯된 통증을 완화시킬 수는 있지만, 그런 질병들을 치료할 수는 없다. 그러나 마음챙김 명상은 단 3일만 수련해도 염증을 일으키는 분자인 친염증성 사이토카인을 낮추는 효과가 있다. 그리고 수련을 많이 하면 할수록 이러한 친염증성 사이토카인의 수치가 낮아진다. 다시 말해, 수련을 많이 하면 특성 효과가 나타나는 것으로 보인다. 휴식 중인 명상가들의 뇌를 촬영한 연구에서는 친염증성 사이토카인 수치가 일반인에 비해 더 낮을 뿐 아니라, 뇌의 조절 회로와 자아 체계 회로인 후측 대상피질 사이의 연결성이 증가한 것으로 확인되었다.

경험 많은 명상 수련자들의 경우 하루 동안의 집중적인 마음챙김 수련만으로도 염증과 관련된 유전자들이 하향 조절되었다. 그리고 3개월간 마음챙김 명상과 자애 명상을 수련한 후, 세포의 노화 속도를 늦추는 텔로머레이즈 효소가 증가했다. 마지막으로, 장기적인 명상은 뇌에 유익한 구조적 변화를 야기할 수도 있다. 현재까지의 연구 결과로는 MBSR과 같은 비교적 단순한 수련으로도 그런 효과를 낼 수 있는지, 아니면 장기적으로 수련할 때만 발생하는지 결론이 나지 않았다. 세부적인 연구를 더 기다려야 하지만, 전반적으로 볼 때 변성된 특성이 발생할 수 있게 신경 재배선neural rewiring이 일어난다는 추측은 과학적으로 신뢰할 만한 것처럼 보인다.

심리치료로서의 명상

1980년대 중반, 인지치료의 창시자인 에런 벡 박사는 타라 베넷골먼Tara Bennett-Goleman에게 "마음챙김이란 무엇입니까?"라고 물었다.

타라는 댄의 아내다. 그녀는 펜실베이니아 아드모어에 있는 벡 박사의 초대를 받았는데, 벡 박사의 아내인 주디스 벡Judith Beck 판사가 곧 어떤 수술을 받을 예정이었기 때문이었다. 벡 박사는 명상을 하면 정신적으로든 육체적으로든 도움이 될지 모른다는 생각으로 타라를 초청했다.

타라는 벡 박사 부부에게 명상을 체험시켜주었다. 벡 박사 부부는 타라의 안내에 따라 조용히 앉아 숨을 들이쉬고 내쉴 때의 감각을 관찰했고, 그다음에는 거실 안에서 걷기 명상을 함께 했다.

이날 벡 박사 부부의 체험은 '마음챙김에 기반한 인지치료

Mindfulness-Based Cognitive Therapy; MBCT'의 태동을 암시하는 것이었다. 타라의 책《감정의 연금술Emotional Alchemy: How the Mind Can Heal the Heart》은 마음챙김과 인지치료의 통합을 다룬 첫 번째 책이다.[1]

타라는 수년 동안 위빠사나 명상을 수련했고, 당시 최근 고인이 된 미얀마 출신의 명상 대가 우 빤디따의 지도하에 몇 달간의 집중 수련을 마친 직후였다. 마음속 깊이 파고드는 이 명상은 많은 통찰을 가져다주었다. 마음챙김이라는 렌즈를 통해 보면, '생각은 가볍기 그지없다'는 통찰도 그중 하나였다. 이러한 통찰은 생각과 감정을 동일시하지 않고 한 걸음 떨어져서 관찰하게 하는, '탈중심화decentering'라는 인지치료의 원칙을 그대로 반영한다. 우리는 우리의 고통을 재평가할 수 있는 것이다.

벡 박사에게 타라를 소개해준 사람은 벡 박사의 제자 제프리 영Jeffrey Young 박사였다. 당시 제프리는 뉴욕 최초의 인지치료 센터를 설립했고, 막 상담 석사 학위를 딴 타라가 그곳에서 훈련 중이었다. 두 사람은 서로 협력해 공황발작으로 고통받는 젊은 여성을 치료하고 있었다.

제프리는 인지치료 접근법을 사용해, 가령 '숨을 쉴 수 없어. 나는 곧 죽을 거야'처럼 파국적인 생각으로부터 거리를 유지하면서 그런 생각들에 도전하게 했다. 타라는 마음챙김을 치료 시간에 도입해 제프리의 치료법을 보완했다. 호흡을 주의 깊게, 두려움 없이 침착하고 명료하게 관찰하는 법을 배우면서, 그 환자는 공황발작을 극복할 수 있었다.

옥스퍼드 대학교의 심리학자 존 티즈데일John Teasdale은 독립적으로 연구를 진행하는 동시에, 진델 세갈Zindel Segal, 마크 윌리엄스Mark Williams와 《마음챙김에 기반한 우울증 인지치료Mindfulness-Based Cognitive Therapy for Depression》를 공동 집필하고 있었다.[2] 그는 우울증이 너무 심해 약물이나 전기충격 치료가 별 소용없는 사람들을 대상으로 MBCT를 실시했다. 그 결과, 재발률이 반으로 줄어들었다.

그러한 놀라운 성과는 MBCT에 대한 연구 열풍을 만들어냈다. 어떤 약도 해내지 못한 성과였다. 그러나 명상과 심리치료에 대한 대다수 연구가 그러하듯, (티즈데일의 최초 연구를 포함해) 이러한 연구들의 상당수가 임상 연구의 표준을 충족시키지 못했다. 무작위 대조군이 없었을 뿐 아니라 비교할 수 있는 치료법이 없었기 때문이다.

몇 년 후 존스 홉킨스 대학교의 한 연구팀이 우울증부터 불면증, 전반적인 삶의 질에 이르기까지 다양한 고통을 겪는 환자들을 대상으로 행해진 47편의 명상 연구를 면밀히 살펴보았다. 당뇨병과 동맥 질환에서부터 이명과 과민성장증후군에 이르는 질병을 가진 환자들을 대상으로 한 연구들도 포함되어 있었다.

이 리뷰 연구는 명상의 수련 시간을 계산하는 데서 아주 모범적이었다. MBSR은 8주 동안 20시간에서 27시간까지 수련했고, 다른 명상 프로그램은 그 절반에 달하는 시간을 수련했다. 초월 명상 실험은 참가자들이 3개월에서 12개월에 걸쳐 16시간부터 39시간까지 수련했고, 다른 만트라 명상은 총 수련 시간이 그 절반 정도 되었다.

《미국 의학 협회 저널The Journal of the American Medical Association; JAMA》에 게재된 이 유명한 논문에서 연구자들은 마음챙김이 통증뿐 아니라 불안과 우울을 줄일 수 있다고 결론 내렸다(단 초월 명상처럼 만트라를 토대로 한 명상의 경우는 잘 설계된 연구들의 수가 너무 적어 효과에 대한 결론을 내리기 어려웠다). 개선 정도는 약물과 비슷했지만 부작용은 없었다. 이로써 마음챙김을 기반으로 하는 치료법은 이러한 질병들을 치료하는 적절한 대안 치료로서 인정받게 되었다.

그러나 식습관이나 수면, 약물 사용, 체중 문제 같은 다른 건강 지표에서는 전혀 이점이 발견되지 않았다. 이 리뷰 논문에서는 불쾌한 기분, 중독, 주의력 결핍과 같은 심리적인 문제들에 관한 한 어떤 종류의 명상이든 도움이 될 수 있다는 증거가 거의 또는 전혀 발견되지 않았다고 결론지었다. 연구자들은 비록 관련 논문 수가 너무 적어 결론을 도출할 수는 없었지만, 장기적으로 명상을 수련하면 더 큰 혜택을 볼 수도 있을 거라 언급했다.

가장 큰 문제는, 명상에 대한 초기 연구에서 그랬듯, 명상하는 집단을 운동하는 능동적 대조군과 비교하자 명상의 효과가 사라졌다는 것이다. 스트레스에 기인한 문제들과 관련해 명상의 효과에 대해서 현재까지 어떤 효과가 있다는 증거는 불충분하다. 적어도 지금까지는 그렇다.[3]

의학적 관점에서 보면, 이런 연구는 약물을 '단기간 저용량'으로 시험 복용하게 하여, 그 효과의 유무를 확인하는 것과 같다. 우리는 훨씬 더 많은 사람을 대상으로 더 장기간 동안 연구를 실시해야 한다고 생각한다. 의료계에서 지배적인 연구 모델인 약물 치료법에 대한 연구에서는 대체로 이런 방식이 적용된다. 그러나 그런 연구는 수백만 달러에 달하는 막대한 연구비가 소요된다. 약물 치료법 연구의 비용은 제약회사나 국립보건원이 부담하지만, 명상에 관한 연구에는 그런 지원을 기대할 수 없다.

또 다른 다소 엉뚱한 문제도 있다. 이 메타분석 논문은 18,753건의 명상에 관한 연구 기사를 수집하는 것으로부터 시작했다(우리가 1970년대에 찾아낸 논문은 극소수였고, 지금도 겨우 6,000건이 넘는다는 사실을 고려하면 어마어마한 수다. 이 연구진은 우리보다 훨씬 더 검색어를 다양하게 사용했다). 그런데 이들이 찾아낸 연구 논문의 절반은 실제 데이터를 사용하지 않았다. 그리고 4,800건은 대조군이 없거나 무작위 연구가 아니었다. 세심하게 선별하고 나니 검토할 만한 가치가 있을 만큼 잘 설계된 연구물은 얼마 남지 않았다(그게 논문에 인용된 47건의 연구다). 이들이 지적하듯 명상 연구의 수준을 높여야 할 필요가 있다.

이런 형태의 리뷰 논문은 의사들에게 매우 큰 영향을 끼친다. 증거에 기반한 의학이 되고자 노력하는 시대이기 때문이다. 이들이 메타분석 연구를 실시한 것은 미국 보건의료연구소Agency for Healthcare Research and Quality를 위해서였고, 의사들은 이 기관의

가이드 라인을 따르려 노력하고 있다.

이 리뷰 논문의 결론은 이러하다. 명상(특히 마음챙김 명상)은 우울증과 불안, 통증을 치료하는 데 약물과 동일한 효과를 내면서도 부작용이 전혀 없다. 또한 심리적인 스트레스로 인한 피해를 줄일 수 있다. 그러나 전반적으로 현재까지는 명상이 심리적 고통과 관련해 의학적 치료보다 더 효과가 좋다고 입증되지는 않았다. 더 힘 있는 결론을 내리기에는 아직 증거가 불충분하다.

2013년 현재(이 연구는 2014년 1월 학술지에 게재됐다), 명상에 대한 연구가 빠르게 진행되면서 설계가 잘 된 연구가 더 많이 나오고 있고, 위의 판단이 어느 정도 바뀔 가능성이 있다. 특히 우울증이 대표적인 예다.

우울증 치료를 위한 마음챙김 명상

옥스퍼드 대학교의 존 티즈데일의 연구팀은 MBCT가 심각한 우울증의 재발률을 약 50퍼센트 줄인다는 것을 발견했다. 이로 인해 후속 연구들이 탄력을 받게 되었다. 어쨌든 50퍼센트의 재발률 감소는 심각한 우울증에 쓰이는 모든 약의 효과를 훨씬 능가하는 것이었다. 만약 이러한 효과가 특정 약물에서 나타난다면, 그 제약회사는 큰돈을 벌었을 것이다.

좀 더 엄격한 연구가 필요한 것은 두말할 필요도 없었다. 티즈데일이 시도한 처음의 시험 연구에는 비교 활동은 물론 대조군도 없었다. 티즈데일의 연구 파트너 중 한 명인 마크 윌리엄스는 후속 연구에 앞장섰다. 그의 팀은 우울증이 너무 심해서 약물로는 파멸로 치닫는 것을 막을 수 없는 환자 300명가량을 모집했다. 즉 이들은 치료가 어려웠던 집단이었다.

그러나 이번에 환자들은 MBCT 그룹 외에도 두 개의 능동적 대조군 중 하나에 무작위로 배정되어 인지치료의 원리를 배우거나 그냥 일반적인 정신과 치료를 받았다.[4] 그리고 이들에게 증상이 재발하는지 알아보기 위해 6개월 동안 추적 연구를 실시했다. MBCT는 비록 평범한 우울증에 대한 표준 치료법과 거의 동일하지만, (우울증을 더욱더 악화시킬 수 있는) 유년기 트라우마를 겪은 시절의 환자들에게 더 효과적이고 보통의 우울증에서는 표준적 치료들과 거의 동일한 효과를 보이는 것이 입증되었다.

얼마 지나지 않아 유럽의 한 연구팀도 우울증이 너무 심해서 어떤 약물도 도움이 되지 않는 유사한 그룹에게 MBCT가 도움이 된다는 것을 발견했다.[5] 이 연구도 능동적 대조군을 둔 무작위 연구였다. 그리고 2016년까지 총 1,258명의 환자들을 대상으로 실시한 아홉 건의 연구들을 메타분석한 결과, MBCT는 치료가 끝나고 1년이 지날 때까지 극심한 우울증의 재발률을 낮추는 효과적인 방법이라는 결론이 나왔다. 우울증 증상이 심할수록 MBCT의 효과가 더 컸다.[6]

존 티즈데일의 공동 연구자인 진델 세갈은 MBCT가 왜 그렇게 효과적인지에 대해 더 깊이 파고들었다.[7] 그는 fMRI를 이용해 한 차례 중증 우울증을 겪고 회복한 환자들을 비교했다. 일부는 MBCT를 하고, 일부는 마음챙김 명상이 빠진 인지치료를 받은 환자들이었다. MBCT 치료를 받은 환자들은 뇌섬엽의 활동이 더 활발해졌고 재발률도 35퍼센트나 줄어들었다.

이유가 뭘까? 이후 실시한 분석에서, 이 환자들은 '탈중심화decenter'를 아주 잘해냈다. 탈중심화란, '내 생각과 감정'에 사로잡히지 않고 그저 오고 가는 것으로 볼 수 있을 만큼 거리를 두는 것을 말한다. 다시 말해, 이들은 마음챙김을 더 잘했던 것이다. 그리고 마음챙김 명상 시간이 길면 길수록 우울증에 다시 걸릴 확률이 줄어들었다.

마침내 회의적인 의학계를 만족시킬 수 있을 만큼 마음챙김에 기반을 둔 방법이 우울증 치료에 효과적임을 입증하는 연구가 축적된 것이다.

우울증을 치료하기 위해 MBCT를 변형해 적용한 사례가 몇 가지 있다. 일례로, 과거에 우울증이 있었던 여성들은 임신 중이나 출산 후에 우울증에 다시 걸리지 않기를 바라면서도 항우울제 복용에 신중할 수밖에 없다. 다행히도, SRI의 또 다른 졸업생인 소나 디미지언Sona Dimidjian이 이끄는 연구팀이 MBCT가 여성들의 우울증 발병 위험을 낮출 수 있음을 발견했다. MBCT는 약물 치료를 대신하는 대체 요법으로 사용자 친화적인 방법이다.[8]

마하리쉬 국제대학교의 연구자들이 재소자들에게는 초월 명상을 가르치고 비교 집단에는 교도소의 표준 프로그램을 실시했더니, 4개월 후 초월 명상 집단에서 트라우마, 불안, 우울증 등의 증상이 감소되었다고 한다. 이들은 잠도 더 잘 자고 일상의 스트레스도 덜 받는다고 보고했다.[9]

또 다른 예가 있다. 불안으로 가득한 십대 시절은 우울증 증상이 처음으로 나타나는 시기로 볼 수 있다. 2015년 조사에 따르면, 12세에서 17세 사이의 미국 청소년들 중 12.5퍼센트가 과거에 적어도 한 번은 심각한 우울증을 앓은 경험이 있었다. 미국에서만 약 3백만 명의 청소년이 심각한 우울증을 앓았다는 이야기다. 우울증을 가리키는 분명한 징후로는 부정적인 생각, 심한 자기 비난 등이 있지만, 가끔은 수면장애, 사고장애, 호흡곤란 같은 미묘한 형태로 나타나기도 한다. 십대들을 위해 고안한 명상 프로그램은, 프로그램을 마치고 6개월이 지난 후에도 우울증을 비롯해 그러한 증상들을 감소시켰다.[10]

이런 연구들은 아직 기대에 못 미치는 수준이다. 엄격한 의료 검토 기준에 부합하려면 그대로 재현이 가능해야 하는 것은 물론이고, 연구 설계의 수준도 향상되어야 한다. 그렇지만 재발성 우울증이나 불안, 통증에 시달리는 사람들에게 MBCT가 (어쩌면 초월명상도) 도움이 될 수 있다는 가능성을 제시하고 있다.

하지만 MBCT나 대안적 형태의 명상이 다른 정신 질환의 증상을 완화시킬 수 있는지에 대해서는 의문이다. 그러한 효과가 있다면, 그것을 설명할 수 있는 메커니즘은 무엇일까?

스탠퍼드 대학교의 필립 골딘과 제임스 그로스가 사회불안장애를 가진 사람들을 대상으로 실시했던 연구를 다시 살펴보자(5장 참조). 사회 불안은 무대공포증부터 사교 모임에서의 낯가림에 이르기까지 흔한 감정적인 문제임이 밝혀졌고, 미국 인구의 6퍼센트 이상인 1,500만 명의 사람에게 영향을 끼치고 있다.[11]

사회불안장애 환자들은 8주간의 MBSR 과정을 마친 후 불안이 감소했다고 보고했다. 좋은 징조가 아닐 수 없다. 그런데 더 흥미로운 연구 결과가 있다. 이들이 뇌 검사를 받기 위해 뇌 스캐너에 들어가 있는 동안 "사람들은 항상 나를 평가한다"와 같은 기분 나쁜 음성이 나오는 와중에 자신의 호흡을 알아차리는 명상을 하도록 지시받았다. 이러한 말은 사회불안장애를 가진 사람들에게서 흔히 일어나는 생각이다. 실험 참가자들은 감정을 자극하는 말을 들었을 때 평소보다 불안감이 덜했다고 보고했다. 이들의 뇌에서는 편도체의 활동이 감소하고 주의에 관한 뇌 회로가 증가한 것으로 나타났다.

이처럼 기본적인 뇌 활동을 엿보는 것은 명상이 정신적인 문제들을 완화할 가능성과 그 메커니즘에 대한 연구의 미래를 살짝 보여주는 것인지도 모른다. 적어도 지금 이 글을 쓰고 있는 때부터 몇 년 전까지 이 분야의 연구비를 주로 지원하고 있는 미국 국립정신건강연구소National Institute of Mental Health; NIMH는 《진단 및 통계 편람Diagnostic and Statistical Manual; DSM》에 등재된, 오랜 기간 정신의학 범주에 속한 질환에 대한 연구를 등한시해왔다.

우울증 등 다양한 정신 질환이 DSM에 포함되어 있지만, 미국 국립정신건강연구소는 DSM뿐 아니라 특정 증상군symptom cluster과 관련된 기본 뇌 회로에 초점을 맞추는 연구를 선호한다. 이런 맥락에서 우리는 MBCT가 트라우마 병력이 있는 우울증 환자에게 효력이 있다는 옥스퍼드 대학교의 연구 결과가 우울증보다 치료에 내성이 생긴 하위 집단과 더 관련이 있는 게 아닐까 하는 생각이 든다.

향후 연구를 고민하면서 또 다른 의문들도 생긴다. 인지치료와 비교해 마음챙김 명상의 가치는 정확히 무엇인가? (MBSR과 MBCT를 포함해서) 명상은 어떤 장애에서 현재 표준화된 정신의학적 치료보다 더 뛰어난 완화 효과를 발휘하는가? 이런 방법들은 표준적인 개입법과 함께 사용되어야 하는가? 그리고 어떤 정신적 문제를 완화시키는 데 어떤 종류의 명상이 가장 효과적인가? 그리고 그런 메커니즘의 신경 회로는 무엇인가? 현재로서는 이 질문들에 대한 답이 없다. 누군가가 그 답을 찾아주길 바란다.

트라우마 치료를 위한 자애 명상

제트기가 날아와 미국 국방부 건물을 들이받았던 2001년 9월 11일로 돌아가보자. 당시 스티브는 근처에 있었다. 커다란 건물이 순식간에 폭파당해 잔해 더미로 변해버렸다. 뿌연 연기가 피어오르고 기름이 타는 매캐한 냄새가 진동했다. 건물이 복구된 후 스티브는 일하던 자리로 돌아갔지만, 사무실은 한없이 쓸쓸하기만 했다. 같이 일했던 친구 대부분이 화염 속에서 목숨을 잃었기 때문이었다.

스티브는 당시 기분을 이렇게 회상한다. "분노가 끓어올랐어요. '나쁜 놈들, 다 죽여버릴 거야!' 우울하고 비참하기 그지없는 시간이었죠."

이미 걸프 전쟁과 이라크 전쟁에 참전한 적이 있었던 스티브는 외상 후 스트레스가 누적되어 심각한 상태였다. 그런 상황에서 9·11사태를 겪자 트라우마가 쌓일 대로 쌓여 심각한 지경이 되어버렸다.

그 후로도 몇 년 동안 분노, 좌절, 불신이 그의 내면에서 소용돌이쳤다. 그런데도 누군가 잘 지내냐고 물으면 스티브는 한결같이 "잘 지내요"라고 대답했다. 스티브는 지푸라기라도 잡는 심정으로 술을 마시고, 조깅을 하고, 가족을 만나고, 독서를 하면서 트라우마를 극복하려 노력했다.

하지만 결국 자살 충동까지 느껴지자 그는 도움을 받으려고 월터 리드 병원에 입원해 알코올 의존증 치료를 받았다. 그러면서 서서히 치유의 길을 향해 나아가기 시작했다. 그곳에서 스티브는 자신이 어떤 상태인지 알게 되었고, 지금까지 상담을 해준 심리치료사를 만나보기로 했다. 그 심리치료사가 그에게 명상을 소개했다.

스티브는 두세 달 동안 금주를 한 뒤, 일주일에 한 번씩 지역의 마음챙김 명상 단체 모임에 나갔다. 처음 몇 번은 머뭇머뭇 걸어 들어가 장소만 한 번 둘러보고는 '이 사람들은 나와 같은 사람들이 아니야'라는 생각에 도로 나오기도 했다. 게다가 그는 밀폐된 공간에서 폐소공포증을 느끼기도 했다.

어찌어찌하다 마침내 짧은 기간 동안 집중 수련을 시도했을 때, 스티브는 마음챙김 명상이 도움이 된다는 것을 알게 되었다. 그리고 그의 마음을 특별하게 사로잡은 것은 타인만이 아니라 자신에게도 연민심을 갖게 해주는 자애 명상이었다. 자애 명상은 어린 시절 친구들과 뛰놀던 시절의 기분(모든 게 다 좋아질 거라는 느낌)을 떠올리게 하면서 '다시 편안해지는' 느낌을 주었다.

"수련을 하면서 편안한 느낌을 유지할 수 있게 되었고, 이 시간 또한 지나갈 거라는 걸 알게 되었습니다. 화가 나도 나 자신과 상대방을 위한 연민심과 자애심을 조금은 품을 수 있게 되었어요."

가장 최근에 들은 소식으로는 정신 건강을 위한 상담 공부를 하면서 심리치료사 자격증을 땄고, 이제 임상학 박사 과정을 밟고 있는 중이라고 한다. 스티브의 박사 논문 주제는 '도덕적 상처와 영적인 행복'이다.

스티브는 미국 재향군인회Veterans Administration에서 PTSD를 겪는 군인들을 지원하는 단체와 인연이 있었고, 두 단체의 추천으로 현재까지 소규모 수련을 진행하고 있다. 그는 자신만의 방식으로 사람들을 도울 수 있다고 믿는다.

명상에 관한 초기 연구 결과도 스티브의 직감을 뒷받침한다. 시애틀 재향군인회 병원에서 PTSD를 가진 재향군인 42명이, 스티브가 효과가 있다고 느꼈던 명상인 자애 명상 12주 과정에 참여했다.* 프로그램이 끝나고 그들은 PTSD 증상이 개선되었고, PTSD의 부차적 증상인 우울증 역시 다소 줄어들었다.

이런 연구를 보면 조짐이 좋아 보이지만, HEP와 같은 능동적 대조군도 그만큼 효과가 있을지 모른다. 이 PTSD 연구는 다양한 정신 질환에 대한 치료로서의 명상을 과학적으로 검증하기 위한 최첨단 기술을 압축적으로 활용하고 있다.

하지만 PTSD의 치료법으로 자애 명상 수련이 효과가 있다는 많은 주장이 스티브의 사례와 같은 일화적 보고에서 시작된다.[12] 대부분 현실성 있는 것들이다. 퇴역 군인들은 높은 비율로 PTSD를 가지고 있다. 매해 퇴역 군인의 11퍼센트에서 20퍼센트가 PTSD를 앓으며, 퇴역 군인들의 전 생애로 따지면 그 수가 30퍼센트까지 증가한다. 자애 명상 수련이 효과가 있다면 비용 대비 효율적인 치료법이 될 것이다.

---

* 재향군인회 연구자들은 자신들의 유망한 연구 결과를 확증하려면 후속 연구가 필요하다고 지적한다. 이 후속 연구는 PTSD 증상을 가진 재향군인 130명과 무작위로 구성된 능동적 대조군을 대상으로 4년 기한으로 진행되고 있다. 이 연구에서는 자애 명상을 PTSD에 대한 '황금 기준' 치료법으로 여겨지는 다양한 인지요법과 비교한다. '자애 명상 역시 효과가 있을 테지만 그 메커니즘이 다를 것'이라는 가설을 토대로 한 연구다. David J. Kearney et al., "Loving-Kindness Meditation for Post-Traumatic Stress Disorder: A Pilot Study," *Journal of Traumatic Stress* 26 (2013): 426-34.

자애 명상이 유용한 이유는 또 있다. PTSD의 증상 중 정서적 무감각, 소외감, 관계에서의 단절deadness 등이 있는데, 자애 명상이 타인에 대한 긍정적인 감정을 함양함으로써 그 증상들을 모두 '역전'시킬 수 있기 때문이다. 게다가 참전 군인 대다수가 PTSD 치료제의 부작용을 싫어해서 다른 치료법을 찾아다닌다. 모두 자애 명상에 호감을 느끼는 이유다.

명상 중 만나는 도전적 경험

고요하고 긴 위빠사나 집중 수련에 참가했던 제이 마이클슨은Jay Michaelson은 수련 중간에 몹시 견디기 힘든 정신 상태, 소위 말하는 '어두운 밤dark night'에 빠진 적이 있다.* "아주 충격적이고 강렬한 자기혐오의 물결이 저를 덮치더군요. 그 경험으로 진리 추구의 길에 대한 태도와 삶의 의미 자체가 바뀌었습니다."

《청정도론》에서는 명상가가 일시적으로 생각의 가벼움lightness

---

* 영적 여정에서 '어두운 밤'이라는 표현은 대중적으로 사용되면서 원래의 의미가 약간 왜곡되었다. 이 용어를 처음 사용한 이는 17세기 스페인의 신비주의자 십자가의 성 요한St. John of the Cross이다. 그는 미지의 영역을 통해 신성과의 황홀한 합일에 도달하는 신비한 상승을 묘사하기 위해 그 용어를 사용했다. 그러나 오늘날 '어두운 밤'은 우리의 세속적 정체성을 위협하는 것이 불러올 수 있는 두려움을 의미한다. Jay Michaelson, *Evolving Dharma: Meditation, Buddhism, and the Next Generation of Enlightenment* (Berkeley: Evolver Publications, 2013).

of thought을 경험할 때에 이런 고비가 찾아올 가능성이 가장 높다고 한다. 《청정도론》에서 예고한 것처럼, 마이클슨은 생각이 일어나는 즉시 사라지는 '발생과 소멸arising and passing' 단계로 수행이 진척된 후 어두운 밤 단계에 접어들었다.

마이클슨은 얼마 지나지 않아 병적인 의심, 자기혐오, 분노, 죄책감, 불안감이 뒤섞인 어두운 밤에 빨려들어갔다. 한순간에는 너무도 강렬한 물결이 수련을 무너뜨리기도 했다. 그는 결국 눈물을 터뜨리고 말았다.

하지만 그는 그때부터 마음속에 소용돌이치는 생각과 감정에 빨려들어가는 대신에, 서서히 마음을 관찰하기 시작했다. 그러자 이런 감정들이 다른 모든 감정처럼 일어났다가 사라지는 정신 과정으로 보이기 시작했다. 그리고 어두운 밤이 끝났다.

명상 과정에서 접하는 어두운 밤에 대한 이야기가 늘 이렇게 깔끔하게 마무리되지는 않는다. 명상 센터를 떠난 후로도 오랫동안 계속될 수 있다. 명상의 수많은 긍정적인 효과가 훨씬 더 널리 알려져 있다 보니, 어두운 밤을 경험하는 몇몇 사람은 자신이 상처받고 있다는 것을 이해하거나 믿지 못한다. 너무나도 빈번한 일이지만 심리치료사들도 거의 도움이 되지 못한다.

브라운 대학교 심리학자이자 SRI의 졸업생인 윌로비 브리튼Willoughby Britton은 명상하면서 심리적으로 어려움을 겪는 사람들을 도울 필요성을 느끼고 '어두운 밤 프로젝트'를 이끌고 있다. 공식적으로는 '명상 경험의 다양성Varieties of the Contemplative

Experience'이라 불리는 이 프로젝트는, 명상에는 널리 알려진 유익한 영향만이 있는 것은 아니라고 경고한다. 그렇다면 명상은 언제 유해한 영향을 미칠 수 있을까?

현재로서는 확실한 답이 없다. 브리튼은 사례 연구를 수집하고 어두운 밤으로 시달리는 사람들이 자신들이 무슨 일을 겪고 있는지 이해할 수 있도록 도와주고 있다. 즉 그들이 혼자가 아니며, 그 상태가 회복 가능한 것임을 알리고 있다. 브리튼의 연구 대상은 주로 위빠사나 명상 센터의 지도자들에게서 추천받은 사람들이다. 수년 동안 위빠사나 명상 센터에서는 강도 높은 집중 수련을 진행하는 동안, 어두운 밤을 경험하고 힘들어하는 사람들이 생겨났다. 명상 센터에서는 등록 서류를 받을 때 정신 질환 이력도 조사하면서 취약한 사람들을 걸러내려고 노력했음에도 이런 문제가 발생한 것이다. 그렇다면 어두운 밤은 정신 질환 이력과 상관이 없을지도 모른다.

어두운 밤이 위빠사나 집중 수련에서만 생기는 것은 아니다. 명상 전통 대부분이 비슷한 문제를 경고한다. 예를 들어, 유대교 신비주의인 카발라 경전에서는 사색적인 방법들이 중년기에 가장 적합하다고 주의를 준다. 미성숙된 자아는 무너질 수도 있기 때문이다.

현 시점에서는 집중적인 명상 수련이 특정 사람들에게 위험한지 그리고 어두운 밤을 겪은 이들이 모종의 쇠약 증세를 겪었는지 전혀 알지 못한다. 브리튼의 사례 연구들은 일화를 중심으로 한 것이기는 하지만, 그 존재만으로도 주목하지 않을 수 없다.

장기간의 집중 수련을 하는 사람들 중 어두운 밤을 경험하는 이들의 비율을 정확히 말할 수는 없지만, 그 비율이 아주 낮은 것이 사실이다. 연구 관점에서 볼 때 명상가와 일반인 집단에서 각각 기본적인 비율이 얼마나 되는지 확증할 필요가 있다.

미국 국립정신건강연구소에 따르면, 매해 미국 성인 중 다섯 명 중 한 명, 즉 거의 4,400만 명에 달하는 사람이 정신 질환을 앓는다. 어떤 사람들은 대학에 입학했을 때나 신병훈련소에 입소했을 때, 심지어 심리치료를 받을 때도 심리적 위기감을 경험할 수 있다. 그렇다면 깊은 명상에도 평균적인 수준 이상으로 사람들을 위험에 빠뜨리는 요소가 있는지 연구해볼 수 있다.

윌로비 브리튼의 프로젝트는 어두운 밤을 보내는 사람들에게 실질적인 조언과 위안을 준다. 그리고 특히 장기간의 집중 수련 동안 어두운 밤을 겪을 (다소 낮은) 위험성이 있음에도, 명상은 심리치료사들 사이에서 인기를 얻고 있다.

메타치료로서의 명상

댄은 처음으로 명상에 관한 연구 논문을 발표하며 명상을 심리치료에 활용할 수 있다고 주장했다.[13] 1971년 그가 인도에 체류하는 동안 〈메타치료로서의 명상Meditation as Meta-Therapy〉이라는 논문이 세상에 나왔는데, 거기에 관심을 보이는 심리치료사는 한 명도 없었다. 그러나 댄이 미국으로 돌아오자 어찌 된 일인지 매사추세츠 심리학회Massachusetts Psychological Association의 한 모임에서 이 주제에 관해 강연을 요청해왔다.

강연이 끝난 후, 호리호리한 체구에 몸에 맞지도 않는 스포츠 재킷을 입은 청년이 눈을 반짝이며 댄에게 다가왔다. 청년은 자신이 태국에서 명상을 연구하면서 승려로 수년간 보냈는데, 그곳에서는 모든 사람이 승려에게 음식을 제공하는 것을 영광으로 생각하는 터라 생계 걱정 없이 생활할 수 있었다고 했다. 뉴잉글랜드에서는 그런 행운을 절대 기대할 수 없다.

심리학 대학원생이었던 그는 사람들의 고통을 완화시키기 위한 정신 치료의 일환으로 명상을 이용할 수 있을 것이라 생각했다. 그러던 차에 누군가가 명상과 정신 치료를 연결시켰다는 이야기를 듣고 기뻤던 것이다.

이 대학원생은 바로 잭 콘필드Jack Kornfield였다. 리치는 콘필드의 박사 논문 심사위원들 중 한 명이었다. 훗날 콘필드는 매사추세츠 베리에 위치한 통찰명상협회를 창립했고, 그 뒤로 샌프란시스코 지역에서 스피릿 락Spirit Rock 명상센터를 설립했다. 콘필드는 불교의 정신 이론을 현대적 감성에 맞는 언어로 번역하는 데 선구적인 역할을 해왔다.[14]

콘필드는 조셉 골드스타인 등과 함께 지도자 훈련 프로그램을 만들고 운영했다. 스티브가 몇 년간 시달리던 PTSD에서 회복하는 데 도움을 준 이들이 바로 이 프로그램의 수료자들이었다. 불교심리학 이론을 설명한 콘필드의 저서 《현명한 마음The Wise Heart》(한국에는 《마음이 아플 땐 불교심리학》이라는 제목으로 번역 출간되었다—옮긴이)은 마음에 대한 불교의 관점과 명상 훈련이 심리치료나 자가 심리치료에 어떻게 쓰일 수 있는지 보여준다. 전통적이고 동양적인 접근법과 현대식 접근법을 통합한 최초의 책이었다.

이러한 움직임에서 주요한 역할을 해온 또 다른 사람이 정신과 의사 마크 엡스타인Mark Epstein이다. 엡스타인은 댄이 개설한 의식의 심리학 과목을 들었던 학생이었다. 그가 하버드 대학교 4학년이었을 때, 댄에게 찾아가서 불교심리학 프로젝트의 지도 교수가 되어달라고 부탁했다. 당시 이 학교에서 유일하게 그 분야에 관심과 지식이 있었던 댄은 엡스타인의 요청을 받아들였다. 그 후 둘은 논문을 공동 집필하기도 했다. 그 학술지는 오래지 않아 폐간되었다.[15]

엡스타인은 마음에 대한 정신분석적인 견해와 불교적인 견해를 통합한 일련의 책들을 내면서 계속 이 길을 선도해왔다. 그의 첫 번째 책은 《생각하는 사람이 없는 생각Thoughts Without a Thinker》이라는 흥미로운 제목으로 출간되었다(한국에는 《붓다의 심리학》이라는 제목으로 번역 출간되었다—옮긴이). 명상적 관점을 가진 대상관계object relations 이론가 도널드 위니컷Donald Winnicott의 말에서 따온 제목이다.[16] 댄의 아내인 타라와 엡스타인, 콘필드의 저서들은 통합적인 움직임을 상징한다. 수없이 많은 치료사가 다양한 명상적 수련과 관점을 자신의 심리치료 접근법에 결합했다.

연구계가 미국 국립정신건강연구소《진단 및 통계 편람》에 수록된 질병들에 대한 치료법으로서 명상이 갖는 효력에 대해 다소 회의적인 입장을 견지하고 있는 반면, 심리치료사들은 명상과 심리치료를 결합하는 데 열성적이다. 그리고 이런 사람들이 점점 더 늘어나고 있다. 연구자들은 능동적 대조군을 둔 무작위 연구들을 기다리고 있지만, 심리치료사들은 이미 자신의 의뢰인에게 명상을 활용한 치료법을 제공하고 있다. 우리가 책을 쓰는 지금, MBCT에 관한 학술 논문은 1,125건에 달한다. 이 중 80퍼센트 이상이 지난 5년 동안에 발표되었다는 사실은 무척 흥미롭다.

물론 명상에도 나름의 한계는 있다. 댄이 대학 시절 처음 명상에 관심을 갖게 된 것은 자신의 불안 증세 때문이었다. 명상이 그런 감정을 다소 가라앉히는 듯했지만, 그래도 불안한 감정이 오고 가는 것은 여전했다.

수많은 사람이 바로 이런 문제 때문에 심리치료사를 찾아간다. 하지만 댄은 그러지 않았다. 그러다 그는 몇 년 후 부신 질환 진단을 받았다. 오랫동안 그를 괴롭혀온 고혈압이 원인이었다. 부신 질환 증상 중 하나가 바로 불안한 감정을 촉발하는 스트레스 호르몬인 코르티솔 수치가 올라가는 것이다. 수년간의 명상도 그렇지만, 부신 문제를 조절하는 약물 역시 코르티솔과 불안감을 조절하는 데 도움이 되는 듯하다.

정리

명상은 본래 심리적인 문제를 치료하기 위한 것이 아니었지만 현대에 이르러 부분적으로, 특히 우울증과 불안장애를 치료하는 데 가능성을 보여주었다. 정신 질환을 가진 환자를 치료하는 데 명상을 활용한 연구 47건을 메타분석한 결과, 명상은 우울증(특히 중증 우울증), 불안, 통증을 완화시켰고 부작용도 없는 것으로 나타났다. 또한 명상은 (그 정도는 약하지만) 심리적 스트레스를 줄여주기도 한다. 자애 명상은 트라우마로 고통받는 환자들, 특히 PTSD 환자들에게 특별히 더 도움이 되기도 한다.

마음챙김 명상과 인지치료의 혼합인 MBCT는 연구를 통해 가장 잘 검증받은 심리치료법이다. 점점 더 광범위한 정신 질환에 적용시킬 수 있다는 것이 임상적으로 알려지면서 영향도 커지고 있다. 명상의 부정적인 영향이 보고되는 경우도 가끔 있다. 그러나 현재까지의 발견으로 보건대, 명상에 기반을 둔 치료 기법들의 잠재적인 가능성은 충분하고도 무궁하다. 그리고 이 분야에 대한 과학적 연구가 엄청나게 증가하고 있어 앞으로의 미래는 밝다.

11 수행자의 뇌

Altered Traits

히말라야의 산등성이를 휘감아 돌면 나오는 맥그로드 간즈의 가파른 언덕에 서면, 티베트 수행자들이 장기간 기거하는 오두막이나 외딴 동굴을 발견할지도 모른다. 1992년 봄, 리치와 클리프 세론을 비롯한 용감한 과학자 팀이 그런 오두막과 동굴을 향해 여행을 떠났다. 그곳에 거처하는 수행자의 뇌 활동을 평가하기 위해서였다.

과학자들은 달라이 라마와 티베트 망명정부가 있는 히말라야 기슭의 산간 마을인 맥그로드 간즈에 사흘이나 걸려 도착했다. 그들은 달라이 라마의 형제가 운영하는 게스트하우스에 짐을 풀고, 그곳에서 수행자들의 산간 은신처까지 장비들을 운반하기 위해 재정비의 시간을 가졌다.

당시에는 뇌 측정을 하려면 뇌파 검사 전극에, 증폭기, 컴퓨터 모니터, 비디오 녹화기는 물론이고, 배터리와 발전기까지 다 필요했다. 오늘날보다 훨씬 덩치가 큰 장비들은 무게가 수십 킬로그램에 달했다. 그 장비들을 보호하려고 단단한 케이스에 담아 여행하는 연구자들은 괴짜 락 밴드처럼 보였다. 그곳에는 차가 다닐 수 있는 길이 없었다. 집중 수련 중인 수행자들은 가능한 한 외진 곳을 찾아 수련 장소로 삼았다. 그래서 과학자들은 짐꾼들의 도움을 받아 고생해가며 수행자들이 있는 곳까지 측정 기구들을 나를 수밖에 없었다.

달라이 라마는 그 수행자들이 마음을 체계적으로 훈련하는 방법인 로종lojong의 대가들이라고 확인해주었다. 최상의 연구 대상이라는 생각이 들었다. 달라이 라마는 수행자들에게 협조를 부탁하는 편지를 써주고, 자신의 일을 돕는 승려 한 명을 보내 수행자들이 실험에 참여하도록 독려하기도 했다.

수행자들이 머무는 처소에 도착한 과학자들은 달라이 라마의 편지를 보여주며, 명상을 하는 동안 뇌를 분석하게 해달라고 통역가를 통해 부탁했다. 그러나 수행자들에게서 돌아온 대답은 한결같았다.

"안 됩니다."

물론 그들은 모두 무척 다정하고 따뜻한 사람들이었다. 어떤 수행자들은 그들이 측정하고 싶어 하는 수련법을 가르쳐주겠다고 제안하기도 했다. 또 몇몇 수행자는 분석 대상이 되는 것을 고민해보겠다고 했다. 하지만 바로 측정에 참여하겠다고 하는 이는 한 명도 없었다.

몇몇 수행자는 어쩌면 한때 달라이 라마가 보낸 비슷한 편지에 설득당해 은신처를 떠났던 다른 수행자의 소식을 접했는지도 모른다. 그는 심장의 온도를 마음대로 올리는 능력을 보여주기 위해 머나먼 미국 땅에 있는 한 대학으로 떠났었다. 하지만 이곳으로 돌아오자마자 세상을 떠났는데, 미국에서 받은 실험 때문에 죽었다는 소문이 돌았다.

수행자 대부분은 과학에 대해 잘 몰랐고, 현대 서구 문화에서 과학이 차지하는 역할도 알지 못했다. 더구나 이번 원정에서 연구팀이 만난 여덟 명의 수행자 중 실제 컴퓨터를 본 적이 있는 사람은 한 명뿐이었다.

수행자 중 일부는 그 이상한 기계들이 정확히 무엇을 측정하는지 전혀 모르겠다며 신중론을 펼쳤다. 측정치가 수행자들이 하고 있는 것과 무관하거나 수행자들의 뇌가 어떤 과학적 기대를 충족시키지 못한다면, 일부 사람들은 수행자들의 방법이 아무 쓸모없는 것으로 볼 수도 있었다. 수행자들은 그렇게 되면 같은 길을 가는 사람들이 낙담할 수도 있다고 했다.

어쨌든 이 과학적 탐험은 아무런 성과를 얻지 못했다. 데이터는 고사하고 협조조차 얻지 못했다. 단기적으로 보면 과학 연구팀이 헛수고만 한 것 같았다. 하지만 이 탐험은 많은 교훈을 주었고, 더 현실적 연구 방법을 실질적으로 학습하는 계기가 되었다. 우선 첫 번째 교훈은, 그들이 오려고만 한다면, 명상가들을 장비가 있는 곳으로, 특히 뇌 연구소로 데려오는 게 더 낫다는 것이다.

또 다른 교훈은 이렇게 숙련된 명상가들에 대해 연구가 얼마 안 된다는 점, 명상가들이 의도적으로 외딴 곳에 은거한다는 점, 과학적 시도에 친숙하지 않거나 무관심한 것 외에 특별한 도전들이 있다는 것이다. 수행자들이 내면의 기술에 통달하는 것은 스포츠에서 따지면 세계 순위에 들기 위해 노력하는 것과 비슷하지만, 이 '스포츠'에서는 높은 수준에 오를수록 순위에 대한 관심이 줄어든다. 사회적 지위나 재산, 명예에 대한 관심이 줄어드는 것은 말할 것도 없다.

수행자들의 무관심 목록에는 과학적 측정으로 자신의 내면 성취를 보여주었을 때 느낄 수 있는 개인적 자부심도 들어간다. 수행자들에게 중요한 것은 결과가 좋든 나쁘든 다른 사람에게 영향을 미칠지도 모른다는 점이었다. 따라서 이들을 과학적으로 연구할 전망은 어두워 보였다.

과학자이자 승려

프랑스 파스퇴르연구소Pasteur Institute에서 분자생물학 박사 학위를 받은 마티유 리카르는 후에 노벨 의학상을 수상한 프랑수아 자코브François Jacob의 지도를 받았다.• 하지만 그는 박사 후 연구

• 프랑수아 자코브는 세포 내 효소 발현 수준이 DNA 전사 메커니즘을 통해 조절됨을 발견

원 시절 전도유망한 과학자로서의 삶을 포기하고 승려가 되었다. 그리고 수십 년 동안 이곳저곳의 수련 센터와 사원, 은둔지에서 생활했다.

마티유는 우리의 오랜 친구였다. 그는 우리처럼 마음과 삶 연구소가 조직한 달라이 라마와 여러 과학자 집단 간의 대화에 자주 참여했다. 대화에서 거론되는 주제가 무엇이든 마티유는 불교적 견해를 밝혔다.• '부정적 감정'에 대한 대화가 오갔던 날, 달라이 라마가 리치에게 명상을 엄격히 연구하고 평가해 세계적으로 더 큰 이익을 줄 수 있는 것과 가치 있는 것이 무엇인지 정리해달라고 요청했다.

달라이 라마의 그러한 요구는 리치뿐 아니라 마티유에게도 강한 감명을 주었다. 마티유는 오랫동안 떠나 있었던 과학 분야의 전문성을 활용해야겠다는 생각을 했다. 마티유는 승려 최초로 자기가 직접 연구의 대상이 되겠다며 리치의 연구실에 찾아왔다. 연구실에서 며칠을 보내며 피험자 역할을 수행했을 뿐 아니라, 공동 연구자로서 뒤이어 찾아올 다른 수행자들에게 적용할 연구 계획을 함께 고민하기도 했다.[1]

네팔과 부탄에서 수도승으로 지내던 시절, 마티유는 딜고 켄체

했다. 이 발견으로 그는 1965년에 노벨상을 수상했다.

• 수년 동안 마티유는 마음과 삶 연구소의 이사로 활동했으며, 그 공동체와 관련이 있는 과학자들과 오랫동안 교분을 나누어왔을 뿐 아니라, 달라이 라마와의 과학적 대화에도 여러 차례 참여해왔다.

린포체Dilgo Khyentse Rinpoche의 개인 수행원이었다.[2] 딜고 켄체 린포체는 20세기 가장 존경받았던 티베트 출신 명상 대가 중 한 명이다. 달라이 라마를 포함해 티베트를 떠나 망명 생활을 하는 많은 라마승이 개인 지도를 받으려고 찾아오곤 했다.

이런 까닭에 마티유는 티베트 명상계의 중심부에 있었다. 누가 마땅한 연구 대상자인지 추천할 수 있었고, 무엇보다 그 명상가들에게 신뢰를 받고 있었다. 마티유가 연구에 참여하면서 그렇게 설득하기 힘들었던 명상 전문가들을 모집하는 일에 변화가 생겼다.

마티유는 그들에게 지구 반 바퀴를 돌아 위스콘신 대학교 매디슨 캠퍼스로 가야 할 이유를 설명하고 확신시켰다. 티베트 라마와 수행자들은 서방 세계를 보기는커녕 들어본 적도 없었다. 게다가 외국 문화의 기이한 음식과 습관을 감내해야 할 터였다.

물론 모집된 사람들 중에는 서양에서 가르침을 펼친 적이 있고 서양의 문화 규범에 익숙한 사람들도 있었다. 그러나 이국땅으로 가는 여정 너머에는 과학자들의 이상한 의식 절차가 있었다. 수행자들의 눈에는 완전히 생경해 보이는 것들이었다. 히말라야 은둔지에 익숙한 사람들의 이해의 틀로 해석할 수 있는 일이 거의 없었다.

수행자들의 협력을 이끌어낸 중요한 요소는 마티유가 그들의 노력이 '가치 있을 것'이라고 확신시켜준 점이었다. 그들에게 '가치 있음'이란 명상을 향상시켜주거나 자긍심을 갖게 되리라는 것을 의미하지 않았다. 마티유가 이해했던 것처럼, 수행자들을 추동할 수 있는 동기는 사사로운 마음이 아니라 연민심이었다.

마티유는 수행자들의 동기를 강조해서 설명했다. 과학적 증거가 이런 수련법들의 효과를 뒷받침해준다면, 서구 문화에서 그 수련법을 받아들이는 데 도움이 되리라는 믿음으로 수행자들은 기꺼이 이 일에 헌신했다.

마티유가 열정적으로 수행자들을 확신시키기 위해 노력한 덕분에 당시에 가장 숙련된 명상가 스물한 명이 리치의 뇌 연구에 참여하기 위해 연구실로 왔다. 이 중에는 서양인도 일곱 명 포함되어 있었는데, 모두 마티유가 수련했던 프랑스의 도르도뉴 센터에서 최소 3년 이상 집중 수련을 받은 이들이었다. 나머지 14명은 티베트 출신으로 인도와 네팔을 떠나 위스콘신으로 날아왔다.

1인칭과 2인칭, 3인칭

분자생물학을 전공한 마티유는 과학적 방법의 엄격함과 규칙들이 생소하지 않았다. 그는 첫 실험 대상인 자신을 분석하는 데 사용할 방법을 설계하는 기획 연구에 참여했다. 첫 실험 지원자이자 공동 설계자인 마티유는 자신이 고안에 일조했던 바로 그 과학적 계획을 시험해보았다.

과학 역사상 대단히 이례적인 일이기는 하지만, 연구자들이 자신의 실험에서 첫 번째 연구 대상이 되는 일이 간혹 있기는 하다.[3] 그러나 이번에는 사람들을 미지의 위험에 노출시키는 것이 두려워서가 아니었다. 어떻게 마음을 훈련시키고 뇌를 형성할 수 있는지에 대한 연구를 할 때는 특별히 고려해야 할 한 가지가 있어서였다.

이번 연구의 대상은 한 사람의 내적 경험으로 지극히 사적인 것이었다. 반면 그 대상을 측정하는 도구는 생물학적 현실에 대한 객관적 측정치를 내놓을 뿐 내면 경험에 대해서는 아무것도 제시하지 못한다. 전문적으로 말하면 내면 평가inner assessment는 '1인칭 시점'의 연구가 필요하고, 측정은 '3인칭 시점'의 보고서로 이루어진다.

1인칭과 3인칭 시점 사이의 격차를 좁히자는 생각은 마음과 삶 연구소의 공동 설립자인 프란시스코 바렐라에게서 나왔다. 바렐라는 학술적 저술에서 1인칭·3인칭 시점과 해당 연구 주제의 전문가 시점인 '2인칭'을 결합하는 방법을 제안했다.[4] 그에 따르면, 연구의 대상자들은 마음이 잘 훈련되어 있어야 하고, 마음이 훈련되지 않은 사람들보다 더 나은 데이터를 생산해야 한다.

마티유는 바로 그 주제의 전문가이자 잘 훈련된 마음의 소유자였다. 따라서 리치의 연구에 여러모로 도움을 주었다. 예를 들어, 리치는 다양한 종류의 명상을 연구하기 시작했을 때, '시각화visualization'가 단지 심상mental image을 만들어내는 것 이상을 필요로 한다는 점을 미처 알지 못했다. 그때 마티유가 리치와 동료들에게, 명상가들은 특정한 심상을 떠올리면 동시에 그와 결부된 특정한 감정 상태를 경험하게 된다고 설명해주었다. 예컨대, 타라 보살bodhisattva Tara의 이미지를 떠올리면, 자애심와 연민심이 함께 녹아 있는 감정 상태가 수반된다는 것이었다. 이런 조언은 리치의 연구팀이 뇌과학의 하향식 규범을 따르려던 기존의 방침을 버리고, 실험 계획의 세세한 부분을 마티유와 함께 설계하게 하는 계기를 제공했다.[5]

마티유가 공동 연구자로서 참여하기 훨씬 전에도 우리는 경험적 실험에 대한 가설을 만들기 위해 명상에 몰두함으로써 이미 비슷한 방향으로 나아가고 있었다. 오늘날 과학은 이러한 접근법을 '근거 이론grounded theory'이라 한다. 현재 일어나고 있는 일에 기초해 대상과 끊임없이 상호작용을 해나가면서 탐색하는 연구 방법이다. 이러한 접근법은 연구의 대상이 사람의 마음과 뇌에 숨어 있어, 연구를 하는 사람에게는 미지의 세계나 다름없을 때 필요하다. 이런 사적인 영역에 마티유 같은 전문가를 두게 되면, 그저 어림짐작으로 끝나게 될 연구에 방법론적 정밀성을 더할 수 있게 된다.

여기서 우리의 실수를 인정하고 넘어가야겠다. 1980년대 리치가 뉴욕주립 대학교 퍼처스 캠퍼스에서 교수로 재직하고, 댄은 뉴욕에서 저널리스트로 활동하던 때였다. 우리는 어떤 유능한 명상가 한 명을 대상으로 함께 연구를 진행하고 있었다. 그는 고엔카의 스승이기도 한 우 바 킨의 제자였다. 그는 스스로 명상 지도자가 된 사람으로, 미얀마 명상의 마지막 단계인 '열반' 상태에 들어갈 수 있다고 주장했다. 우리는 명상가들이 칭송해마지않는 그 상태의 확실한 증거를 찾아내고 싶었다.

문제는, 우리가 그 연구를 위해 할 수 있는 것이 기껏해야 당시 연구계에서 뜨거운 화제로 떠올랐던 혈중 코르티솔 수치를 측정하는 것밖에 없었다. 우리는 이 수치를 주된 평가 기준으로 삼았다. 그 이유는 코르티솔 연구자에게 연구실을 빌려 쓰고 있었기 때문이었다. 열반과 코르티솔 사이에 관련성이 있다는 강력한 가설이 있어서가 아니었다. 그런데 코르티솔 수치를 측정하려면 한쪽에서만 보이는 거울 건너편에 명상가를 편하게 있게 한 뒤, 정맥주사기로 한 시간마다 혈액을 채취해야만 했다. 리치와 댄은 다른 과학자 두 명과 교대하며 24시간 내내 실험을 진행했다. 그 실험은 여러 날 지속되었다.

그 명상가는 며칠 동안 여러 차례 버튼을 눌러 자신이 열반에 들었다는 신호를 보냈다. 하지만 코르티솔 수치에는 전혀 변화가 없었다. 코르티솔 수치와 열반은 서로 무관했다. 게다가 우리는 뇌 측정도 했는데, 역시 오늘날의 수준으로 봤을 때 그다지 적절한 측정법이 아니었다. 말이 뇌 측정이지 실은 원시적인 수준에 지나지 않았다. 그 후로 우리는 참으로 먼 길을 걸어온 셈이다.

명상과학이 계속 발전하면 그다음에는 무엇이 있을까? 달라이 라마는 눈을 반짝이며 댄에게 이런 말을 한 적이 있었다. "언젠가는 연구 대상이 되는 사람과 연구를 하는 사람이 한 사람, 즉 동일 인물이 되는 날이 올 겁니다."

그런 목표를 염두에 두어서 그랬는지, 달라이 라마는 에모리 대학교의 연구자들에게 권하여 티베트어로 강의하는 과학 강의를 수도원 승려들의 학과목으로 넣게 했다.• 대단히 급진적인 조치가 아닐 수 없었다. 그러한 변화가 600년 만에 일어난 것이다!

삶의 기쁨

2002년 9월 어느 서늘한 아침, 한 티베트 승려가 위스콘신 매디슨의 공항에 도착했다. 그 승려는 11,000킬로미터나 떨어진 네팔 카트만두 변두리의 산꼭대기에 자리한 수도원에서 왔다. 여기까지 오는 데 비행기로 18시간이 걸렸는데, 열 개의 시간대를 거치다 보니 날짜로는 사흘이 흘렀다.

리치는 1995년 마음과 삶 연구소 주관으로 다람살라에서 열린, 부정적인 감정을 주제로 한 모임에서 그 승려를 만난 적이 있었다. 그러나 어떻게 생겼는지는 기억나지 않았다. 그런데 쉽

• 그 교과 과정은 게셰 롭상 텐진 네기의 공동 지휘하에 티베트-에모리 과학 프로젝트Tibet-Emory Science Project에 의해 개발되었다. 새로운 교과 과정을 축하하기 위해, 인도 남부의 주 카르나타카에 위치한 티베트 불교 전초기지인 드레풍 수도원에서 달라이 라마와 과학자, 철학자, 명상가 들이 모임을 가졌는데, 리치도 거기에 참석한 바 있다. Mind and Life XXVI, "Mind, Brain, and Matter: A Critical Conversation between Buddhist Thought and Science," Mundgod, India, 2013.

게 알아볼 수 있었다. 데인 카운티 공항에서 황금색과 진홍색으로 된 승복을 입고 삭발한 사람은 그가 유일했기 때문이었다. 명상을 하며 뇌 스캔을 받기 위해 먼 곳까지 온 이는 밍규르 린포체Mingyur Rinpoche였다.

밍규르는 하룻밤을 쉬고 나서 연구실의 EEG실로 안내받았다. 스파게티 면 같은 전선들이 달린 샤워 모자가 있는 EEG실은 흡사 초현실주의 예술작품처럼 보였다. 특별히 설계된 샤워 모자에는 256개의 얇은 전선이 달려 있었고, 각각 두피에 부착된 센서와 연결되어 있었다. 이 장치는 센서와 두피의 밀착 여부에 따라 성능이 완전히 달라졌다. 뇌의 전기적 활동에 관한 유용한 데이터를 수집할 수 있지만, 잡음이나 잡아내는 안테나로 전락할 수도 있었다.

연구팀의 기술자가 밍규르의 두피에 각각의 센서를 정확한 위치에 부착하면서, 밍규르에게 15분도 걸리지 않을 거라고 했다. 하지만 삭발한 승려의 머리는 오랫동안 햇빛에 노출된 탓에 머리카락으로 보호받는 두피보다 더 두껍고 더 딱딱했다. 결국 두꺼운 두피를 통해 측정값을 낼 수 있도록 전극을 단단히 연결하는 일이 평소보다 훨씬 오래 걸렸다.

보통 그렇게 시간이 지연되면 피험자는 화까지는 아니더라도 조바심을 내곤 한다. 그러나 밍규르는 그런 상황에서도 동요하는 기색을 전혀 보이지 않았다. 그런 태도를 보며 잔뜩 긴장했던 연구실 기술자와 그것을 지켜보던 모든 사람도 마음을 놓았다. '이 사람은 어떤 일이 일어나도 개의치 않겠구나' 하는 느낌을 받았던 것이다.

이 일은 밍규르가 존재의 편안함에 도달해 있음을 보여준 첫 번째 사건이었다. 삶에서 일어날 수 있는 모든 일에 대해 느긋하게 준비하고 있는 자세가 어떤 것인지 확실히 느껴졌다. 밍규르에게서는 계속 끝없는 인내심과 온화하고 품격 있는 친절함이 풍겨 나왔다.

센서들이 두피에 확실하게 밀착되도록 하느라 영원 같은 시간이 흘렀다. 마침내 실험 준비가 완료되었다. 밍규르는 마티유 이후 처음으로 연구 대상이 되는 숙련된 수행자였다. 연구팀은 정말로 '무언가'가 있는지 발견할 수 있기를 열망하며 통제실에 옹기종기 모여 있었다.

예를 들어, 연민심처럼 소프트한 무언가를 정확히 분석하기 위해서는 까다로운 연구 계획이 있어야 한다. 세세한 사건에도 반응하는 복잡한 전기 신호들 안에서 정신 상태를 보여주는 특정 뇌 패턴을 감지할 수 있을 정도로 철저한 계획 말이다. 밍규르는 1분의 연민 명상과 30초의 휴식을 반복하게 되어 있었다. 측정 결과가 무작위한 것이 아니라 신뢰도가 높다는 것을 보여주기 위해, 밍규르는 이러한 반복을 네 번 연속 진행할 예정이었다.

애초에 리치는 이 실험 계획에 대해 대단히 회의적이었다. 리치를 비롯해 명상을 하는 연구실 사람들은 모두 마음을 가라앉히는 일에는 시간이 필요하다는 것을 알고 있었다. 몇 분이 아니라 훨씬 더 긴 시간 말이다. 그들은 밍규르 같은 사람이라도 바로 마음을 가라앉힐 수 있고 얼마 지나지 않아 내면의 고요에 도달하리라고는 생각하지 못했다.

이러한 회의적인 생각에도 리치와 동료들은 과학과 수행을 둘 다 알고 있는 마티유의 조언을 따랐다. 마티유는 그들에게 이런 정신적 훈련mental gymnastics은 밍규르 같은 수행가에게는 문제가 되지 않는다고 장담했다. 하지만 이런 식으로 검사를 받는 숙련된 명상가는 밍규르가 처음이었기 때문에, 리치와 동료들은 자신이 없었고 초조하기까지 했다.

다행히 위스콘신 대학교의 불교학자 존 던John Dunne이 통역을 맡아주었다. 과학에 관심이 많고, 인문학 지식도 풍부했으며, 티베트어도 유창한, 매우 드문 사람이었다.* 존 던은 밍규르에게 시간에 맞춰 지시를 전달했다. 밍규르는 '연민 명상 1분, 휴식 30초'를 총 4회 반복했다.

밍규르가 명상을 시작하자마자 그의 뇌에서 나오는 신호를 보여주는 컴퓨터 모니터에 엄청난 전기 활동이 나타났다. 사람들은 모두 밍규르가 움직여서 그런 거라고 생각했다. 움직임으로 인한 잡음은 EEG 연구에서 흔히 나타나는 문제다. 뇌파 검사기는 뇌 최상층에서 일어나는 전기 활동의 파형wave pattern을 기록한다.

* 당시 존 던은 위스콘신 대학교 아시아 언어 및 문화 학과 조교수였다. 현재는 리치의 연구 프로그램과 제휴하고 있는 명상인문학Contemplative Humanities 분야 석좌교수다.

그런데 몸을 움직여서 센서를 잡아당기면 측정치가 증폭되어 뇌파처럼 보이는 거대한 봉우리가 만들어지는데, 정밀 분석 과정에서 이런 잡음을 걸러내야만 한다.

그런데 이상하게도 이렇게 폭발적인 뇌파 신호는 밍규르가 연민 명상을 하는 내내 지속되었다. 하지만 누가 봐도 밍규르는 조금도 움직이지 않았다. 게다가 모니터상의 봉우리들은 휴식 상태에서 줄어들기는 해도 완전히 사라지지는 않았다. 그때도 그가 몸을 움직이는 것 같지는 않았다.

또다시 명상을 시작하라는 알림이 울렸고, 통제실에 있던 네 명의 연구원들은 꼼짝도 하지 않고 지켜보았다. 존 던이 명상을 시작하라고 티베트어로 전달했고, 연구원들은 침묵 속에서 EEG 모니터와 밍규르가 수련하는 모습을 담은 영상을 번갈아가며 주시했다.

곧바로 전기 신호의 극적인 폭발이 또 일어났다. 밍규르는 완벽한 부동자세를 취하고 있었다. 휴식기에 있다가 명상에 들어갔지만, 그의 자세에서 눈에 띄는 변화는 없었다. 그러나 모니터는 이전과 마찬가지로 뇌파의 급증을 보여주고 있었다. 밍규르가 연민 명상을 하라는 지시를 받을 때마다 이 패턴이 반복되었다. 이것을 본 연구원들은 깜짝 놀라 아무 말도 하지 못한 채 서로를 쳐다보았다. 너무 흥분한 나머지 자리에서 벌떡 일어나기 직전이었다.

그런데 바로 그때 이전까지 연구실에서 관찰된 적 없는 심오한 어떤 것이 보였다. 이로 인해 어떤 변화가 생길지는 아무도 예측할 수 없었지만, 거기 있던 사람들은 모두 신경과학 역사에서 중요한 변곡점을 목격했음을 예감했다.

이 실험에 대한 소식은 과학계에 일대 흥분을 불러일으켰다. 이 글을 쓰고 있는 지금 해당 실험 결과를 보고한 논문은 1,100회 이상 인용되었다.[6] 과학계가 이 발견에 주목한 것이다.

날아간 기회

밍규르 린포체에 대한 놀라운 정보가 과학계에 알려지자 하버드 대학교의 어느 유명한 인지과학자가 그를 초대했다. 밍규르는 그곳에서 두 가지 실험에 응했다. 한 실험에서는 정교한 시각적 이미지를 만들어달라고 요청했고, 다른 실험에서는 그가 초감각적 지각extrasensory perception에 대한 재능이 있는지 검사했다. 인지과학자는 자신의 연구에서 밍규르가 특별한 성과를 낼 거라고 기대하고 있었다.

그런데 밍규르의 통역사는 지시 사항을 듣고 매우 화가 났다. 실험 시간이 길고 대상자에게 부담스러웠을 뿐만 아니라 밍규르의 명상 기술과 전혀 관련이 없는 실험이었기 때문이었다. 통역사가 볼 때는 밍규르 같은 스승을 대하는 티베트의 규범에 어울리지 않는 무례한 행위였다. 그럼에도 밍규르는 실험 내내 평소처럼 좋은 기분을 유지했다.

밍규르는 인지과학자의 연구실에서 하루를 보냈지만, 결국 두 가지 실험 모두 성공적인 결과를 얻지 못했다. 밍규르의 실험 결과는 그 연구실의 평소 실험 대상이었던 대학교 2학년 학생들보다 나을 바가 없었다.

사실 밍규르는 수련을 시작한 초창기 이후 오랫동안 시각화 수련을 전혀 하지 않았다. 시간이 흐르며 그의 명상법도 진화했다. 밍규르가 현재 수련하는 (그리고 일상에서의 친절함으로 드러나는) 지속적인 열린 현존 방법ongoing open presence은 특정한 시각적 이미지를 만들어내기보다 모든 생각을 놓아버리기를 권장한다. 실제로 밍규르의 수련법은 어떤 이미지와 거기에 동반되는 감정을 의도적으로 생성하는 것과 정반대다. 따라서 시각화를 위해서는 아마도 그가 수련하는 방법을 반대로 사용해야 했을 것이다. 그래서 밍규르의 시각적 기억을 위한 회로가 특별한 성과를 내지 못했던 것이다.

'초감각적 지각'에 관해, 밍규르는 자신이 그런 비범한 능력이 있다고 주장한 적이 전혀 없었다. 실제로 그가 속한 전통의 문헌들은 그런 능력에 매료되면 명상의 길에서 막다른 곳에 도달한다고 가르치고 있다.

비밀은 없었다. 아무도 밍규르에게 묻지 않았을 뿐이다. 그는 의식, 마음, 명상 수련에 대한 최근 연구의 역설적 상황과 마주쳤던 것이다. 명상 연구를 하는 사람들은 대개 자신이 실제로 무엇을 연구하고 있는지에 대해 너무도 모른다.

보통 인지신경과학에서는 피험자가 연구자가 설계한 실험 계획을 따르게 된다. 그런데 연구자는 그런 설계를 할 때 피험자들과 전혀 상의하지 않는다. (잠재적으로 편향을 미칠 수 있는 가능성이 있으므로) 피험자들이 실험의 목적을 알지 못하도록 하기 위해서이기도 하고, 연구자들이 가설 및 선행 연구 등의 자신의 기준점을 가지고 있기 때문이다. 또한 연구자들은 피험자가 연구 주제에 대해 특별히 잘 알고 있다고 생각하지 않는다.

이처럼 전통적인 과학의 태도 탓에 이전의 열반 측정 연구에서 댄과 리치가 실패했던 것처럼, 초감각적 지각과 관련해 밍규르의 실제 능력을 실험할 기회를 놓쳐버리고 말았다. 두 실험 모두 1인칭과 3인칭의 괴리로 인해 명상가들의 놀라운 강점을 오판했다. 지금 생각해보면, 잭 니클라우스 같은 전설적인 골프 선수의 기량을 테스트하겠다며 농구 골대에 자유투를 던지게 한 셈이다.

신경상의 역량

밍규르가 리치의 연구실에 갔던 때로 되돌아가보자. 뇌 활동을 3차원 영상으로 보여주는 fMRI로 밍규르에게 또 다른 검사를 하자 놀라운 일이 벌어졌다. fMRI로는 뇌의 전기 활동을 추적하는 EEG를 보완할 수 있다. EEG는 시간 해상도가 높은 반면, fMRI

는 위치 해상도가 더 높다.

EEG는 뇌의 어디에서 변화가 일어났는지 보여주지 못한다. 그뿐만 아니라 뇌의 더 깊은 곳에서 일어나는 일도 보여주지 못한다. 그런 공간 해상도는 fMRI를 통해 얻을 수 있다. fMRI는 뇌 활동이 일어나는 영역을 아주 세세하게 지도로 보여준다. 반면 fMRI는 공간 해상도가 높지만, 시간 해상도는 낮아 EEG보다 1~2초 늦게 변화를 보여준다.

밍규르는 fMRI로 뇌 검사를 받으면서 연민 명상을 하라는 신호를 받았다. 이번에도 역시 통제실에서 지켜보고 있던 리치와 나머지 연구자들은 심장이 멈추는 듯했다. 밍규르의 공감 회로가 휴식기에 비해 700퍼센트에서 800퍼센트까지 더 활성화되었기 때문이었다.

어마어마한 상승에 과학자들은 어리둥절했다. 이처럼 강한 활성은 그동안 '일반인'을 대상으로 연구하면서 한 번도 보지 못했기 때문이었다. 이와 가장 유사한 사례는 뇌전증(간질) 발작이었다. 하지만 뇌전증의 경우에는 이런 상태가 1분이 아니라 몇 초 동안 잠깐 지속될 뿐이었다. 게다가 그때 뇌는 발작에 사로잡혀 있는 상태인 데 반해, 밍규르는 뇌 활동을 의도로 통제할 수 있어 아주 대조적이었다.

리치의 연구팀이 밍규르의 명상 수련 역사를 정리하면서 알게 되었는데, 밍규르는 명상 신동이었다. 첫 실험 당시 밍규르의 총 수련 시간은 62,000시간이었다. 그는 명상 전문가 집안에서 성장했다. 형제인 촉니 린포체Tsoknyi Rinpoche 그리고 이복 형제인 최키 니마 린포체Choekyi Nyima Rinpoche와 치키 초클링 린포체Tsikey Choking Rinpoche 모두 명상의 대가로 알려져 있었다.

아버지 툴쿠 우르겐 린포체Tulku Urgyen Rinpoche는 옛 티베트에서 훈련받았고, 이 내면의 기술에 통달한 몇 안 되는 살아 있는 대가로서 티베트 공동체에서 널리 존경받고 있었다. 그러나 그는 중국의 침략으로 티베트에서 살지 못하고 떠나야 했다. 이 글을 쓰고 있는 지금, 밍규르는 42년의 생애 중 10년이나 집중 수련을 했지만, 툴쿠 우르겐은 평생 20년 이상 집중 수련을 해왔다고 한다. 밍규르의 할아버지, 즉 툴쿠 우르겐의 아버지는 30년 이상 집중 수련을 했다고 전해진다.*

밍규르는 어린 시절 동굴에서 명상하는 수행자를 흉내 내는 것을 좋아했다. 열세 살이 됐을 때 3년간 집중 수련에 들어갔는데, 비슷한 수련을 시작하는 사람들에 비하면 10년 이상 빠른 것이었다. 그리고 집중 수련이 끝날 즈음에는 명상 수행의 능숙함을 인정받아 바로 다음에 열린 집중 수련에 지도자로 참가할 수 있었다.

---

* 툴쿠 우르겐의 아버지는 평생에 걸쳐 30년 이상 집중 수련을 했다고 한다. 그리고 툴쿠 우르겐의 증조할아버지인 전설적인 초클링 린포체Chokling Rinpoche는 '고요하고 생기 있는 수련still-vibrant practice' 계통을 창시한 영적 거인이었다. Tulku Urgyen, trans. Erik Pema Kunzang, *Blazing Splendor* (Kathmandu: Blazing Splendor Publications, 2005).

방랑자의 귀환

2016년 6월, 밍규르 린포체는 리치의 연구실에 다시 방문했다. 연구 대상으로 그곳을 처음 방문한 지 8년 만이었다. 우리는 그의 뇌를 촬영한 fMRI 영상에서 이번에는 또 어떤 것을 볼 수 있을지 잔뜩 기대에 부풀어 있었다.

몇 년 전 밍규르는 다시 3년간 집중 수련을 할 것이라고 말했었다. 세 번째 집중 수련이었다. 그런데 그 방식이 매우 놀라웠다. 전통적인 방법처럼 수행원 한 명을 데리고 외딴 은둔처로 들어가는 대신 옷가지, 약간의 현금, 신분증만 챙긴 채 인도 부다가야의 수도원에서 사라져버린 것이었다.

오랜 기간 방랑하면서 밍규르는, 겨울에는 인도 평원에서 고행자로 지냈고, 따뜻한 계절에는 전설적인 티베트 고승들이 머물렀던 히말라야 동굴에서 탁발승으로 살았다. 옛 티베트에서는 드물지 않았던 이런 방랑자의 집중 수련(만행萬行)이 희귀해진 때였다. 고국을 떠나 현대 세계로 들어온 밍규르 같은 티베트인들 사이에서는 특히 더 그랬다.

그렇게 방랑하는 동안 밍규르는 자신의 근황을 외부 세계에 알리지 않았다. 어느 동굴에서 대만의 한 여승이 그를 알아보자, 자신은 잘 지내고 있으니 걱정하지 말라는 말과 제자들에게 열심히 수련하라는 당부의 말을 담은 편지를 보냈을 뿐이었다. 밍규르의 오랜 친구인 한 승려가 어렵사리 그를 만났을 때 사진을 한 장 찍었는데, 수염은 덥수룩했고 머리도 길었지만 얼굴은 환하게 빛나고 있었다. 그야말로 환희로 넘치는 사람의 표정이었다.

2015년 11월 어느 날, 밍규르는 침묵을 지키며 방랑자로 지냈던 4년 반의 시간을 끝내고 갑자기 부다가야의 수도원에 다시 나타났다. 리치는 그 소식을 듣고는 같은 해 12월 바로 인도를 방문해 그를 만났다.

그 후 몇 개월이 지나고, 밍규르는 미국에서 가르침을 펼치던 중 매디슨에 잠깐 들러 리치의 집에서 머물렀다. 리치의 집에 도착한 지 몇 분 만에 밍규르는 다시 스캐너 속에 들어가겠다고 동의했다. 힘든 생활을 마치고 돌아온 지 몇 달밖에 지나지 않았지만, 밍규르는 최첨단 연구실을 편안하게 느끼는 듯했다.

그가 MRI실에 들어서자 연구실의 기술자가 "지난번 스캐너에 들어가셨을 때도 제가 담당 기술자였습니다"라고 말하며 다정하게 맞이했다. 밍규르는 환한 미소로 화답했다. 기계가 준비되길 기다리는 동안 밍규르는 리치 연구실의 또 다른 일원인 인도 하이데라바드 출신의 과학자와 농담을 주고받았다.

이제 스캐너에 들어가도 좋다는 신호를 받은 밍규르는 샌들을 벗고 MRI 스캐너 안에 누웠다. MRI 기술자는 그의 머리를 요람 모양 받침대에 얹고 끈으로 묶었다. 그의 머리는 받침대에 꽉 끼어서 2밀리미터 이상 움직일 수 없었다. 뇌를 정밀하게 촬영한 영상을 얻기 위한 장치였다. 히말라야의 가파른 비탈길을 수년간 오가며 두꺼워진 종아리가 잠시 후 MRI의 스캐너 속으로 미끄러지듯 사라졌다.

밍규르가 마지막으로 방문한 이후 측정 기술이 많이 향상되었다. 우리는 모니터로 뇌 주름을 더 선명하게 볼 수 있게 되었다. 그리고 이 데이터와 몇 년 전에 얻은 데이터를 비교했다. 이 기간 동안 같은 연령대의 평범한 남성들의 뇌에 일어난 변화와 밍규르의 뇌에 일어난 변화를 비교하려면 수개월이 걸릴 터였다.

밍규르가 집중 수련을 마치고 돌아오자 세계의 많은 연구소에서 그의 뇌를 검사하고 싶다고 요청했지만, 밍규르는 모두 거절했다. 이러다 계속 피험자로 지내게 될까 두려웠기 때문이다. 그럼에도 리치와 동료들에게 뇌 스캔을 허락한 것은, 그들이 지난번 스캔에서 얻은 종단 데이터longitudinal data를 가지고 있고 자신의 뇌가 특이하게 변화하는 방식을 분석해낼 수 있으리라는 것을 알았기 때문이었다.

리치의 연구팀은 2002년 처음으로 밍규르의 뇌를 촬영했다. 그리고 2010년에 두 번째로, 2016년에 세 번째로 촬영했다. 이 세 번의 검사를 통해 연구팀은 나이에 따른 뇌의 분자 조직 부위인 회백질의 밀도가 어떻게 감소하는지 확인할 수 있었다. 사람들은 나이가 들수록 회백질의 밀도가 감소한다. 그리고 9장에서 보았듯, 특정한 사람의 뇌를 같은 연령대 사람들의 뇌에 대한 대규모 데이터베이스와 비교할 수 있다.

고해상도 MRI 기술이 세상에 나오자, 과학자들은 해부학적 표지를 이용해 뇌의 나이를 추정할 수 있었다. 특정 연령에 해당하는 사람들의 뇌는 정규 분포를 형성해 종형 곡선을 그린다. 다시 말해, 대다수 사람의 뇌는 그들의 실제 나이 대에 걸쳐 있다. 하지만 일부 사람들의 뇌는 생활 연령에 비해 더 빨리 노화해 치매 같은 뇌 질환에 걸릴 위험에 처하기도 한다. 또 어떤 사람들의 뇌는 생활 연령에 비해 더 느리게 노화하기도 한다.

이 글을 쓰고 있는 현재, 밍규르의 뇌를 대상으로 가장 최근에 실시된 일련의 스캔 데이터는 아직 처리 과정을 거치는 중이다. 하지만 정량적인 해부학적 지표를 이용해 이미 어떤 명확한 패턴을 발견하고 있다. 밍규르의 뇌를 같은 연령대의 표준적인 뇌와 비교하면, 밍규르는 백분위수로 99번째에 해당한다. 즉 실제 나이가 밍규르와 동일한 사람이 100명 있다면, 그는 나이와 성별이 같은 100명 중에서 가장 어린 뇌의 소유자다. 밍규르가 방랑자 생활을 하며 집중 수련을 한 후 뇌에 일어난 변화를 대조군과 비교해보면, 밍규르의 뇌는 분명히 더 느리게 노화하고 있었다. 당시 밍규르의 실제 나이는 41세였지만, 뇌는 33세인 사람의 뇌에 가까웠다.

이처럼 주목할 만한 사실은 변성된 특성의 토대인 신경가소성의 가능성을 보게 해준다. 뇌 구조상의 근본적인 변화를 반영하는 존재 양식mode of being이 있는 것이다.

밍규르가 방랑자로 지냈던 몇 년 동안의 총 수련 시간을 계산하기란 쉬운 일이 아니다. 숙련된 명상가인 그에게 '명상'은 개별 활동이 아니라 지속적인 특성이 된다. 진정한 의미에서 보면, 밍규르는 밤낮 가리지 않고 지속적으로 수련한다. 사실 그의 수련 계통에서는 방석에 앉아서 수련하며 시간을 보내느냐 아니면 일상생활을 하느냐가 중요하지 않다. 무엇을 하고 있든, 그 일을 하면서 명상 상태에 있느냐 아니냐가 중요하다.

밍규르는 리치의 연구실을 맨 처음 방문했을 때부터 의도적이고도 지속적인 정신 활동이 신경 회로를 재설계할 수 있음을 암시하는 데이터를 제공했다. 그러나 밍규르에게서 발견한 것들은 일화적인 사례에 불과했다. 놀라운 그의 가족 이력을 생각할 때, 명상을 하도록 동기 부여하고 숙련도가 높아질 수밖에 없는 유전적 소인을 가지고 있을지도 모른다.

따라서 보다 설득력이 있으려면 밍규르 같은 수준의 더 많은 숙련된 명상가들에게서 지속적으로 같은 결과가 나와야 한다. 밍규르의 놀라운 신경 기능은 세계적 수준의 명상 전문가들로부터 데이터를 수집해온 독특한 뇌 연구 프로그램의 일부일 뿐이다. 리치의 연구실은 뇌과학뿐 아니라 명상 전통의 역사에서 유례를 찾아볼 수 없는 놀라운 발견들을 계속 내놓고 있다. 그러면서 수행자들에게서 얻은 수많은 측정값을 꾸준히 연구하고 분석하고 있다.

정리

처음에는 리치의 연구팀도 숙련된 수행자들의 협조를 얻어내는 것이 불가능했다. 그런데 생물학 박사 학위가 있는 숙련된 수행자 마티유 리카르가 수행 동료들에게 명상 연구 참여가 사람들에게 유익할 것이라는 확신을 주었고, 이런 연유로 총 21명의 수행자가 협조하겠다고 나섰다. 마티유는 리치의 연구팀과 혁신적인 공동 연구에 참여하며 실험 설계를 도왔다. 마티유 다음으로 리치의 연구실에 온 수행자는 밍규르 린포체였다. 밍규르는 평생 수련 시간이 마티유보다 더 길어서 당시 62,000시간에 달했다. EEG를 이용한 실험에서 연민 명상을 하는 동안 밍규르의 뇌에서 전기 활동이 급증했다. fMRI 영상을 통해 밝혀진 바에 따르면, 밍규르의 공감 회로는 휴식기에 비해 700퍼센트에서 800퍼센트까지 증가했다. 그리고 4년 반 동안 방랑자 생활을 하며 집중 수련을 한 후에는 뇌의 노화 속도가 느려져, 실제 나이가 44세임에도 33세의 표준적인 뇌와 유사했다.

12

숨겨진 보물

Altered Traits

◇◇○○

밍규르의 매디슨 방문은 매우 놀라운 결과를 낳았지만, 밍규르와 같은 연구 대상은 또 있었다. 리치의 연구실에서는 수년간 공식적으로 21명의 수행자를 대상으로 실험을 진행했다. 내면의 기술에서 최고봉에 이른 사람들로, 각자 총 수련 시간이 12,000시간에서 62,000시간에 달했다(62,000시간은 밍규르의 기록으로, 4년 반 이상 방랑자로 떠돌며 집중 수련하기 전에 연구의 일환으로 수련했던 시간은 제외하고 계산한 것이다).

수행자들은 3년짜리 집중 수련(실제 평균 기간은 3년 3개월 3일이었다)을 최소한 한 번 이상 마쳤고, 집중 수련 동안 매일 최소 8시간씩 명상을 했다. 적어도 총 9,500시간을 명상한 것이다. 이들은 모두 동일한 방식으로 검사를 받았다. 세 종류의 명상을 1분씩 네 차례 반복하는 식이었다. 측정값들이 산더미처럼 쌓였다.

숙련된 명상가들이 그 짧은 시간에 보여주는 극적인 변화들을 분석하는 데 리치의 연구팀은 수개월을 보냈다. 그 수행자들도 밍규르처럼 제각기 신경의 독특한 징후로 드러나는 특정한 명상 상태를 자유자재로 드나들었다. 또한 역시 밍규르와 마찬가지로 쉽사리 연민심을 자아내기도 하고, 어떤 일이 일어나든 완전하게 열려 있는 넓은 평정심을 보이기도 하고, 레이저처럼 예리하고 깨지지 않는 집중력을 보여주기도 했다.

수행자들은 수초 만에 엄청난 수준의 알아차림 상태에 진입했다 빠져나왔다. 그러한 인식의 변화는 측정 가능한 뇌 활동의 두드러진 변화를 동반했다. 이렇게 집단적인 정신 수련의 성과는 일찍이 과학계에서 찾아볼 수 없던 것이었다.

과학적 놀라움

1장에서 마음과 삶 연구소의 공동 창립자였던 프란시스코 바렐라가 간암에 걸려 세상을 떠났다는 이야기를 했었다. 간암이 악화되어 바렐라가 병석에 누워 있던 시절로 돌아가보자. 바렐라는 매디슨에서 열릴 예정이던 달라이 라마와의 간담회에 오려 했지만, 마지막 순간에 참석을 취소하고 대신 가까운 제자인 앙투안 루츠Antoine Lutz를 보냈다. 당시 앙투안은 바렐라의 지도 아래 막 박사 학위를 받은 상태였다.

리치와 앙투안은 이 회의 전날 처음 만났지만, 마음이 아주 잘 맞았다. 앙투안은 공학을 전공했고 리치는 심리학과 신경과학을 전공했는데, 이런 배경 덕분에 두 과학자는 서로 보완할 수 있는 좋은 파트너가 되었다.

그 후 앙투안은 리치의 연구실에서 10년간 함께하며 EEG와 fMRI 분석에 정밀함을 더했다. 앙투안은 바렐라와 마찬가지로 헌신적인 명상가여서, 내면으로 향하는 통찰 성향과 과학적 사고 방식을 모두 지닌 리치의 특별한 동료가 되었다.

현재 프랑스 리옹 신경과학 연구센터Lyon Neuroscience Research Center; CRNL의 교수로 재직 중인 앙투안은 명상신경과학에 대한 연구를 계속하고 있다. 그는 수행자들을 연구하는 일에 처음부터 참여했으며, 그 연구에서 발견된 결과들을 공동 집필해왔다.

정교한 통계 프로그램으로 면밀히 조사하기 위해 수행자들의 원 데이터raw data를 준비하는 일은 고된 작업이었다. 휴식을 취할 때와 명상을 할 때 뇌 활동의 차이점을 알아내려면 엄청난 전산 작업을 해야 했다. 그래서 앙투안과 리치는 어마어마한 데이터 속에 숨겨진 패턴을 발견하느라 상당히 오랜 시간을 들였다. 이는 명상 상태에서 뇌 활동을 변화시키는 수행자들의 능력을 목격하며 흥분하느라 빛을 보지 못했던 실험적 증거들이었다. 사실 그렇게 연구팀이 놓친 패턴들은 수개월 뒤 바쁜 일이 끝나고 나서 분석팀이 데이터를 다시 살펴보는 과정에서 드러났다.

통계팀은 수행자들의 기본 뇌 활동과 1분간 명상하는 동안의 뇌 활동 사이의 차이를 계산함으로써 일시적인 상태 효과에 초점을 맞추고 있었다. 리치는 앙투안과 함께 그 수치들을 검토했다. 그는 수행자들의 초기 기본 뇌파 측정치(실험 시작 전 휴식을 취하고 있을 때 측정한 수치)가, 수행자들이 실시했던 명상과 동일한 명상을 시도한 대조군의 기본 뇌 활동 수치와 동일한지 확인하고 싶었다. 그래서 기본 뇌파 측정치만 다시 보기로 했다.

리치와 앙투안은 몇 대의 컴퓨터가 고속으로 처리한 것들을 검토하기 위해 자리에 앉았다. 모니터의 숫자들을 확인하고 서로 얼굴을 쳐다보았다. 자신들이 보고 있는 게 무엇인지 정확히 알고 있었던 그들은 딱 한마디 말밖에 할 수 없었다. "굉장하군!"

모든 수행자가 열린 현존과 연민 명상을 수련할 때뿐 아니라 명상 전 기저 상태에서도 큰 진폭의 감마파 진동gamma oscillations을 보여주었다. 이 감마파 진동은 기본 뇌파를 측정하는 1분 내내 지속되고 있었다. 명상을 시작하기 전에 말이다.

이것은 밍규르가 열린 현존과 연민 명상 수련 동안 급상승하는 것을 보여주었던 바로 그 뇌파 파장이었다. 이제 리치의 팀은 모든 수행자에게서 동일한 패턴을 확인했다. 다시 말해, 리치와 앙투안은 지속되는 변형을 보여주는 신경 신호를 우연히 발견했던 것이다.

뇌파 파장은 (헤르츠로 측정하는) 주파수에 따라 네 가지 주요 유형이 있다. 가장 느린 파장인 델타파는 초당 1회에서 4회 주기로 진동하며 주로 깊은 수면 중에 발생한다. 그다음으로 느린 세타파는 졸릴 때 나타난다. 알파파는 우리가 거의 생각하지 않고 휴식하고 있을 때 발생한다. 가장 빠른 베타파는 생각, 각성, 집중 중에 발생한다.

위의 네 가지 주요 뇌파보다 더 빠른 뇌파인 감마파는 정신적 요소들이 '찰칵'하고 맞아 들어가는 통찰의 순간에 발생한다. 이렇게 '찰칵'하는 느낌을 얻고자 한다면 이 문제를 풀어보라. 'sauce, pine, crab'과 결합해 합성어를 만들 수 있는 단어는 무엇일까? 정답은 apple이다(applesauce, pineapple, crabapple).

마음속에서 답이 떠오르는 순간, 뇌는 즉각적으로 감마파를 폭발시킨다. 이 외에도 일시적으로 감마파를 끌어낼 수 있는 경우가 있다. 예를 들어, 과즙이 풍부한 잘 익은 복숭아를 한 입 베어 무는 상상을 하면, 뇌는 후두엽, 측두엽, 체성감각 영역, 뇌섬엽, 후각피질 등 다양한 영역에 저장된 기억들을 한꺼번에 끌어내 복숭아를 깨무는 모습과 그때의 냄새, 맛, 느낌, 소리를 혼합한다. 짧은 순간에 각각의 피질에서 나오는 감마파가 동시에 진동한다. 창의적 통찰에서 오는 감마파는 일반적으로 수행자들에게서 볼 수 있었던 것처럼 1분이나 지속되지 않는다. 대부분 5분의 1초 이하로 지속될 뿐이다.

모든 뇌파는 독특한 감마파를 순간적으로 보여줄 것이다. 깨어 있는 동안에는 보통 서로 다른 주파수의 뇌파들이 오락가락한다. 이러한 뇌 진동들brain oscillations은 정보 처리와 같이 복잡한 정신 활동이 진행되고 있음을 반영하는 것이고, 정신 활동의 다양한 주파수들은 다른 기능에 광범위하게 대응한다. 진동들의 위치는 뇌 부위에 따라 다르다. 한 부위의 피질에서는 알파파가 보이고, 다른 곳에서는 감마파가 보일 수 있다.

수행자들의 뇌 활동에서 일반 사람들과 달리 나타나는 독특한 특징이 바로 감마파다. 흔히 관찰되는 감마파는 리치의 연구팀이 밍규르 같은 수행자들에게서 보았던 것만큼 강하지 않다. 감마파의 강도 면에서 수행자 그룹과 대조군의 차이는 엄청났다. 평균적으로 수행자들은 기본 뇌파에서 대조군에 비해 25배나 더 큰 진폭의 감마파를 보였다.

우리는 이런 현상이 어떤 의식 상태를 반영한 것이라고 추측할 뿐이다. 밍규르 같은 수행자들은 명상을 할 때뿐 아니라 일상에서도 열린 자각을 계속 경험하는 것 같다. 수행자들은 그런 상태를 모든 감각이 완전하고 풍요로운 경험의 파노라마에 활짝 열려 있는 것 같은 광활함spaciousness과 광대함vastness으로 설명한다.

14세기에 티베트어로 쓰인 경전에서는 이러한 경험을 다음과 같이 묘사한다.[1]

> 그 무엇으로도 가려지지 않은 투명한 인식 상태
> 노력이 필요하지 않고, 눈부시게 선명하며, 편안하고 자유로운 지혜 상태
> 고정되지 않으며, 수정처럼 맑고, 비교할 수 없는 상태
> 탁 트이고 활짝 개어 명료하고, 활짝 열려 있으며, 감각에 구애받지 않는 상태

리치와 앙투안이 연구실에서 발견한 감마파 뇌 상태gamma brain state는 보기 드문 것을 넘어 아예 전례가 없는 것이었다. 그 어떤 뇌 연구실에서도 몇 분의 1초가 아닌 몇 분 동안 그토록 강력한 감마파 진동이 지속되는 것을 본 적이 없었다.

놀랍게도, 이렇게 지속적으로 뇌를 공명하는 감마파 패턴은 심지어 숙련된 명상가들이 잠든 동안에도 유지되었다. 리치의 연구팀이 평균 10,000시간 동안 위빠사나 수련을 한 명상가들을 대상으로 실시한 다른 연구에서 발견한 것처럼 말이다. 다시 말하지만, 깊은 수면 중에도 지속되는 이런 감마파 진동은 이전에는 볼 수 없었던 것으로, 밤낮으로 지속되는 의식의 잔류 특성을 반영하는 듯하다(티베트 수행자들의 수면을 다룬 연구는 아직까지 행해진 바 없지만, 실제로 그들은 잠을 자는 동안 명상 수련을 한다).[2]

수행자들의 감마파 진동 패턴은, 보통 이런 파동이 특정 신경 위치에서만 잠시 발생하는 것과 대조를 이룬다. 숙련된 명상가들의 경우, 특정한 정신적 행위와 상관없이 뇌 전체의 감마파 수준이 급격히 높아진 것이다. 전대미문의 발견이었다.

수년간의 명상 수련이 뇌에 지속적으로 변형을 새겨 넣어 신경상의 공명이 나타난 것으로 보인다. 그리고 리치와 앙투안은 이를 처음으로 지켜보는 사람이었다. 변성된 특성이라는 진정한 보물이 지금까지 데이터 속에 숨겨져 있었던 것이다.

특성에 의한 상태

앙투안은 많은 연구를 주도했다. 그중에는 처음으로 명상을 해보는 실험 지원자들이 수행자들과 동일한 수련법을 일주일 동안 수행하는 실험이 있었다. 지원자들의 뇌는 쉬고 있을 때와 명상을 하고 있을 때 별다른 차이를 보이지 않았다.[3] 수행자들의 뇌가 쉬고 있을 때와 명상 중일 때 놀라운 차이를 보였던 것과 대조적이다. 무엇이든 정신 기술을 학습하는 데는 오랜 시간이 걸리기 때문에 그리고 수행자들이 평생에 걸쳐 엄청난 시간을 들여 명상을 해왔기 때문에, 초보자들과 숙련자들 간에 엄청난 차이가 있는 것은 그리 놀랍지 않았다.

놀라운 점은 있었다. 수행자들은 1, 2초 안에 특정한 명상 상태에 들어가는 탁월한 능력이 있었다. 바로 변성된 특성을 나타내는 것이다. 수행자들의 정신적 성과는 초보자에 가까운 명상가들과 차이가 컸다. 명상을 할 때 마음을 안정시키고 집중을 방해하는 산만한 생각을 떨쳐버리면서 어느 정도 명상 수행에 탄력이 붙기까지는 시간이 걸린다.

우리는 명상 중 가끔 '좋은' 경험을 하기도 하고, 때로는 수련 시간이 얼마나 남았는지 보려고 시계를 흘끗거리기도 한다. 하지만 수행자들은 다르다.

수행자들의 놀라운 명상 기술은 전문 용어로 '특성 상호작용에 의한 상태state by trait interaction'라 알려져 있다. 이는 특성의 기반이 되는 뇌의 변화를 통해서 명상 상태에서 어떤 능력이 활성화된다는 것을 암시한다. 즉 그들의 명상 상태는 더 빨리 시작되고, 더 강렬하며, 더 오래 지속된다.

명상과학에서 '변성된 상태'란 오로지 명상 중에만 발생하는 변화를 일컫는다. 그리고 변성된 특성이란, 명상 수련이 뇌와 생리적 변화를 유발해, 명상으로 유도된 변화들이 명상을 시작하기 전에 나타나기도 한다는 것을 의미한다.

따라서 '특성에 의한 상태' 효과는 지속적으로 변성된 특성을 보이는 사람들, 즉 장기적으로 수련해온 명상가들과 전문가 수준의 명상가들에게만 일시적으로 나타나는 상태 변화를 말한다. 리치의 연구실에서는 몇몇 사람이 연구 기간 동안 그러한 상태 변화를 보여주었다. 수행자들이 열린 현존과 연민 명상을 하는 동안 감마파가 대조군의 것보다 훨씬 더 큰 폭으로 상승했음을 떠올려보라. 감마파가 이렇게 급격히 활성화된 것은 또 다른 특성에 의한 상태 효과를 의미한다.

게다가 수행자들이 '열린 현존'으로 쉬고 있는 동안 상태와 특성 구분은 흐릿해진다. 전통적으로 수행자들은 열린 현존 상태와 일상적인 삶에서의 상태를 잘 결합시켜 상태를 특성으로 변화시키라는 명시적 가르침을 받는다.

행동 준비 완료

실험 참가자들은 뇌를 검사하는 스캐너 안에 누워 있었고, 머리는 크고 무거운 헤드폰으로 단단히 고정되어 있었다. 명상 초보자 집단과 수행자 집단이 연민 명상을 하는 동안 뇌 스캔 검사를 받았다. 수행자 집단은 평생 수련 시간이 약 34,000시간으로, 티베트 수행자와 서양 수행자 들로 구성되었다.[4]

연구 협력자인 마티유 리카르는 그들이 수련하는 방법을 다음과 같이 설명했다. "먼저 당신이 깊이 아끼는 누군가를 떠올려 그 사람에 대한 연민심을 배양하라. 그런 다음 특정 사람을 넘어 모든 존재를 향해 그런 마음을 내라."•

이렇게 연민 명상을 하는 동안 사람들은 각자 여러 소리를 연속적으로 듣는다. 아기 웃음소리와 같은 행복한 소리도 있고, 카페의 배경음악처럼 중립적인 소리, (6장의 연구들에서 나온 비명 소리처럼) 인간의 고통이 담긴 소리도 있다. 공감과 뇌에 관한 이전 연구들처럼 고통에 주파수가 맞춰진 신경 회로는 쉬고 있는 때보다 연민 명상을 하는 동안 강하게 활성화된다.

중요한 것은 타인의 감정을 공유하기 위한 이러한 뇌 반응이 초보자에 비해 수행자들에게서 더 강하게 나타났다는 것이다. 게

• 뇌 스캔 검사를 받기 전 일주일 동안, 초보자들은 하루에 20분을 이렇게 모든 존재를 향한 긍정 상태를 생성하면서 보냈다.

다가 그들은 연민 명상으로 전문적인 기술이 숙련되어 있었기 때문에, 상대방의 정신적 상태를 감지하거나 그들의 관점을 받아들이는 데 주로 개입하는 회로의 활동 역시 증가됐다. 마지막으로 여러 뇌 영역의 활동이 많아졌는데, 주변에서 두드러진 것을 찾아내는 데 핵심적인 역할을 하는 편도체가 특히 더욱 그랬다. 그 결과, 우리는 다른 사람의 고통이 매우 중요하다고 느끼고 더 많은 관심을 기울이게 된다.

확실히 명상 고수들은 움직일 준비를 할 때 몸을 안내하는 운동중추의 활성이 급증했다. 가만히 스캐너 안에 누워 있는 상태에서도 우리가 어떤 움직임을 취할 준비를 하면, 뇌의 운동 영역은 도움을 주려는 결정적 행동을 취할 준비를 한다. 명상 고수들은 그 회로에서 엄청난 활동 증가를 보여주었다. 행동과 관련된 신경 영역인 전운동피질premotor cortex이 활성화된 것은 놀라웠다. 우리가 타인의 고통에 공감할 때 도움을 주도록 준비해주는 곳이기 때문이다.

연민 명상을 하는 수행자들의 신경 프로파일은 변화의 길이 향하는 종착점을 보여주는 듯하다. 명상을 해본 적 없는 사람들, 즉 완전한 초보자들은 연민 명상을 하는 동안에도 그런 패턴이 보이지 않았다. 이런 패턴이 나타나려면 약간의 연습이 필요하다. 용량-반응 관계가 존재하는 것이다. 초보자들에게는 거의 보이지 않는 이런 패턴이 평생에 걸쳐 장시간 명상을 한 사람들에게는 많이 보인다. 그 패턴이 가장 많이 보이는 부류는 명상 고수들이다.

흥미롭게도 연민 명상을 하는 동안 타인이 고통스러워하는 소리를 들었던 수행자들은 후측 대상피질의 활동성이 약해진 것으로 나타났다.[5] 이 부위는 자기중심적 사고의 핵심 영역이다. 명상 고수들은 고통이 담긴 소리를 들으면 타인에게 더 주의를 기울이는 것처럼 보인다.

또한 명상 고수들은 후측 대상피질과 전전두피질 간의 연결에 더 강한 패턴을 보였다. 이는 '나한테 어떤 일이 일어날까'와 같은 자기 염려self-concern가 하향 조절되었음을 암시한다. 이는 자기 염려는 연민심을 위축시킬 수 있다.[6]

일부 명상 고수들이 나중에 설명한 바에 따르면, 자신들은 수련을 통해 행동할 준비가 되어 있기 때문에 고통받는 사람을 만나면 주저 없이 그 사람을 돕는 경향이 있다고 한다. 이런 준비성은 누군가의 고통에 기꺼이 함께하려는 의지며, 고통에 빠진 사람에게서 물러나려는 일반적인 경향과 반대다.

이는 티베트 명상의 거장이자 마티유의 스승인 딜고 켄체 린포체가 해준 조언을 그대로 구현하는 것이다. "어떠한 정신적 거리낌도 방해물도 없이 모든 상황과 감정 그리고 모든 사람에게 온전한 수용과 열림을 베푸는 능력을 계발하라."[7]

통증에 대한 현존

18세기 티베트의 한 경전에는 "어떤 고난이 오든 수련으로 매진하라"라는 말이 있다. "아플 때는 병을 통해 수련하고… 추울 때는 추위를 통해 수련하라. 그렇게 수련하면 모든 상황이 명상이 될 것이다."[8]

밍규르 린포체도 모든 감각을, 심지어 통증조차도 친구로 삼아 명상의 토대로 활용하라고 권한다. 명상의 본질이 알아차림이기 때문에, 우리의 주의를 끄는 모든 감각은 깨어 있음의 도구로 활용될 수 있다. 특히 통증은 주의 집중에 매우 효과적이다. 밍규르가 말했던 것처럼 통증을 없애려 하는 대신 받아들이는 방법을 배우고 친구로 삼으면, 통증과의 관계를 '부드럽고 따뜻한 것'으로 만들 수 있다.

이 조언을 염두에 두면서 리치의 연구팀이 열 자극기를 이용해 명상 고수들에게 격렬한 통증을 유발했을 때 벌어졌던 일을 한번 살펴보자. 이 실험은 밍규르를 포함하여 모든 명상 고수를 나이와 성별이 똑같은 명상 초보자들과 비교하는 실험이었다. 초보자들은 연구에 참여하기 전 일주일 동안 '열린 현존' 수련법을 배웠다. 이는 삶에서 일어나는 모든 일을 생각이나 감정으로 반응하지 않고, 그저 오고 가게 내버려두는 주의 깊은 태도attentional stance다. 이런 상태에서는 우리의 감각이 완전히 열려 있어, 감정의 기복에 휩쓸림 없이 그저 현재 일어나는 일에 대한 알아차림을 유지한다.

실험 초기에 참가자들은 각각 감내할 수 있는 최대 온도를 찾기 위한 테스트를 받았다. 그런 뒤 뜨거운 장치가 10초 동안 작동할 것이라는 말을 들었다. 장치가 완전히 뜨거워지기 전 경고의 의미로 10초간 따뜻함이 느껴질 정도로 데워질 것이라는 말도 들었다. 그러는 동안 그들의 뇌는 정밀하게 스캔되고 있었다.

열판이 살짝 뜨거워지는 순간, 즉 통증이 시작된다는 신호가 오는 순간 명상 초보자들인 대조군은 이미 뜨거움을 강렬하게 느끼고 있는 것처럼, 뇌의 통증 시스템pain matrix 영역이 활성화되었다. 전문 용어로 '예기불안anticipatory anxiety', 즉 통증이 오기도 전에 통증을 느끼는 반응이 너무 극심해, 실제로 뜨거운 열기가 가해졌을 때도 통증 시스템이 조금 더 활성화됐을 뿐이었다. 그리고 열이 가라앉은 직후인 10초간의 회복기에도 통증 시스템의 활성 상태가 거의 그대로 유지되었다. 즉각적인 회복이 없었던 것이다.

'예기-반응-회복'이라는 이 일련의 현상은, 감정 조절에 관한 창을 제공한다. 예를 들어, 앞으로 받게 될 고통스러운 의료 치료가 너무 걱정될 때, 우리는 그 아픔을 상상하는 것만으로도 예기 고통을 유발할 수 있다. 실제 시술이 끝난 후에도 앞서 겪은 일로 인해 계속 마음이 불편할 수 있다. 이런 맥락에서 우리의 통증 반응은 실제로 통증이 발생한 순간보다 훨씬 이전에 시작되어 통증이 다 끝난 후에도 오랫동안 지속될 수 있다. 이것이 바로 대조군의 명상 초보자들이 보여준 패턴이었다.

반면 명상 고수들은 아주 다른 반응을 보였다. 그들도 대조군과 마찬가지로 열린 현존 상태에 있었다. 물론 그들의 열린 현존 정도는 초보자들보다는 훨씬 더 강했을 것이다. 명상 고수들의 경우, 10초 후 극심한 통증이 시작될 것이라는 신호로 가열판이 약간 따뜻해졌을 때도 통증 시스템이 거의 활성화되지 않았다. 수행자들의 뇌는 특별한 반응을 보이지 않은 채 통증의 시작 신호를 인식한 것 같았다.

그러나 실제로 뜨거운 열기가 가해지는 순간, 명상 고수들은 놀라울 정도로 고조된 반응을 보였다. 이러한 반응은 자극에 대한 세세한 느낌, 즉 따끔거림, 압박감, 열감, 그 외 피부에 가해지는 순수한 감각을 알아차리는 것으로, 통증 시스템보다는 감각 영역들에서 주로 발생했다.

이는 통증 자체의 감각과 더불어 통증을 예상하면서 느끼는 불안 같은 심리적 요소의 개입이 훨씬 적었다는 것을 의미한다. 열기가 멈추자 통증 시스템의 모든 영역은 통증 신호를 받기 전의 상태로 빠르게 되돌아갔다. 대조군보다 훨씬 빠른 속도였다. 이렇게 고도로 훈련된 명상가들은 거의 아무 일도 없었던 것처럼 통증에서 회복됐다.

고통스러운 사건을 예기하는 동안에는 거의 반응이 없다가 실제로 사건이 발생하는 순간에 반응 강도가 급증하고 그 후 신속히 회복되는 이런 역逆 V자 패턴은 대단한 적응력을 보여주는 것일 수 있다. 이러한 패턴은 어떠한 문제가 발생할 때 우리가 그 문제에 온전하게 반응하게 해준다. 더는 유용하지 않은 문제 발생의 전과 후에 감정적 반응이 개입하지 않게 함으로써 말이다. 그야말로 최적의 감정 조절 패턴이 아닌가 싶다.

어렸을 때 충치 때문에 치과에 가게 되면 얼마나 무서웠는지 기억나는가? 그 나이대에는 치과에 가는 것이 악몽처럼 느껴졌을 것이다. 그러나 우리는 나이가 들면서 조금씩 변한다. 20년이 지나면 어린 시절의 그 트라우마를 덤덤하게 느낄 수도 있게 된다. 바쁜 일과에 끼워넣어야 하는 하나의 일정으로 단순하게 생각할 수도 있다. 현재의 우리는 어렸을 때와 전혀 다른 성인이기 때문이다. 훨씬 더 성숙하게 사고하고 반응할 수 있다.

통증 연구에 참여했던 명상 고수들도 마찬가지다. 그들이 명상을 수련해온 오랜 시간을 생각하면 통증이 발생하는 동안 그들이 놓여 있던 상태는 훈련을 통해 획득한 지속적인 변화를 반영한다고 볼 수 있다. 그리고 열린 현존 수련을 하고 있었기 때문에, 특성에 의한 상태 효과 또한 일어났을 것이다.

애쓰지 않음

갈고 닦아야 하는 모든 기술이 그렇듯, 명상 초보자들은 명상을 수련하기 시작하고 나서 몇 주 안에 자신이 더 편해졌다는 사실을 알게 된다. 예를 들어, 호흡에 집중하는 명상이든, 자애 명상이든, 아니면 단지 생각의 흐름을 관찰하는 명상이든, 명상 초보자들은 10주 동안 매일 수련하자 더 편안해지고 즐거워졌다고 보고했다.[9]

그리고 8장에서 설명했던 것처럼 저드슨 브루어의 연구팀은 (평생 수련이 약 10,000시간인) 장기 명상가 집단에서 디폴트 모드 네트워크의 일부인 후측 대상피질의 활성이 감소하는 것을 발견했다. 이 부위는 '자기화'라는 정신 작용에 의해 활성화되는 부위다.[10] 어떤 상황이든 나 자신을 의식하지 않으면 만사가 별 노력 없이도 잘 풀리는 것처럼 느껴진다.

장기 명상가들이 '주의가 흐트러지지 않는 상태의 알아차림' '힘들이지 않고 행함' '노력하지 않음' '만족'에 대해 보고했을 때, 후측 대상피질의 활성이 저하되었다. 반면 '주의가 흐트러진 알아차림' '애씀' '불만족'에 보고했을 때는 후측 대상피질의 활성이 증가했다.[11]

한편, 명상 초보자 그룹은 적극적으로 마음챙김을 하는 동안에만 편안해진다고 보고했다. 이는 마음챙김 없이는 지속되지 않는 상태 효과다. 초보자의 경우, 편안해지는 상태는 매우 상대적인 것으로 보인다. 특히 며칠이나 몇 주가 지나면 지날수록 노력하지 않아도 마음이 방황하는 상태에서 벗어나 약간 더 능숙해지기 마련이다. 그러나 초보자들이 편안해진다는 것은 명상 고수들이 보여준 '애쓰지 않음effortlessness'과는 거리가 멀다.

여기서 '애쓰지 않음'이란, 생각에 빠지거나 소리에 끌려가는 등 마음의 방황 없이 자연스럽게 선택된 대상에 마음을 계속 집중할 수 있는 것을 말한다. 이런 종류의 편안함은 수련을 하면 할수록 더 커지는 듯하다.

리치의 연구팀은 실험 참가자들을 장기 명상가들과 대조군으로 나누었다. 그런 다음 작은 불빛에 주의를 집중하게 하고 그들의 전전두피질이 활성화되는 정도를 비교했다. 장기 명상가들은 대조군에 비해 전전두피질의 활성화가 약간 증가하는 것으로 나타났지만, 그 차이가 크지 않았다.

어느 날 오후, 리치와 그의 연구팀은 탁자에 앉아 다소 실망스러운 데이터를 검토하고 있었다. 그러던 중 전문가 수준의 명상가들 사이에도 큰 차이가 있다는 데 생각이 미쳤다. 실제로 전문가 그룹의 수련 시간은 10,000시간에서 50,000시간에 이르기까지 매우 다양했다. 리치는 수련 시간이 가장 많은 명상가들과 가장 적은 명상가들을 비교한다면 어떤 결과가 나올지 궁금했다. 그는 이미 전문성의 수준이 높아질수록 전전두피질의 활성화가 오히려 줄어드는 '애쓰지 않음'의 특성을 확인한 바 있었다.

리치의 연구팀은 수련 시간이 가장 많은 사람과 가장 적은 사람을 비교해 아주 놀라운 사실을 발견했다. 전전두피질이 많이 활성화된 것은 모두 수련 시간이 가장 적은 사람들이었다. 수련 시간이 많은 사람들은 전전두피질이 거의 활성화되지 않았다.

이상하게도, 전전두피질은 집중의 대상인 작은 빛에 초점을 맞추는 동안에만 활성화되는 경향이 있었다. 일단 불빛에 초점이 맞춰지면 전전두피질의 활성화는 사라졌다. 이런 결과는 노력이 필요 없는 집중 상태를 나타내는 것인지도 모른다.

또 다른 집중의 척도는 명상가들이 빛에 초점을 맞추면서, 웃음소리, 비명 소리, 울음소리 등 배경음으로 들리는 소리에 얼마나 주의가 흐트러지는지 보는 것이었다. 이런 감정적인 소리에 반응해 편도체가 활성화될수록 집중이 깨지고 산만해진다. 10년간 보통 하루 열두 시간씩 수련해 평균 수련 시간이 44,000시간이나 되는 명상가들의 편도체는 감정적인 소리에 거의 반응하지 않았다. 그러나 수련 시간이 적은 (하지만 평균 수련 시간이 19,000시간인) 사람들의 편도체는 강렬하게 반응했다. 두 집단의 편도체 반응 차이는 무려 400퍼센트나 되었다!

이것은 주의 선택성을 보여준다. 관련 없는 소리나 뒤따라오는 감정 반응을 뇌가 별다른 노력 없이 차단할 수 있는 것이다. 게다가 이런 결과는 가장 높은 수련 수준에서조차 특성이 계속 변형될 수 있음을 의미한다. 용량-반응 관계는 수련 시간이 50,000시간에 이르러도 끝나지 않는 듯하다.

수련을 많이 한 명상가들의 뇌에서 애쓰지 않음의 특성을 발견할 수 있었던 것은 리치의 연구팀에서 평생 동안의 총 명상 수련 시간을 측정해왔기 때문이었다. 그러한 측정이 없었다면, 이처럼 값진 발견이 초보자들과 전문가들의 일반적인 비교 속에 묻히고 말았을 것이다.

가슴과 마음

1992년 리치와 그의 연구팀은 달라이 라마가 살고 있는 곳 근처에서 가장 숙련된 명상 고수들을 연구 대상으로 삼겠다는 희망을 품고 몇 톤에 달하는 장비를 인도에 가져갔다. 달라이 라마의 거처 옆에는 남걀수도원 불교학연구소Namgyal Monastery Institute of Buddhist Studies가 있다. 달라이 라마의 전통에서 학승들의 훈련을 담당하는 중요한 장소다. 앞에서도 이야기했지만, 리치와 그의 연구팀은 산에 거주하는 명상 고수들에게서 어떤 과학적 데이터도 수집하지 못했다.

그러나 달라이 라마가 리치와 동료들에게 그들이 하는 일에 대해 수도승들에게 설명해달라고 요청하자, 리치는 어렵게 옮긴 장비들이 유용하게 쓰일지도 모르겠다고 생각했다. 건조한 학술 강연을 하기보다는 뇌의 전기 신호가 어떻게 기록되는지 직접 시연할 예정이었다.

그리하여 200명의 승려가 마룻바닥에 앉아 있는 가운데, 리치와 동료들이 EEG 장비로 가득 찬 여행 가방을 가지고 왔다. 머리 전체에 전극을 부착하는 데는 원래 상당한 시간이 걸리지만, 리치와 동료 과학자들은 가능한 한 빠르게 전극을 머리에 고정시키려고 노력했다.

이날 강연에서 시범 대상이 된 사람은 신경과학자 프란시스코 바렐라였다. 리치가 두피에 전극을 부착하는 동안, 바렐라는 사람들의 시야에서 가려져 있었다. 하지만 리치가 작업을 마무리하고 옆으로 비켜서자, 평소에는 근엄하기만 했던 승려들에게서 커다란 웃음소리가 터져 나왔다.

리치는 승려들이 바렐라의 머리에 부착된 전극에서 스파게티 다발 같은 전선들이 늘어져 있는 걸 보고 웃음을 터트렸다고 생각했다. 하지만 승려들은 그 때문에 웃은 게 아니었다. 승려들은 리치와 동료들이 연민심을 연구하는 데 관심이 있다고 하면서도 전극을 가슴이 아닌 머리에 붙인 것 때문이었다.

리치의 연구팀이 승려들의 관점을 이해하기까지 약 15년이 걸렸다. 그리고 명상 고수들이 연구에 참여한 후에는 연민심이 뇌와 몸, 특히 뇌와 심장에 깊이 연결되고 체화된 상태임을 깨닫게 해주는 데이터를 보게 되었다.

이러한 연결에 대한 증거는 명상 고수들의 뇌 활동과 심장 박동을 연결한 분석에서 나왔다. 고통을 겪고 있는 사람들의 소리를 들었을 때 수행자들의 심장이 초보자들에 비해 더 빨리 뛴다는 뜻밖의 발견 이후에 후속 연구로 진행된 분석이었다.[12] 수행자들의 심장 박동은 신체 정보를 뇌로 전달하고 뇌 정보를 신체로 전달하는 역할을 하는 뇌섬엽 핵심 부위의 활동과 관련이 있었다.

그렇다면 어떤 의미에서는 남걀수도원의 승려들이 옳았던 셈이다. 이는 리치의 연구팀이 수행자들이 연민 명상을 하면 뇌가 심장과 더 정교하게 조응한다는 데이터를 이미 가지고 있었기 때문에 가능한 분석이다.

다시 말하지만, 이것은 특성에 의한 상태 효과로 수행자들이 연민 명상을 할 때만 나타나는 상태였다. 수행자들이 다른 종류의 명상을 하거나 휴식을 취할 때 또는 대조군이 명상하는 동안에는 이런 상태가 나타나지 않았다.

요약하자면, 수행자들에게 연민심이란 다른 사람의 감정에 대한 공감이 예리해지는 것이다. 특히 다른 사람이 고통스러워할 때 그들의 고통에 공감하는 심장에 대한 민감성이 높아지는 것이다.

어쩌면 연민심의 종류가 중요할지도 모른다. 수행자들은 '특별한 대상이 없는' 연민을 수련했다. 마티유의 말에 따르면, 그들은 "일체의 산만한 생각 없이 자애심과 연민심이 온 마음 전체에 스며드는 상태"를 만들어내고 있었다. 그들은 어떤 특정한 사람에게 초점을 맞추지 않으면서 연민심이 우러날 수 있는 상태를 만들고 있었다. 이것은 특히 뇌를 심장에 동조시키는 신경 회로를 끌어들이는 데 중요할지도 모른다.

다른 사람에 대한 현존, 즉 지속적으로 타인에게 관심을 기울이는 주의는 연민심의 기본 형태라 할 수 있다. 다른 사람에게 세심하게 주의를 기울이면 공감 능력이 커져, 순간적인 표정과 그 밖의 다른 표정을 더 많이 포착하고 상대가 실제로 어떤 기분인지 파악할 수 있다. 그런데 우리가 주의를 기울이다가 잠시라도 '점멸'이 생기면 그런 신호를 놓칠 수 있다. 7장에서 보았듯, 장기 명상가들은 주의를 기울일 때 일반 사람들보다 그런 주의 점멸이 적다.

이러한 주의 점멸의 감소는 마음 수련을 통해 변화하는 수많은 정신 기능 중 하나다. 하지만 과학자들은 이러한 현상들이 신경계에 고정되고 불변하는 기본적 특성들이라고 생각해왔다. 이러한 견해는 대부분 과학계 밖에서는 거의 알려져 있지 않지만, 과학계에서는 강력한 기정사실로 받아들여지고 있다. 즉 이에 대해 이의를 제기한다는 것은 인지과학의 추정 체계와 어긋난다는 뜻이다. 그러나 새로운 발견들을 반영하여 예전의 추정들을 버리는 것이야말로 과학 자체의 원동력이기도 하다.

중요한 문제가 한 가지 더 있다. 우리가 서구의 장기 명상가들에게서 확인한 것처럼, 수행자들에게 나타나는 자아의 가벼워짐과 집착 감소가 중격핵의 감소와 관련이 있을 거라고 추측한다. 그러나 집착을 떨구어내는 것이 수행의 명백한 목표임에도, 리치는 수행자들에게 나타나는 이런 현상에 대한 데이터를 전혀 수집하지 못했다.

디폴트 모드가 존재한다는 것, 그것을 측정하는 방법 그리고 뇌의 자아 시스템에서 디폴트 모드가 중요한 역할을 한다는 사실은 최근에야 알려졌다. 그래서 리치의 연구팀은 수행자들이 한 명씩 연구실을 거쳐가는 동안, 이러한 변화를 측정하는 데 기본적인 상태를 활용할 수도 있다는 생각을 전혀 하지 못했다. 그리고 수행자들이 몇 명 남지 않았을 때야 휴식 상태에서의 측정치를 얻었다. 그런 까닭에 측정 대상이 너무 적어서 분석에 필요한 만큼 충분한 데이터를 확보하지 못했다.

과학은 이전에는 볼 수 없었던 데이터를 산출하는 혁신적인 측정을 통해 발전한다. 그 데이터가 지금 우리가 가지고 있는 것이다. 하지만 이러한 사실은 수행자들에 대한 연구 결과들이 인간 경험의 지형을 세심하게 분석하는 것보다 우연한 발견과 더 관련이 있다는 것을 의미하기도 한다.

그래서 꽤 인상적인 발견으로 보일 수 있는 결과물에도 약점이 있다. 이 데이터들은 강도 높은 장기간의 명상이 만들어내는 변성된 특성을 살짝 보여줄 뿐이다. 이러한 존재의 특질들을 우리가 우연히 측정해낸 것들로 축소하고 싶지는 않다.

수행자들의 변성된 특성에 관한 과학의 견해는 시각장애인과 코끼리의 비유와 유사하다. 예들 들어, 감마파의 발견은 상당히 흥미진진해 보이지만 코끼리 몸의 나머지 부분은 알지 못한 채 몸통을 더듬는 것과 같다. 그리고 주의 점멸의 감소, 노력이 필요 없는 명상 상태, 통증으로부터의 초고속 회복, 고통을 겪고 있는 다른 사람을 도울 준비가 되어 있는 상태 역시 모두 마찬가지일 수 있다. 이런 것들을 통해 그저 우리가 완전히 이해하지 못하는 더 큰 현실을 흘깃 일별할 수 있을 뿐이다.

하지만 가장 중요한 것은 윌리엄 제임스가 한 세기 전에 관찰했던 것처럼 우리의 깨어 있는 의식 상태가 그저 하나의 선택지에 불과함을, 변성된 특성이라는 또 다른 선택지가 존재함을 깨닫는 일일지도 모른다.

수행자들은 전 세계적으로 무척 희귀한 존재들이다. 일부 아시아 문화권에서는 '살아 있는 보물'이라고도 불린다. 수행자들과 만나면 마음에 자양분을 얻고 풍부한 영감을 받는다. 그들이 자랑스러운 지위에 있거나 유명 인사이기 때문이 아니라, 그들이 발산하는 내면의 특성 때문이다. 그런 존재들을 품고 있는 국가나 문화에서는 그들의 전문성과 수련 공동체를 보호할 필요가 있다. 변성된 특성들을 소중히 여기는 문화적 태도를 지니기 바란다. 이런 내면의 기술에 이르는 길을 잃는 것은 세계적인 비극이니 말이다.

정리

수행자들에게는 감마파 활동의 증가와 뇌의 광범위한 영역에 걸친 동시성이 나타난다. 이는 광대하고 파노라마적인 인식의 특성을 암시한다. 미래에 대한 기대, 과거에 대한 반추에 갇히지 않는 현재 순간에 대한 깨달음이 통증에 대한 강한 역逆 V자 반응으로 나타나는 듯하다. 수행자들은 예기불안을 거의 보이지 않고, 회복 속도도 대단히 빠르다. 또한 노력 없이 집중할 수 있는 능력을 뒷받침해주는 신경학적 증거를 보여준다. 선택된 대상에 주의를 기울이려면 신경 회로의 깜박임 한 번으로 충분하고, 주의를 계속 붙잡아두는 데도 거의(혹은 전혀) 노력을 들이지 않는다. 마지막으로, 연민 명상을 할 때 수행자들의 뇌는 몸, 특히 심장과 더 긴밀하게 연결된다. 이는 감정적인 공명을 나타내는 것이다.

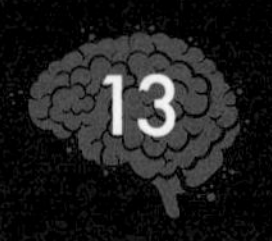

변성된 특성

Altered Traits

12세기 티베트의 저명한 시인이자 수행자인 밀라레파Milarepa는 "처음에는 오는 것이 없고, 중간에는 머무는 것이 없고, 마지막에는 가는 것이 없다"고 했다.[1]

마티유 리카르는 밀라레파의 이 말을 다음과 같이 해석했다. 명상 수련을 시작한 초기에는 내부의 변화가 거의 없는 것처럼 보이고, 중간에는 존재 방식에 약간의 변화가 생기기는 해도 변화가 오락가락한다. 그러다 마침내 수련이 안정되면 변화가 일정하게 유지되며 변동이 없다. 바로 그런 변화들이 변성된 특성들이다.

전체적으로 볼 때, 명상에 대한 데이터는 점진적 변형이라는 대략적인 궤적을 좇아간다. 명상가들은 초보자, 장기 명상가, 전문 수행자로 바뀌어간다. 이런 진보 곡선은 전문가의 지도를 받아 수련하는 집중 수련에서의 시간은 물론, 평생 수련한 시간을 모두 반영하는 것으로 보인다.

명상 초보자들에 대한 연구는 대개 총 명상 수련 시간이 최소 7시간부터 100시간 이하인 이들에게 생기는 효과를 검토한다. 위빠사나 명상가들이 주를 이루는 장기 수련 집단은 평균 9,000시간 이상 수련한 사람들이지만, 최소 1,000시간에서 최대 10,000시간 이상까지 분포해 있다.

그리고 리치의 연구실에서 연구 대상이 된 전문 수행가들은 모두 티베트식의 3년 집중 수련을 최소한 한 번 이상 마쳤으며, 평생 수련 시간이 많게는 밍규르처럼 62,000시간에 달하기도 한다. 이들의 총 명상 시간은 평균 27,000시간으로, 평균 9,000시간인 장기 명상가들의 수련 시간보다 두 배나 많았다.

장기 위빠사나 명상가 중 소수는 평생 20,000시간 이상을 수련하고 그중 한두 명은 최대 30,000시간까지 수련했지만, 3년 집중 수련을 한 사람은 아무도 없었다. 따라서 사실상 3년 집중 수련의 여부가 전문 수행가 집단을 구분 짓는 특징이 되었다. 드물게 평생 수련 시간이 겹치는 경우도 있지만, 세 집단의 대다수는 이런 대략적인 범주에 맞아떨어진다.

이 세 집단이 수련한 총 시간의 기한이 정해져 있지는 않지만, 연구 대부분이 특정 범위에 몰려 있다. 우리는 명상의 이점을 세 가지 용량-반응 수준으로 정리했다. 발레리나에서 체스 챔피언에 이르기까지, 모든 종류의 전문 기술에서 초보자, 비전문가, 전문가의 범주가 다르듯이 말이다.

서구 명상가 대부분은 첫 번째 초보자 그룹에 속한다. 이들은 짧은 기간 동안 명상을 한 사람들로, 평소 몇 분에서 30분가량 명상을 한다. 수련을 계속해 장기 명상가 수준에 이르는 사람들은 그보다 적다. 그리고 전문 수행가 수준이 되는 사람은 극소수에 불과하다.

이제 막 명상 수련을 시작한 사람들에게서 나타나는 효과들을 살펴보자. 스트레스 회복과 관련해, 매일 수련하는 경우 처음 몇 달 안에 모종의 효과가 나타난다는 증거가 있기는 하지만, 객관적이기보다는 주관적이라 약간 의심스럽다. 반면, 8주에 걸쳐 30시간가량 MBSR 수련을 하면 뇌의 스트레스 회로의 중심인 편도체의 반응성이 감소했다.

연민 명상은 수련 초기부터 이익이 크다. 2주 동안 고작 7시간만 연민 명상을 한다 해도 공감과 긍정적인 감정에 중요한 회로의 연결성이 강화된다. 그 효과가 어찌나 강력한지, 심지어 명상 상태가 아닐 때도 나타날 정도다. 상태가 특성으로 바뀌고 있음을 알려주는 첫 번째 신호이기는 하지만, 매일 수련하지 않는다면 효과가 지속되지 않을 수 있다. 그러나 그 효과들이 공식적인 명상 상태가 아닐 때에도 나타난다는 사실은 우리가 선천적으로 선량하다는 것을 증명해주는지도 모른다.

초보자들 역시 단 8분만 마음챙김 명상을 했는데도 마음의 방황이 줄어드는 등 아주 초기부터 주의력이 향상되었다. 2주 정도의 수련만으로도 마음의 방황이 줄어들고 집중력과 작업 기억이 향상되어, 상당한 성적 향상 효과를 거둔 사람도 있었다. 최소 2개월의 수련만으로도 디폴트 모드의 자아 관련 영역의 활성이 감소되었음을 보여주는 연구 결과도 있다. 신체적인 건강에 관해서는 더 좋은 소식이 있다. 단지 30시간의 수련만으로도 세포 노화의 분자 표지들molecular markers에 개선 효과가 나타난 것으로 보인다.

이 모든 효과는 지속적인 수련 없이는 유지되지 않는 듯하다. 효과가 지속되지 않는다 해도 초보자들은 명상의 이점에 대해 놀라울 정도로 강한 인상을 받는다. 집에서 명상을 해보자. 명상을 이제 막 시작한 사람들이더라도 빠르게 효과를 볼 수 있을 것이다.

장기 명상의 효과

몇 년 동안 꾸준히 명상을 지속해 장기 수련자들 범위에 들어가면, 즉 1,000시간에서 10,000시간에 이르면 더 많은 이득을 볼 수 있다. 매일 명상을 할 수도, 지도자가 안내하는 1주일짜리 집중 수련에 참석할 수도 있을 것이다. 어느 쪽이든 오래 이어져야 한다. 그래야 초기에 생긴 변화들이 심화되고, 추가로 다른 효과들도 나타날 수 있다.

예를 들어, 장기 수련자의 범주에 들어가면 스트레스 반응과 관련된 신경 회로 및 호르몬 지표가 낮아진다. 또 감정 조절에 중요한 뇌 회로의 기능적 연결성이 강화되고, 스트레스에 대응하기 위해 부신에서 분비되는 코르티솔이 감소한다.

장기간에 걸쳐 자애 명상과 연민 명상을 하면, 타인의 고통에 대해 신경 차원에서 공감이 더 잘 일어나고, 실질적으로 도와줄 가능성도 높아진다. 또한 장기 수련을 하면 주의력의 여러 측면이 강화된다. 선택적 주의력은 예리해지고, 주의 점멸이 감소하며, 지속적인 주의는 더 쉬워지고, 기민하게 대응하는 각성도 증가한다. 그리고 디폴트 모드에서 일어나는 마음의 방황과 자기 집착적 사고를 통제하는 능력이 커진다. 게다가 디폴트 모드와 관련된 회로의 연결성이 약화되어 자기 자신에게 집착하는 일이 적어진다. 이런 개선점들은 명상 상태에서 나타나는 경우가 많고, 대체적으로 특성으로 자리 잡는 경향이 있다.

호흡 속도가 느려지는 것처럼 기본적인 생리 과정의 변화는 수천 시간 수련을 한 후에야만 일어난다. 이런 효과들 중 일부는 매일 수련하는 것보다 집중 수련에 들어가 고강도 수련을 할 때 더 강력하게 나타나는 듯하다.

아직까지 확실한 증거는 없지만, 장기 수련으로 생긴 신경가소성은 뇌의 구조와 기능을 모두 변형시키는 것처럼 보인다. 우선 전전두피질의 조절 회로와 편도체 사이의 기능적 연결성이 강화되는 듯하다. 또 갈망이나 집착과 관련된 중격핵의 신경 회로들은 장기간 수련하는 경우 크기가 줄어드는 것처럼 보인다.

일반적으로 총 수련 시간이 많을수록 변화의 기울기가 급격해진다. 한편으로는 어떤 신경 시스템에 따라 거기에 맞는 변화 속도가 있을지도 모른다는 의구심도 있다. 예를 들어, 스트레스가 감소하는 효과보다는 연민심이 증가하는 효과가 더 빨리 나타난다. 우리는 향후 연구를 통해 다양한 뇌 회로에 대한 용량-반응의 세부 사항이 발견될 것으로 기대하고 있다.

흥미로운 징후들을 보면, 장기 명상가들이 수행력을 높여주는 특성에 의한 상태 효과를 경험할 거라 추측할 수 있다. 명상 상태임을 증명해주는 일부 요소들, 즉 감마파와 같은 것들은 수면 상태에서도 지속적으로 생길 수 있다. 그리고 숙련된 명상가들이 하루 동안 집중 수련하면, 유전적 차원에서 면역 반응에 도움을 주었다. 의학계를 깜짝 놀라게 한 발견이다.

명상 고수

명상을 세계 최상급 수준으로 하면, 즉 수년간의 집중 수련을 포함해서 총 수련 시간이 대략 12,000시간에서 62,000시간에 이르면, 매우 놀라운 효과가 생긴다. 이 수준에서는 명상의 상태를 특성으로 전환시키는 일에 초점이 맞춰진다. 티베트식으로 표현하면 '명상적 사고방식에 익숙해지기'다. 변화된 상태가 변성된 특성으로 자리 잡고 지속적인 특질이 됨에 따라 명상의 상태가 일상의 활동에 녹아든다.

리치의 연구팀은 명상 고수들의 뇌 기능 및 구조에서 인간의 강한 긍정적 특성에 대한 징후들을 관찰했다. 연민 명상 도중에 처음 관찰되었던 감마파의 급격한 동기화는, 비록 정도는 약하지만 기저 상태에서도 발견되었다. 즉 명상 고수들의 변화된 상태는 이미 특성이 되어 있었던 것이다.

특성으로 인한 상태 효과는 명상을 하는 동안 일어나는 일이 명상 고수마다 무척 다를 수 있음을 의미한다. 동일한 수련을 하고 있는 초보자들과 비교할 때 극명하게 나타난다. 아마도 이것을 증명해줄 가장 강력한 증거는, 명상 고수들이 간단한 마음챙김 수련을 하는 동안 신체적 통증에 보이는 반응일 것이다. 다시 말해, 통증을 예상하는 동안에는 뇌 활동이 거의 없다가 통증이 있을 때는 강렬하게 정점을 찍고 이후 아주 빠르게 회복하는 패턴을 보면 알 수 있다.

우리는 대부분 집중을 하기 위해 정신적인 노력을 들여야 하지만, 평생 거의 모든 시간을 명상으로 보낸 명상 고수들은 노력이 필요 없다. 일단 어떤 자극 대상에 주의를 고정시키면, 그곳에 주의가 완전히 집중되고 신경 회로들은 조용해진다.

명상 고수들이 연민 명상을 하면 뇌와 심장의 연결이 보통 이상으로 강화된다. 마지막으로, 장기 명상가들의 중격핵이 감소되는 것을 보여주는 흥미로운 데이터가 있다. 이를 통해 집착, 욕심, 자기중심주의가 감소되는 것을 뒷받침하는 뇌의 구조적 변경이 앞으로 더 많이 발견될 것이다. 더 정확하게 말하면, 다른 어떤 신경학적인 변화가 있을 수 있는지 그리고 그것의 의미는 무엇인지 향후 연구를 통해 밝혀질 것이다.

변화 이후

이 주목할 만한 데이터들로 명상의 길을 살짝 엿볼 수 있다. 이러한 발견 중 일부는 리치가 명상 고수들에 관한 기본 데이터를 확인하거나 이러한 데이터를 다른 집단과 비교해 살펴보면서 우연히 발견한 것이다.

여기에 더해 입증되지 않은 증거도 있다. 리치의 연구팀은 어떤 명상 고수가 집중 수련에 참여하는 동안 코르티솔의 활성도를 평가하기 위해 타액을 채취해달라고 부탁했다. 이 표본에서 나온 코르티솔의 수치는 표준을 벗어날 정도로 매우 낮았다. 연구팀은 평가 범위를 하향 조정해야 했다.

어떤 불교 전통에서는 이 안정화 수준이 마음과 활동에 스며들어 있는 '기본적인 선량함'을 인식하는 수준이라고 말한다. 어느 티베트 라마승은 자신의 스승에 대해 "우리 스승님 같은 분은 두 개의 층으로 된 의식을 가지고 계십니다"라며, 스승이 명상을 통해 성취한 것이 그분이 하시는 모든 일의 한결같은 배경이 된다고도 했다.

리치의 연구팀, 저드슨 브루어의 연구팀과 더불어 몇몇 연구팀이 발견한 바에 따르면, 보다 높은 경지의 명상가들은 휴식을 취하는 동안에도 마음챙김 명상이나 자애 명상을 하고 있을 때와 유사한 뇌 패턴을 보였다. 한편, 초보자들의 패턴은 달라졌다.[2] 명상 고수들의 기저 상태를 초보자와 비교하면 변성된 특성을 살짝 엿볼 수 있다.

언젠가는 어떤 식으로 변성된 특성이 나타나는지 보여주는 영상 자료들이 나올 수도 있을 것이다. 현재로서는 브루어 그룹이 추측한 것처럼, 뇌의 디폴트 모드가 명상 상태와 비슷하게 바뀌는 것이 아마 명상으로 변성된 특성인 것 같다. 앞에서 설명했던 것처럼 명상을 지속적으로 실천하면 긍정적 변성 상태가 일상이 된다.

지속적 변화를 찾아서

16세기의 가톨릭 성자 프란치스코 드 살레Francis de Sales는 "마음이 방황하거나 산만하다면, 마음을 본래 자리로 부드럽게 되돌리라. 마음을 되돌리는 것 말고는 한 시간 내내 아무것도 하지 말라. 그 시간은 아주 유용한 시간이 될 것이다"라고 조언했다.[3]

사실 모든 명상가는 수련 내용과 상관없이 공통적인 일련의 단계를 거친다. 이 단계들은 마음을 의도적으로 집중하는 데서 출발한다. 하지만 얼마 지나지 않아 마음은 방황하기 시작한다. 그러다가 마음이 방황했음을 알아차리면, 마지막 단계로 나아갈 수 있다. 바로 마음을 원래의 집중 대상에 되돌리는 것이다.

SRI 졸업생이자 현재 마음과 삶 연구소의 과학 담당 소장인 에모리 대학교의 웬디 하센캠프Wendy Hasenkamp가 수행한 연구에 따르면, 숙련된 명상가일수록 이 단계에 관여하는 뇌 영역의 연결성이 더 강한 것으로 나타났다.[4] 중요한 것은 명상가와 대조군 차이가 단지 명상 중일 때만이 아닌 일반적인 '휴식' 상태에서도 발견되었다는 것이다. 이는 특성 효과의 가능성을 시사한다.

평생 수련해온 시간을 계산하는 작업은 시간과 뇌의 변화를 연관시킬 수 있는 절호의 기회다. 그러나 그러한 연관성이 자기 선택이나 그 밖의 다른 요소 때문이 아님을 확실하게 하기 위해서는 또 다른 단계가 필요하다. 이상적으로는 수련 시간과 효과의 상관관계를 연구하는 종단 연구를 시도할 수 있다(거기에 더해 동일한 시간 동안 대조군에는 그런 변화가 나타나지 않았다는 것을 확인하면 더 좋다).

타니아 싱어의 공감과 연민에 관한 종단 연구와 클리프 세론의 사마타에 관한 종단 연구는 변성된 특성을 만들어내는 명상의 힘을 가장 설득력 있게 보여준다. 이 연구들의 결과는 놀랍다.

싱어의 연구를 살펴보자. 싱어는 고엔카의 명상법에서처럼 매일 보디 스캔을 실시하는 명상가들이 '내부수용감각interoception', 즉 몸에 대한 조율의 정도를 검사하는 심장 박동 수 측정에서 어떤 것도 개선되지 않은 점에 주목했다.

싱어는 리소스 프로젝트에서 한 가지 답을 찾아냈다. 심장 박동 수 같은 신체 신호를 인지하는 능력은 마음챙김 상태에서 바디 스캔을 포함하는 '현존' 수련을 3개월 동안 매일 실시해도 전혀 증가하지 않았다. 그러나 6개월 후에는 개선되기 시작하다가 9개월 후에는 훨씬 더 급격하게 개선되었다. 어떤 효과들은 일정 시간이 경과한 이후에야 효력이 발생했다. 심리학자들은 이런 현상을 '수면자sleeper 효과'라 부른다.

히말라야 동굴에서 수년간 집중 수련을 한 명상 고수에 관한 이야기를 예로 들어보자. 어느 날 한 여행자가 우연히 수행자를 보고는 무엇을 하고 있는지 물었다. 그는 "인내심에 관한 명상을 하고 있습니다"라고 답했다.

여행자는 "그렇다면 지옥에 한번 가보지 그러세요?"라고 다시 물었다.

그 말에 화가 난 수행자는 "지옥은 당신이나 가세요!"라고 쏘아붙였다.

진정한 수행자의 모습에 관해 깨달음을 주는 이야기다. 수행자를 시험하는 것은 고립된 채 명상하는 시간이 아니라 바로 삶 자체임을 상기시킨다. 인내라는 특성이 있다면 삶이 이끄는 길이 어떤 길이든 동요하지 않아야 한다.

달라이 라마는 이 이야기를 하면서 명확히 밝혔다. "티베트에는 이런 말이 있습니다. 상황이 좋을 때, 즉 등 따시고 배부를 때는 수행자들이 성스러워 보이지만, 진짜 도전이나 위기에 처하면 다른 사람들과 똑같다는 것입니다."[5]

우리가 삶에서 만나는 '총체적 재앙'은 변성된 특성이 얼마나 견고한지 알려주는 최고의 평가 방법이다. 명상 고수들이 집중 수련을 할 때 코르티솔 수치가 낮은 것은 얼마나 긴장을 완화할 수 있는지 말해준다. 그런데 바쁜 일상 속 코르티솔 수치야말로 이완을 잘하는 특징이 영구적으로 변성된 특성이 되었는지를 보여준다.

전문성

컴퓨터 프로그래밍이나 골프 같은 기술에 통달하려면 10,000시간 동안 연습해야 한다는 말을 들어본 적이 있을 것이다. 그런데 그 말은 사실이 아니다. 과학이 발견한 바에 따르면, 예를 들어 암기는 200시간 안에 통달할 수 있다. 게다가 놀랍게도 리치의 연구팀은 (적어도 10,000시간 이상 수련한) 명상에 통달한 사람들도 수련을 더 많이 할수록 전문성이 높아진다는 것을 발견했다.

인지과학자 앤더스 에릭슨Anders Ericsson은 이런 발견에 놀라지 않을 것이다. 전문성에 관한 연구를 하는 에릭슨은 10,000시간의 법칙을 널리 알린 장본인이다.[6] 사실 이 법칙은 에릭슨의 연구를 제대로 설명하지 못한다. 그는 연구를 통해 총 연습 시간이 얼마인지보다 시간을 얼마나 잘 썼는지가 더 중요하다는 것을 밝혀냈다.

그가 말하는 '의도적deliberate' 수련은 전문적인 지도자가 피드백을 주면서 발전과 개선을 목표로 훈련하는 것이다. 어떻게 스윙을 개선해야 하는지 코치로부터 정확한 조언을 들을 수 있는 골퍼, 숙련된 외과 의사로부터 조언을 받을 수 있는 외과 수련의가 그 예다. 골퍼와 외과의가 수련을 통해 개선될수록 지도자들은 그다음 단계로 나가기 위한 피드백을 더 많이 줄 수 있다.

스포츠, 연극, 체스, 음악 등 많은 영역에서 전문 공연자들이나 선수들이 경력을 유지하는 동안에도 계속 코치를 두는 것은 이 때문이다. 아무리 실력이 좋아도 조금 더 나아질 수 있는 기회가 늘 존재한다. 경쟁 분야에서는 자그마한 개선이 승패를 가르기도 한다. 누군가와 경쟁을 벌이는 상황이 아니더라도 어쨌든 개인의 최고 기량은 향상된다.

명상도 마찬가지다. 리치와 댄의 경우를 살펴보자. 우리는 수십 년 동안 규칙적으로 명상을 수련해왔다. 일주일간의 집중 수련에 참여한 것도 여러 번이다. 우리는 40년 이상 매일 아침 (오전 6시 비행기를 타야 해서 일상적인 루틴이 깨어지지 않는 한) 명상을 하기 위해 방석에 앉았다. 우리 둘 다 평생 수련 시간이 약 10,000시간 정도이기 때문에 장기 명상가로 분류될 수 있을 것이다. 하지만 둘 다 극도로 긍정적인 변성된 특성이 만들어졌다는 느낌은 받지 못하고 있다. 왜 그럴까?

데이터를 통해 보건대, 매일 한 차례 명상하는 것과 여러 날에 걸친 혹은 더 장기적인 집중 수련이 많이 다르다는 것이 그 이유가 될 수 있다. 5장에 언급했던 (평생 수련 시간이 약 9,000시간인) 숙련된 명상가들과 그들의 스트레스 반응성에 대한 연구에서 생각지도 못한 것을 발견했는데, 한번 살펴보자.[7] 전전두피질 영역과 편도체 간의 연결성이 강할수록 숙련된 명상가들의 반응성이 줄어들었다. 놀랍게도, 전전두피질과 편도체의 연결성이 가장 크게 증가한 것은 명상가들이 집에서 수련한 시간이 아니라 집중 수련을 하며 보낸 시간과 관련이 있었다.

호흡 속도에 관한 연구에서도 비슷한 결과가 나왔다. 명상가가 집중 수련한 시간은 호흡이 느려지는 것과 가장 밀접한 관련이 있었다. 매일 집에서 수련하는 시간보다 관련성이 훨씬 더 컸다.[8]

집중 수련에서의 명상은 코치 역할을 해주는 명상 지도자가 있다. 그것이 가장 큰 차이점이다. 게다가 그곳에서는 강도 높은 수련을 한다. 명상가들은 보통 최대 8시간, 때로는 훨씬 더 많은 시간을 공식적인 수련을 하면서 보내는데, 여러 날을 그렇게 지낸다. 그리고 대부분의 집중 수련에서는 침묵을 지켜야 하는데, 이런 규칙이 수련 강도를 높이는 데 기여한다. 이 모든 것이 학습곡선을 가파르게 상승시킬 기회다.

전문가와 비전문가의 또 다른 차이는 연습 방식과 관련이 있다. 비전문가들은 대략 50시간의 연습을 통해 기술의 기본을 배우면 수준이 안정화된다. 골프나 체스나 마음챙김 모두 마찬가지다. 그리고 이후 내내 동일한 수준을 유지한다. 비전문가가 추가로 연습을 한다고 해서 기술이 크게 향상되지는 않는다.

그에 반해 전문가들은 다른 방식으로 연습한다. 그들은 집중 훈련을 할 때 코치를 늘 옆에 둔다. 코치는 주의 깊게 지켜보면서 개선점을 찾고 더 나아지기 위해 무엇을 해야 할지 알려준다. 그 결과, 학습 곡선이 지속적으로 향상된다.

이 발견들을 통해, 자신보다 수준이 높고, 그래서 개선 방법을 알려줄 사람이 왜 필요한지 알 수 있다. 우리 둘 다 수년간 명상 스승들에게 지도를 받고자 했지만, 그런 기회는 살면서 가끔 찾아올 뿐이었다.

《청정도론》에서는 수행자들에게 자신보다 경험이 더 많은 이를 안내자로 삼으라고 충고한다. 이 경전이 꼽는 가장 이상적인 명상 지도자는 아라한(완전한 성취를 이룬 명상가를 뜻하는 팔리어로, 전문가 수준의 명상가다)이다. 그리고 그런 사람을 찾을 수 없다면 자신보다 숙련된 누군가라도 찾으라고 조언한다. 당신이《청정도론》을 한 번도 읽어보지 않았다면, 이 경전을 읽어본 이 중에 누구나 스승으로 삼을 수 있다. 오늘날에는 명상 앱을 사용해본 사람에게 지도를 받는 것과 비슷할 것이다. 아무것도 없는 것보다는 명상 앱이라도 있는 게 낫다.

브레인 매칭

댄은 존 카밧진에게 "당신이 만든 프로그램이 의료 시스템 전반으로 확산될 수 있습니다"라고 썼다. 1983년이었고, 존이 자신이 근무하던 의료 센터의 의사들에게 환자들을 보내달라고 열심히 부탁하던 때였다.

댄은 존에게 MBSR 프로그램의 효과를 연구해보라고 부추겼다. 아마 이런 부추김이 오늘날 MBSR에 관한 연구를 불붙게 하는 불씨가 되었을 것이다. 댄과 리치는 하버드 대학교에서 자신들의 논문을 지도해주었던 교수와 함께, 사람이 불안을 경험할 때 마음에서 경험하는지 아니면 몸에서 경험하는지를 알아내는 측정 도구를 개발해냈다. 댄은 MBSR이 인지적 수련법과 신체적 수련법을 모두 제공한다는 점을 지적하면서, 존에게 '어떤 수련법이 어떤 유형의 사람들에게 가장 효과적인지' 연구해보라고 제안했다.

존은 MBSR의 효과에 관한 연구를 계속했다. 그는 걱정과 불안한 생각(즉 인지적 불안)에 극심히 시달리는 사람들이 MBSR 중 요가를 할 때 가장 많은 도움을 받는다는 사실을 알아냈다.[9] 이런 발견은 다양한 종류의 명상 수련을 비롯해 거기서 파생된 보편적 형태의 수련법들에 관해 한 가지 의문을 제시한다. 어떤 유형의 사람들에게 어떤 형태의 수련이 가장 적합할까?

수련자에게 적합한 수련법을 제시해주는 일은 고대로부터 시작된 것이다. 예를 들어, 《청정도론》에서는 제자들에게 가장 적합한 상황과 방법을 알려주고자, 수련자들이 어떤 유형에 속하는지, 예를 들어 '욕심이 많은 유형'인지 '미움이 많은 유형'인지 지도자가 관찰하고 알아내도록 권유한다. 현대적인 감성으로 보면 다소 고루하게 보이는 조합에는 다음과 같은 유형들이 있다. (예를 들어, 아름다운 것을 먼저 알아차리는) 욕심이 많은 사람들에게는 맛없는 음식, 불편한 숙박 시설, 몸에서 나는 악취를 명상 대상으로 삼게 한다. (예를 들어, 잘못된 것을 먼저 알아차리는) 미움이 많은 사람들에게는 최고의 음식과 편안한 침대가 있는 방, 연민심, 평정심 같이 마음을 안정시키는 주제들에 대해 명상하게 한다.

리치와 코틀랜드 달Cortland Dahl이 제안했던 것처럼, 과학에 기반해 개인에게 어울리는 명상 수련법을 찾으려면 먼저 인지 및 감정 유형을 측정하는 기존 평가를 활용할 수 있다.[10] 예를 들어, 걱정이 많은 사람들에게는 생각의 내용에 얽매이지 않는 대신 생각은 '그저 생각'일 뿐임을 알고 그 내용에 휘둘리지 않는 법을 배우는, 생각에 대한 마음챙김 명상이 좋을 수 있다. 생각에 감정적으로 어느 정도 압도되는지를 평가하는 발한 반응이 이런 사람들을 가려내는 데 도움이 될 수 있다. 또는 주의 집중은 잘하지만 타인에게 공감적 관심이 부족한 사람이라면 연민 명상으로 시작하는 게 좋다.

언젠가는 사람들에게 최적의 명상 방법을 안내해주는 이런 매칭이 뇌 스캔을 기반으로 이루어질지도 모른다. 이미 몇몇 대학

의료 센터에서 '정밀 의학precision medicine'의 형태로 의료와 진단이 결합되고 있다. 이런 의료 센터에서는 개인의 유전적 구성에 맞게 맞춤형 치료를 제공하기도 한다.

명상 유형 분류법

댄이 인도를 처음 방문했을 때 만났던 명상 지도자 님 카롤리 바바는 원숭이 신 하누만Hanuman을 섬기는 힌두 사원과 아쉬람에 자주 머물렀다. 그의 추종자들은 그가 머물렀던 인도 지역에서 많이 하는 헌신 요가인 박티bhakti 요가를 수련했다.

님 카롤리 바바는 자신이 어떻게 수련했는지 직접 이야기한 적이 한 번도 없었다. 그런데도 사람들 사이에 이야기가 퍼져 있었다. 오랫동안 정글 속에서 수행했다고도 하고, 수년 동안 지하 동굴에서 수련했다고도 했다. 그의 명상법은 인도 서사시《라마야나》에 등장하는 영웅 라마에게 바치는 명상이었다. 때로는 "라마, 라마, 라마…" 하며 읊조리는 소리를 내거나 손가락으로 수를 세면서 만트라를 외웠다.

님 카롤리가 1930년대에 이슬람 성지인 메카를 이슬람 신자들과 함께 여행했다는 이야기도 있었다. 서양인을 만나면 그는 그리스도를 칭송했다. 인도에 티베트 난민 정착지가 생기기 훨씬 전인 1957년에 티베트에서 인도로 망명한 라마 놀하Lama Norha

를 2년 동안 보살펴주었고, 그와 절친한 벗이 되기도 했다. 라마 놀하는 밍규르 린포체가 수련했던 명상 전통 중 한 계열의 대가였다.

님 카롤리는 주어진 내면의 길을 따라가는 사람이라면 누구에게나 항상 격려하는 말을 해주었다. 절대적으로 '최고인 것'을 찾기보다 자신의 수련을 하는 것이 더 중요하다고 생각했기 때문이었다.

그는 어느 길이 가장 좋은지 질문을 받을 때마다 힌디어로 "Sub ek!"이라고 답했다. '그것들은 모두 하나다'란 뜻이다. 사람마다 기호와 욕구가 다르므로 어떤 것이든 하나를 골라 그것을 수련하면 된다는 것이다.

이런 관점에서 보면 명상의 길들은 근본적으로는 동일하다. 모두 평범한 경험을 넘어서게 하는 통로며, 마음을 훈련한다는 핵심 사항을 공유한다. 예를 들면, 모든 명상에서 마음을 관통하며 설치는 무수히 많은 방해꾼을 떨치고 주위의 대상이나 인지 그 자체에 집중하는 법을 배운다.

그러나 우리가 다양한 수련법의 역학에 익숙해질수록 그 방법들은 분리되어 갈라지기도 하고, 다시 하나로 합쳐지기도 한다. 예를 들어, 누군가 만트라가 아닌 것에는 주의를 주지 않고 만트라만을 암송한다면, 그는 마음챙김 상태에서 일어나고 사라지는 생각들을 관찰하는 사람들과는 다른 정신작용을 전개하고 있는 것이다.

그리고 가장 세부적인 수준에서는 각각의 길이 상당히 독특하다. 신에 대한 헌신적인 찬가인 바잔bhajan을 노래하는 박티 요가 수련자는, 자비의 보살인 녹색 타라Green Tara(티베트 불교에서 피부색이 온통 녹색인 여성 보살로, 자비를 상징한다)의 이미지를 마음속에 그리며 그와 결부된 특성을 함양하려 애쓰는 밀교Vajrayana 수련자와 어떤 면은 공유하지만, 다른 면에서는 그렇지 않기도 하다.

지금까지 자주 연구되는 세 가지 수준, 즉 초보자, 장기 수련자, 전문 수행자의 수련이 서로 다른 종류의 명상을 대상으로 하고 있다는 사실에 주목해야 한다. 초보자들은 주로 마음챙김, 장기 명상가들은 위빠사나(그리고 일부 연구에서는 선禪), 전문 수행자들은 티베트 명상법인 족첸Dzogchen과 마하무드라Mahamudra를 수련하고 있었다. 공교롭게도 댄과 리치의 수련도 이런 궤적을 밟아왔는데, 우리의 경험상 세 방법 간에는 중요한 차이가 있다.

마음챙김 수련에서 명상가는 어떤 생각과 감정이 오고 가든지 간에 그것을 관찰한다. 위빠사나는 마음챙김에서 시작하지만 나중에는 변화하는 마음의 내용이 아니라 마음의 과정을 메타인지로 전환해 관찰한다. 그리고 족첸과 마하무드라는 초기 단계에서는 그 두 가지를 모두 포함하지만, 결국은 더 미묘한 수준의 메타인지에 머무는 '비이원적nondual' 태도를 유지한다. 이러한 차이를 관찰하다 보면, 변형의 방향성에 대한 과학적 질문이 떠오른다. 마음챙김 명상에서 통찰을 추정해 위빠사나 명상에 적용하고 위빠사나 명상에서 통찰을 추정해 티베트 명상에 적용할 수 있을까?

이러한 질문을 과학적으로 정리하는 데 유용한 것이 바로 분류 체계다. 댄이 명상의 분류를 시도해보았다.* 오랫동안《청정도론》공부에 몰두해왔던 댄은 이런 명상법들을 구분할 수 있는 눈을 갖게 되었다. 그는 위빠사나 수행에서의 가장 큰 차이를 보이는 두 경향, 즉 하나의 대상에 대한 집중과 좀 더 자유롭고 유동적인 마음챙김을 통한 알아차림을 두 축으로 하여 명상을 분류했다(크게 두 부류로 나누는 것은 티베트 전통 분류에서도 마찬가지지만, 아주 다른 의미를 가지고 있으며 더 복잡하다).

리치가 동료 코틀랜드 달, 앙투안 루츠와 만든 더 포괄적이고 최신인 분류 체계에서는 인지과학과 임상심리학의 연구 결과들을 바탕으로 명상 기법을 분류했다.[11] 그들은 명상에 다음과 같은 세 가지 범주가 있다고 본다.

> **주의력 훈련** 이 명상법들은 주의 집중의 측면들을 훈련하는 데 초점을 맞춘다. 호흡에 주의를 기울이는 것처럼 하나의 대상에 주의를 두는 방법, 아니면 경험을 주의 깊게 관찰하는 열린 현존 수련법, 만트라를 외우는 방법, 메타인지를 마음챙김 상태에서

---

* Daniel Goleman, *The Meditative Mind* (New York: Tarcher/Putnam, 1996; 1977년에 처음 출간되었을 때의 제목은 *The Varieties of the Mediative Experience*). 댄은 이제 그런 분류가 여러 면에서 한계가 있다고 보고 있다. 한 가지 이유를 들자면, 두 가지 유형으로 나누는 이 분류 방식에서는 심상과 함께 그와 결부된 감정 및 태도를 생성하는 시각화 같은 중요한 여러 명상법이 누락되거나 융합되기 때문이다.

관찰하는 방법 등이 있다.

덕성 함양법 자애심 같은 덕성들을 함양하는 명상 수련법이다.

해체적 명상 수련법 자기관찰self-observation을 활용해 경험의 본질을 꿰뚫어 보는 통찰 수련법. 보통의 인지가 아닌 비이원적 접근법이 여기에 포함된다.

매우 포괄적인 이 분류법은 그동안 명상 연구가 매우 좁은 범위의 하위 집합에 집중해왔고 그보다 훨씬 더 넓은 범위의 기법들은 무시해왔음을 명확하게 드러낸다. 지금까지의 연구는 대부분 MBSR과 그와 관련된 마음챙김에 기반한 접근법을 대상으로 했다. 물론 자애 명상과 초월 명상에 대한 연구도 있고, 소수나마 선에 대한 연구도 있다.

이 밖에도 다양한 명상법이 수없이 많다. 아마도 저마다 다른 범위의 뇌 회로를 겨냥해 독특한 자질들을 함양할 수 있을 것이다. 명상과학이 성장함에 따라 연구자들이 나무의 작은 가지만이 아니라 더 광범위한 종류의 명상법들을 연구하길 소망한다. 지금까지 나온 발견들만으로도 고무적이기는 하지만, 세상에는 아직 우리가 짐작조차 하지 못하는 다른 발견들이 있을 수 있다.

그물망이 넓어질수록 명상 훈련이 뇌와 마음에 어떤 영향을 미치는지 더 잘 이해할 수 있다. 예를 들어, 수피 명상 수련에는 어떤 이점이 있고, 힌두교의 박티 요가에서 하는 헌신적인 찬가 부르기에는 어떤 효과가 있을까? 힌두교 수행자들뿐 아니라 일부 티베트 수행자들이 행하는 분석적 명상의 이점은 무엇일까? 그러나 명상의 길들이 세부적으로 어떻게 갈리든 한 가지 목표를 공유한다. 바로 변성된 특성이다.

변성된 특성 점검법

런던 웨스트민스터 대성당의 작은 지하실은 약 40여 명의 기자와 사진기자, TV 카메라맨 들로 가득 차 있었다. 이들은 템플턴상 후보인 달라이 라마의 기자회견을 기다리고 있었다. 템플턴상은 매년 '삶의 영적 차원을 긍정하게 하는 데 중대한 공헌'을 한 사람에게 100만 달러가 넘는 상금을 주는 상이다.

우리도 런던의 기자회견장에 함께 있었다. 달라이 라마가 기자들에게 평생 동안 과학적 지식을 추구하게 된 배경을 들려주었고, 과학과 종교의 공통 목표는 진리 추구와 인류 봉사라는 그의 통찰을 전했다.

기자회견의 마지막 질문은 상금으로 무엇을 할 것인가였다. 달라이 라마는 자신은 승려인 데다가, 인도 정부가 모든 것을 보살펴주고 있기 때문에 돈이 필요 없다고 했다.

달라이 라마는 상금을 받는 대로 '세이브더칠드런Save the Children'이라는 단체에 일부 기부할 예정이었다. 세계 최빈국의 아이들을 돕는 그 단체가 중국을 탈출한 티베트 난민들을 지원해왔기 때문이다. 그리고 나머지 상금은 마음과 삶 연구소 그리고 티베트 수도승들의 과학 교육 프로젝트를 진행하는 에모리 대학교에 기부할 예정이었다.

우리는 달라이 라마의 이런 행동을 여러 번 보았다. 달라이 라마의 관대함은 자발적으로 보였다. 일말의 후회도 없어 보였고 자기 자신을 위해서는 작은 하나도 남기지 않았다. 즉각적이고 집착 없는 이런 관대함은 전통적인 바라밀波羅蜜(산스크리트어로는 파라미타paramita로, 문자 그대로 해석하면 '피안彼岸에 이른다'라는 뜻이다. '완전한 상태' '궁극의 상태'를 의미한다)에서 발견된다. 그리고 명상 전통들에서는 이런 태도를 수행의 진보를 나타내는 몇 가지 덕목 중 하나로 본다.

바라밀에 관한 매우 중요한 작품으로는, 8세기경 세계 최초의 고등 교육 기관인 인도 나란다 대학에서 보리심을 가르쳤던 승려 샨티데바가 쓴《입보리행론》이 있다. 달라이 라마는 이 경전을 자주 가르치는데, 그때마다 꼭 쿠누 라마에게 사사했다고 밝힌다. 쿠누 라마는 바로 댄이 부다가야에서 만났던 그 겸손한 수행자였다.

리치의 연구실에 방문한 수행자들의 수련 전통은 여러 바라밀을 받아들였는데, 그중 하나가 관대함이다. 달라이 라마가 상금을 기부한 것처럼 물질적인 형태도 있고, 자기 자신을 선뜻 내어주는 단순한 형태의 현존도 있다. 또 다른 하나는 도덕적 행위로서, 자기 자신이나 다른 사람들에게 해를 끼치지 않고 자기 수양을 위한 지침을 따르는 것이다.

인내, 관용, 침착함도 바라밀에 속한다. 고요한 평정심도 포함된다. 달라이 라마는 MIT에서 만난 청중들에게 "진정한 평화는 여러분의 마음이 하루 24시간 내내 두려움도 불안도 없는 상태"라고 말한 바 있다. 그 외에도 깊은 명상 수련을 통해 생긴 열정적인 노력과 근면, 집중과 산만하지 않음, 지혜 등이 있다.

우리 내면의 가장 좋은 것을 영구적인 특성으로 실현한다는 이러한 개념들은 영적 전통들 전체에 광범위하게 퍼져 있다. 3장에서 보았듯, 그리스-로마 시대의 철학자들도 비슷한 덕성을 보여주었다. 수피교 격언처럼, "인격의 선함은 그 자체로 충분히 풍요롭다."[12]

18세기 유대교 랍비 도브 바에르Dov Baer의 제자였던 랍비 레이브Leib의 일화를 살펴보자. 당시 그 전통에 속한 학생들은 종교적인 주제를 다루는 두꺼운 경전인 《토라Torah》 강의를 들어야 했다.

하지만 레이브는 다른 목표를 가지고 있었다. 레이브는 "제가 스승이신 도브 바에르를 찾아간 것은 경전을 공부하거나 설교를 듣기 위해서가 아닙니다. 저는 그분이 신발 끈 묶는 방법을 보기 위해 찾아갔습니다"라고 했다.[13] 즉 레이브가 추구한 것은, 스승이 체화한 특질들을 눈으로 직접 보고 흡수하는 것이었다.

변성된 특성들에 대한 과학적 데이터와 고대의 가르침은 딱 들어맞는 부분들이 있다. 예를 들어, 18세기 티베트 경전은 영적인

진보를 보여주는 신호들로 만인에 대한 연민심, 만족감, '욕구의 약화'를 들고 있다.[14]

이런 특징들은 우리가 앞의 여러 장에서 보아온 뇌의 변화 지표와 일치하는 듯하다. 공감적 관심이나 부모의 사랑과 관련된 뇌 회로의 활성화 증가, 편도체 이완, 집착 관련 뇌 회로들의 부피 감소 등 말이다.

리치의 연구실에 찾아온 수행자들은 모두 티베트 전통에서 수련했는데, 이 전통은 때로는 혼란스러울 수 있는 관점을 보여준다. 예를 들어, 우리 모두는 불성(부처의 본성)을 가지고 있지만 인지하지 못할 뿐이다. 이런 관점에서 수행의 핵심은 새로운 기술을 개발하는 것이 아니라 이미 가지고 있는 본질적인 자질을 인지하는 것이다. 이렇게 보면 수행자들에게서 발견된 신경학적·생물학적 데이터는 명상을 통한 기술 개발의 징후가 아니라 인식했음을 보여주는 신호들이라 할 수 있다.

변성된 특성은 우리의 본성에 추가된 것일까, 아니면 늘 거기에 존재하던 측면들이 드러난 것일까? 현재 명상과학의 발전 수준에서는 어느 쪽이 맞는지 가늠하기 어렵다. 하지만 원래 존재하던 측면이 드러났음을 보여주는 과학적 발견들이 등장하고 있다. 예컨대, 어린아이에게 인형극을 보여준다. 인형극에 등장하는 어떤 인형은 따뜻하고 이타적인 행동을 하고, 어떤 인형들은 이기적이고 공격적인 행동을 한다. 인형극을 본 아이에게 인형 하나를 고르라고 하면 거의 모든 아이가 따뜻하고 이타적인 모습을 보여주었던 인형을 고른다.[15] 이런 자연스러운 경향은 유아기 내내 계속된다.

이런 실험 결과는 인간이 기본적으로 선함을 가지고 있다는 '성선설'과 일치한다. 그리고 연민심과 자애심을 강화하는 수련을 하며 이미 존재하는 핵심적인 특성을 인식하고 강화해야 할 필요성을 일깨운다. 이런 의미에서 명상을 수련하는 사람들은 새로운 기술을 개발하는 것이 아니라, 언어 능력을 발달시킬 때처럼 기본적인 자질을 키워나가는 것일지도 모른다. 다양한 명상 수련으로 길러지는 이런 자질들이 원래 있던 것을 드러나게 한다고 봐야 하는지, 아니면 새로운 기술을 개발했다고 봐야 하는지는 앞으로의 과학 연구가 밝혀줄 것이다. 지금은 그저 명상 수련의 어떤 측면이 새로운 기술을 배우게 하기보다는 원래부터 존재하는 성향을 인식하게 하는 것 같다고만 추측하고 있다.

무엇을 놓쳤을까?

역사적으로 명상의 목적은 건강을 좋게 하거나 긴장을 완화하거나 업무 능력을 높이는 게 아니었다. 오늘날 이런 이점들로 인하여 명상이 대중화되었으나, 사실 수세기 동안 부수적이고 눈에 띄지 않는 효과로 치부되어온 것이다. 명상의 진정한 목적은 언제나 변성된 특성이었다.

이 자질을 가장 잘 보여주는 집단이 바로 리치의 연구실에 온 수행자들이었다. 그들은 명상 수련이 어떤 작용을 하는지에 강한 의문을 들게 했다. 명상 고수들은 모두 영적인 전통 안에서 깊이 있게 수련한다. 그런데 오늘날의 사람들은 대부분 쉽고 짧은 수련을 선호하며, 효과 있는 부분만 떼어오고 나머지는 남겨놓는 실용주의적 태도를 가지고 있다.

세계의 수많은 명상 전통이 사용자 친화적으로 변화면서 많은 것이 뒤에 남겨졌다. 명상이 원래의 환경을 떠나 대중적인 형태로 각색되는 과정에서 많은 것이 무시되거나 잊혔다.

명상 수련에서 중요한 요소들은 그 자체로는 명상이 아닌 것도 있다. 깊은 수행에서 명상은 자기 인지self-awareness를 높이고, 미묘한 의식에 대해 통찰하며, 궁극적으로 존재의 지속적 변화를 이루는 다양한 방법 중 하나일 뿐이다. 이렇게 어마어마한 목표를 이루려면 평생에 걸쳐 헌신해야 한다.

티베트 전통의 이상은 모든 사람이 모든 고통에서 벗어날 수 있고, 그렇게 하기 위해서는 마음 수련을 통해 이 거대한 목표로 나아가야 한다는 것이다. 리치의 연구실에 온 명상 고수들은 모두 티베트의 전통을 따라야 한다고 생각했다. 이런 사고방식에서는 명상과 명상과 관련한 수련이 지속적 변화, 즉 변성된 특성을 만들어낸다고 확신한다. 그뿐만 아니라 우리 자신의 감정 세계에 대해 좀 더 평온한 자세를 계발해야 한다고 믿는다.

'깊은' 길을 따르는 서양인도 그런 확신을 품을 수 있다. 그러나 그렇게 깊은 수행을 하는 어떤 사람들은 명상을 평생의 소명이 아니라 일종의 내적 회복으로 생각하기도 한다(그렇다 해도 수련이 진전됨에 따라 동기가 변할 수 있기 때문에, 명상을 처음 시작했던 이유와 지속하는 이유가 같지 않을 수도 있다).

수련을 삶의 중심에 둔다면, 그 사명은 보통 피안(열반의 경지)에 이르는 것이다. 이 자체로도 대단히 중요하다. 실제로 명상 고수들에게서 발견되는, 변성된 특성을 기르는 데 중요한 요소들은 다음과 같다.

윤리적 자세ethical stance 명상의 길에서 내면의 변화를 촉진하는 도덕적 지침들. 수행을 통해 개발한 능력을 사적인 이익을 위해 사용하지 않도록 하는 내면의 나침반 역할을 한다.

이타적 의도altruistic intention 수련자가 자기 자신만을 위해서가 아니라 타인의 이익을 위해 수련하겠다는 강력한 동기.

현실에 기반한 믿음grounded faith 특정한 길이 가치가 있고 자신이 추구하는 변형으로 이끌어줄 것이라는 믿음. 일부 경전에서는 맹목적인 믿음의 위험성을 경고하며 '상당한 주의'를 기울여 스승을 찾으라고 충고한다.

개인적 지침personalized guidance 명상 수련의 길에서 다음 단계로 진전하기 위해 필요한 조언을 주는 스승. 인지과학에 의하면, 최상의 수준에 도달하기 위해서는 이러한 피드백이 반드시 필요하다.

헌신devotion 명상 수련을 가능하게 해주는 것들과 모든 사람, 원리 등에 대한 깊은 감사. 또한 신성한 인물이나 스승들, 그들의 변성된 특성 혹은 마음의 특성들도 헌신의 대상이 될 수 있다.

공동체community 같은 수행법을 나누며 서로 힘을 주는 친구들로 형성된 모임. 현대의 명상가들이 고립되어 있는 것과 대조된다.

지지해주는 문화supportive culture 전통적인 아시아 문화에서는 오래전부터 주의, 인내, 연민과 같은 덕목을 구현하기 위해 자신을 변화시키는 삶의 가치를 알고 있었다. 일과 가정이 있는 사람들이 깊은 명상 수련에 헌신하는 사람들을 기꺼이 지원한다. 돈과 음식은 물론 좀 더 편안하게 살 수 있게 돕는다. 그러나 현대 사회에서는 그렇지 않다.

변성된 특성의 가능성potential for altered traits 이렇게 수련함으로써 일반적인 마음 상태에서 벗어나 변성된 특성을 달성할 수 있다는 믿음. 이를 통해 수행의 길을 가는 사람들에 대한 존경심과 경외심이 나온다.

오늘날의 명상 방법이 전통적 명상에서 '뒤에 남기고 온 것들'을 살펴보았다. 이 중 무엇이 실제로 과학 연구를 통해 입증되기 시작한, 변성된 특성들의 유효한 성분인지 아직 알 길이 없다.

깨어 있음

왕자의 자리를 버리고 고행자가 된 가우타마 싯다르타는 내면의 여정을 완수한 뒤 바로 유랑하는 수행자들을 만났다. 그가 놀라운 변화를 겪었음을 알아본 수행자들은 싯다르타에게 "당신은 신입니까?"라고 물었다. 싯다르타는 "아니요, 저는 깨어 있는 사람입니다"라고 답했다.

산스크리트어 '보디bodhi'는 '깨어 있는awake'이라는 뜻이다. 그래서 오늘날 우리는 싯다르타를 붓다, 즉 '깨어 있는 사람'이라고 부른다. 그렇게 깨어나면 어떤 것들이 부수적으로 생기는지 아무도 정확히 모르지만, 가장 높은 수준의 명상 수행자들에 대한 데이터로 몇 가지 단서를 포착했다. 예를 들어, 높은 수준의 감마파가 지속되는 것이다. 감마파는 광활한 공간 감각과 완전히 열린 감각을 보여준다. 그리고 심지어 수면 중에도 감마파가 지속되는데, 이는 깨어 있는 현상이 24시간 지속되는 특성임을 암시한다.[16]

우리의 평범한 의식을 잠에, 내면의 전환을 '깨어 있는 것'에 빗댄 비유는 오랜 역사에서 널리 통용되었다. 다양한 사상의 학파들이 그 의미에 대해 논쟁한다. 우리는 '깨어남'이 정확히 무엇을 의미하는지에 관한 논쟁에 뛰어들 준비가 되지 않았고, 그럴 자격도 없다. 또한 우리는 과학이 형이상학적인 논쟁을 심판할 수 있다고 주장하지도 않는다.

수학과 시가 현실을 이해하는 방식이 서로 다르듯이, 과학과 종교도 각자 권위를 가지는 영역이지만 탐구의 방식이 서로 다르다. 종교는 가치, 신념, 초월을 다루고 과학은 사실, 가설, 합리성을 다룬다.[17] 우리는 명상가의 마음을 측정하면서 다양한 종교가 그 정신 상태를 어떻게 만드는지에 대한 진실과 가치는 말하지 않는다.

우리의 목표는 좀 더 실용적이다. 깊은 길 위에서 변화의 과정을 겪으면서 보편적 이익을 얻는 것이다. 다수의 사람이 효과를 볼 수 있게 명상 수련의 깊은 길을 활용할 수 있을까?

정리

명상을 시작한 지 몇 시간, 며칠, 몇 주 만에도 여러 효과가 나타난다. 무엇보다 처음에는 스트레스에 대한 편도체 반응성이 감소한다. 2주 동안 명상을 수련하면 주의력이 높아진다. 또한 집중력이 개선되고, 마음의 방황이 감소되며, 작업 기억이 향상된다. 그 중에서도 작업 기억은 시험 점수가 높아지는 구체적 혜택으로 이어지기도 한다. 수련 초기의 이점 중 하나로 공감 관련 뇌 회로의 연결성이 높아지기도 하는데, 연민 명상에서 얻을 수 있는 효과다. 명상 수련을 30시간 정도 하면 염증의 지표가 다소 줄어든다. 이렇게 적은 시간을 투자해 생기는 이점들은 금방 사라질 가능성이 높다. 이런 효과들을 지속적으로 누리기 위해서는 날마다 명상하는 시간을 가져야 한다.

1,000시간 이상 수련한 장기 명상가들에게서는 지금까지 입증된 효과들이 보다 강력하게 나타난다. 초보자들보다 훨씬 더 강한 이점과 새로운 효과들도 경험한다. 그들에게서 나타나는 뇌와 호르몬상의 지표로는 스트레스에 대한 반응성 저하와 염증 감소, 정신적 고통을 관리하는 전전두피질 회로의 강화, 스트레스에 대한 반응성 감소 지표인 코르티솔의 수준 저하를 들 수 있다. 고통을 겪는 장기 명상가들이 연민 명상을 하면 신경이 안정되고 타인을 돕기 위해 행동할 가능성이 높아진다.

주의력에 관해서는 선택적 주의 집중 강화, 주의 점멸 감소, 지속적 주의 증가, 갑자기 생긴 일에 대처하는 준비성 향상, 마음의 방황 감소 같은 효과가 있다. 자기중심적 생각들이 줄어들면서 집착 관련 회로의 힘이 약화된다. 이 밖의 생리적 변화와 뇌의 변화로는 호흡 속도가 느려진다(이는 신진대사 속도의 둔화를 나타낸다). 하루 종일 명상을 하는 집중 수련에서는 면역 체계가 향상되고, 명상 상태들을 나타내는 징후들이 수면 중에도 지속된다. 이 모든 변화는 변성된 특성을 암시한다.

마지막으로, 전문가 수준의 명상 수행자들이 존재한다. 이들은 평생 수련 시간이 평균 27,000시간에 달한다. 이들에게는 변성된 특성들을 나타내는 징후가 있다. 예를 들어, 광범위한 뇌 영역에서 동시에 감마파가 발생하는데, 이전까지 볼 수 없었던 뇌 패턴이다. 가장 수련 시간이 긴 명상 고수들은 휴식 중에도 이런 뇌파가 발생한다. 이 감마파는 열린 현존 수련과 연민 명상 중에 가장 강하게 나타나지만, 휴식하는 동안에도 정도는 약하지만 지속적으로 나타난다. 또한 명상 고수들의 뇌는 동년배의 뇌에 비해 노화 속도가 느리다.

명상 고수들의 전문 기술을 보여주는 다른 징후로는 수초 안에 명상 상태로 들어가고 나오는 것 그리고 (특히 가장 숙련된 명상가들의 경우) 별다른 노력 없이 명상을 지속하는 것을 들 수 있다. 통증에 대한 반응도 매우 특별하다. 명상 고수들은 통증이 예상되는 상황에서 예기불안을 거의 느끼지 않는다. 통증이 발생하는 동안에도 짧고 강하게 반응하다 이후 신속하게 회복이 이루어진다. 연민 명상을 하는 동안 수행자들의 뇌와 심장은 다른 사람들에게서 관찰되는 것과 다르다. 가장 중요한 것은, 휴식 중에도 다른 사람들이 명상하는 동안 보이는 뇌 상태와 비슷한 상태를 보이는 것이다. 즉 이들에게는 명상 상태가 변성된 특성이 된 것이다.

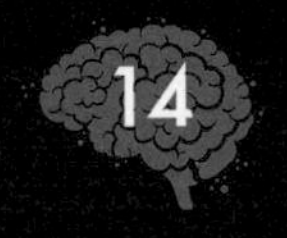

건강한 마음

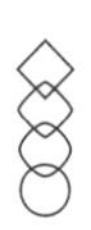

리치의 아내 수전 데이비드슨 박사는 산부인과 전문의인데, 리치처럼 정기적으로 명상을 해왔다. 수년 전, 수전은 몇몇 사람과 함께 매디슨에 위치한 자신의 병원 의사들을 위해 명상 모임을 만든 적이 있었다. 금요일 아침마다 모였고, 수전은 병원 의사들에게 모임에 참여할 기회가 있음을 알려주는 메일을 보내곤 했다. 어떤 의사들은 수전을 복도에서 만나면, "당신이 이런 일을 해서 참 좋아요"라고 했다. 하지만 말끝에 "그런데 아쉽지만 이번에는 못 가요"라고 덧붙였다.

그럴 만한 이유가 있었다. 당시 환자 기록을 컴퓨터에 보관하는 시스템을 만드는 중이라 평소보다 훨씬 더 바빴다. 그리고 당시에는 병원에 입원한 환자들을 전담하는 전문의 양성 체계가 없어서 의사와 직원들이 시간을 내어 회진을 돌아야 했기에 더 바빴다. 그런 상황에서 명상 모임은 격무에 시달리는 의사들에게 조금이나마 자기 자신을 회복할 선물 같은 기회였을 것이다.

그렇지만 몇 년간 명상 모임에 나타난 의사는 예닐곱 명에 불과했다. 결국 수전과 명상 모임 사람들도 기운이 빠지고 말았다. 사람들이 명상에 관심이 없다고 생각해 명상 모임을 중단했다.

'시간이 없다'는 것은, 명상을 하고는 싶어도 하지 못하는 사람들에게 가장 큰 변명거리가 될 수 있다. 이런 사실을 알게 된 리치와 동료들은 명상을 기반으로 한 웰빙 전략을 가르치는 '건강한 마음Healthy Minds'이라는 디지털 플랫폼을 개발했다. 너무 바빠서 오프라인 명상 프로그램에 참여할 수 없다면 이 프로그램을 통해 개인 맞춤형 수련을 할 수 있다. 출퇴근이나 청소 등 일상적인 활동을 하는 시간을 명상 수련 시간으로 만들 수 있다. 지금 하는 활동에 완전히 주의를 기울이지 않아도 된다면, 이 프로그램에서 나오는 수련 지침들을 배경음악처럼 들으면서 안내를 받을 수도 있다. 명상의 중요한 효과 중 하나는 일상생활을 잘 하게 하는 것이기 때문에, 일상 중 훈련할 기회가 있다는 것도 장점이 될 수 있다.

물론 '건강한 마음'이 아니어도 명상을 가르치는 앱은 이미 수도 없이 많다. 그 많은 앱이 명상의 효과에 대한 과학적 발견들을 활용하고 있기는 하지만, '건강한 마음'은 거기서 한 걸음 더 나아갈 것이다. 리치의 연구팀은 이런 편승 수련법piggy-backed practice이 실제로 얼마나 효과가 있는지 평가하기 위해 과학적으로 조사할 예정이다.

통근 시간을 이용해 하루에 20분간 수련하는 것은 집에서 조용히 앉아 20분간 수련하는 것에 비해 어떤 효과가 있을까? 우리는 이처럼 간단한 질문에 대한 답도 알지 못한다. 한 번에 20분 수련하는 것이 좋을까, 아니면 10분씩 두 번 수련하는 것이 좋을까? 아니면 5분씩 네 번? 리치와 그의 연구팀은 이런 실용적인 질문들의 답을 찾고자 한다.

우리는 '건강한 마음' 앱과 앱을 이용한 효과를 평가하는 것이 더 많은 사람이 명상 수련의 효과를 볼 수 있게 하는 다음 단계의 디딤돌이 될 거라 생각한다. 이미 MBSR, 초월 명상, 일반적인 형태의 마음챙김 명상 등이 동양의 전통적인 방식과는 다른 형태로 많은 이에게 혜택을 주고 있다. 수많은 회사에서 업무 효율과 회사 실적에 유익한 이런 접근법들을 활용해 교육 및 자기계발 매뉴얼로 명상을 제공하고 있다. 심지어 어떤 회사는 명상실을 만들어 직원들이 조용히 집중할 수 있는 시간을 갖게 해준다. 물론 그런 시간이 존재하려면 명상을 지지해주는 직장 문화가 필요하다. 지칠 때까지 몇 시간씩 컴퓨터 모니터 앞에만 앉아 있어야 하는 회사에서는 명상실을 자주 이용하는 사람들이 해고될 수도 있다는 이야기를 댄은 들은 적이 있다.

요즘 마이애미 대학교의 아미쉬 자 연구팀은 군인에서부터 미식축구 선수, 소방관, 교사에 이르기까지 스트레스가 높은 집단에 명상 수련을 알려준다. 뉴욕 외곽의 개리슨 연구소는 아프리카와 중동 최전방에서 근무한 뒤 트라우마에 시달렸던 이들이 이

후 찾아올 수 있는 2차 트라우마에 잘 대처하도록 마음챙김에 기반한 프로그램을 제공하고 있다. 예를 들어, 에볼라 전염병과 싸우거나 절망적인 난민들을 도왔다면, 2차 트라우마가 촉발될 수 있다. 플릿 몰Fleet Maull은 마약 밀수 혐의로 14년 형을 선고받고 복역하던 중 교도소 마음챙김 연구소Prison Mindfulness Institute를 설립했다. 이 연구소는 미국 전역의 80여 개 교도소에서 재소자들에게 마음챙김 명상을 가르치고 있다.

우리는 명상과학이 가장 넓은 의미에서 건강한 마음과 몸과 뇌를 형성할 기본적인 정보를 줄 수 있다고 본다. 세계보건기구World Health Organization; WHO가 정의한 대로 '건강'은 질병이나 장애가 없는 것을 넘어 '완전한 육체적·정신적·사회적 안녕'을 의미한다. 명상과 그에 기반한 변형 방법들은 여러 면에서 그런 안녕을 나아지게 하며 모든 곳에 영향을 미친다.

명상과학은 분명히 증거를 기반으로 하여 발견하고 나아간다. 그러나 명상과는 전혀 달라 보이는 혁신적인 접근법을 만들어내기도 한다. 개인적·사회적 딜레마 해결을 돕기 위해 명상을 적용하는 것은 누구나 환영할 만한 일이다. 미래가 가져올 가능성들 역시 우리를 흥분시킨다.

더 많은 사람이 명상의 효과를 볼 수 있어야 하기 때문에 과학에 기반해 명상을 응용하는 것도 환영할 만하다. 이런 방법과 효과들을 명상가들만 누려야 하는 것은 아니지 않은가?

신경가소성 만들기

미취학 아동을 위해 '친절 교육과정Kindness Curriculum'을 개발한 교육과정 전문가 로라 핑거Laura Pinger가 아이들에게 물었다. "식물들이 자라려면 무엇이 필요할까요?"

그날 아침 친절의 중요성을 배운 열다섯 명 아이들이 열심히 손을 들었다. 어떤 아이는 "햇빛이요"라고 대답했고, 또 다른 아이는 "물이요"라고 말했다. 그리고 주의력 문제로 고생하다가 이 친절 교육과정을 통해 효과를 본 세 번째 아이가 손을 들어 "사랑이요"라고 외쳤다. 확실히 수업 내용과 연관시킬 수 있는 적절한 대답이었다. 자연스레 친절이 사랑의 한 형태라는 내용의 수업이 이어졌다.

친절 교육과정은 아이들 나이에 적합한 아주 기본적인 마음챙김 훈련으로 시작한다. 예를 들어, 네 살짜리 아동을 눕게 하고 배에 작은 돌멩이를 올려놓는다. 숨을 쉴 때마다 그 돌멩이가 오르락내리락하는 가운데, 종소리를 들으며 호흡에 집중한다.

그다음 아이들은 자신의 몸에 주의를 기울이고, 다른 아이들과 어울리며 친구의 몸에도 관심 갖는 법을 배운다. 특히 다른 아이가 화났을 때가 중요하다. 다른 사람이 화가 난 것을 알아차리는 것은 자신의 몸뿐 아니라 친구의 몸에서 일어나는 일에 주목할 기회가 된다. 다시 말해, 공감으로 이어지는 일종의 모험이 되는 것이다.

선생님은 아이들이 서로 돕는 것을 연습하고 감사를 표현하도록 북돋운다. 도움받은 아이들은 선생님에게 소식을 전하고, 선생님은 도움 준 아이에게 '친절 정원' 포스터에 붙일 스티커를 하나씩 준다.

리치의 연구팀은 이 프로그램의 효과를 평가하기 위해, 아이들에게 (그들에게는 중요한 화폐인) 스티커를 주고 같은 교실에 있는 친구 네 명 중 한 아이에게 나누어주게 했다. 실험 대상인 아이들은 가장 좋아하는 친구, 가장 좋아하지 않는 친구, 한 번도 본 적이 없는 낯선 친구, 아파 보이는 친구 중 한 명을 골라야 했다.

아직 유치원에 입학하지 않은 아이들은 보통 가장 좋아하는 친구에게 스티커를 준다. 하지만 친절 교육과정을 거친 아이들은 가장 좋아하지 않는 친구와 아파 보이는 친구에게 스티커를 더 많이 주었다.[1] 또 다른 발견도 있었다. 대부분의 아이들과 달리, 친절 교육과정을 받은 아이들은 유치원에 들어갈 나이가 되어도 자기중심적으로 변하지 않았다.

아이들이 친절함을 배우고 키우도록 돕는 것은 확실히 좋은 생각이다. 그러나 현재 우리의 교육 시스템에서 이런 능력은 운에 맡겨져 있다. 물론 가정에서 이런 가치들을 자녀들에게 심어주지만, 그렇지 않은 가정도 많다. 학교에 이런 프로그램을 적극적으로 도입하면, 모든 아이가 마음의 근육을 키워주는 수업을 들을 수 있을 것이다.[2]

우리의 교육 시스템은 친절, 보살핌, 연민을 무시하는 노선을 따른다. 주의, 자기 조절, 공감, 사람 간의 연결 같은 능력도 마찬가지로 논외다. 독서와 수학 같은 전통적인 학문 능력만으로도 충분히 일을 할 수 있다. 그런데 아이들이 충만한 삶을 사는 데 매우 중요한 기술을 가르치면서 교육의 범위를 확장해보는 것은 어떨까?

발달심리학자들은 주의, 공감, 친절, 침착함, 사회적 연결에는 각각 성숙도의 차이가 있다고 한다. 유치원생들의 떠들썩함과 4학년 학생의 의젓한 행동처럼 성숙도를 나타내는 행동의 징후들은 기저 신경망의 성장을 보여주는 지표들이다. 그리고 신경가소성은 친절 교육과정 같은 훈련을 통해 모든 뇌 회로가 최선의 방향으로 형성될 수 있다는 것을 보여준다.

지금까지 우리 아이들의 이런 중요한 능력을 발전시키는 방법들은 대체로 무작위적인 힘에 의존해왔다. 아이들이 이 중요한 능력을 함양하도록 더 현명하게 도와줄 수 있다. 예를 들어, 모든 명상법은 근본적으로 주의력을 강화한다. 이 방법들을 아이들의 주의력을 강화하는 데 활용하면 장점이 많다. 주의력이 없다면 아무것도 배울 수 없다.

현재 교육 시스템은 아이들의 주의력 함양에는 거의 신경을 쓰지 않는다. 특히 아이들의 성장기에는 주의력 관련 뇌 회로들이 더 강화될수록 도움이 큰데 말이다. 주의력에 관련된 과학 연구는 상당히 축적되어 있으니 충분히 이런 목표에 도달할 수 있다.

주의력을 키워야 하는 또 다른 이유가 있다. 바로 우리 사회가 주의력 결핍에 시달리고 있기 때문이다. 오늘날 아이들은 디지털 기기를 손에 달고 사는 환경에서 성장하는데, 이런 기기들은 주의 집중을 방해하는 정보를 쉴 새 없이 제공한다. 따라서 공중보건의 관점에서도 주의력 강화가 무척 시급하다.

댄은 '사회정서학습Social Emotional Learning; SEL'이라 불리는 운동의 공동 창시자다. 현재 사회정서학습을 제공하는 학교는 전 세계에서 수천 곳에 달한다. 댄은 주의력과 공감 능력을 함양하는 교육이 매우 중요하다고 주장해왔다.[3] 물론 그동안에도 마음챙김을 학교에 도입하려는 운동, 특히 저소득층이나 문제 청소년들에게 명상을 소개하는 운동이 있기는 했다.[4] 그러나 개별적인 노력이나 시도로 그쳤다. 우리는 주의와 친절에 초점을 맞춘 프로그램들이 모든 어린이에게 기본적으로 제공되는 미래를 꿈꾼다.

학교에 다니는 아이들이 게임을 하는 데 얼마나 많은 시간을 쓰는지 생각해보면, 이러한 교육을 전달할 수 있는 또 다른 경로가 보인다. 게임은 주의력 결핍을 초래하는 악마로 여겨지곤 한다. 그러나 게임이 가진 힘을 좋은 쪽으로 활용할 수 있지 않을까? 즉 게임을 건전한 상태와 특성을 배양하는 도구로 이용할 수 있다. 리치의 그룹은 교육용 게임을 개발하는 비디오 게임 디자이너들과 협력해 십 대 청소년을 위한 게임을 몇 가지 개발했다.•

• 이 작업은 아직 걸음마 단계에 불과하다. 이 글을 쓰고 있는 현재, 그런 게임들을 평가하

'테너시티Tenacity'('끈기'라는 뜻—옮긴이)라는 게임은 리치의 연구팀이 실시한 호흡 수 세기에 대한 연구를 바탕으로 개발되었다.[5] 숨을 들이쉴 때마다 아이패드를 두드리라는 요청을 받으면 사람 대부분은 요청받은 대로 정확히 실행할 것이다. 그러나 아홉 번째 들숨에만 두드리라고 하면 실수가 많을 것이다. 마음이 방황하고 있었기 때문이다.

리치와 동료들은 테너시티를 개발하면서 이런 연구 결과를 핵심적인 메커니즘으로 활용했다. 이 게임의 규칙은 다음과 같다. 아이들이 들숨에 맞춰 화면을 한 손가락으로 누르다가, 다섯 번째 들숨에서는 두 손가락으로 눌러야 한다. 아이 대부분이 숨을 들이쉴 때마다 높은 정확도로 아이패드를 두드리기 때문에, 리치의 팀은 다섯 번째로 숨을 들이마실 때 두 손가락으로 정확히 두드렸는지만 판단하면 된다. 다섯 번째 들숨을 정확하게 센 횟수가 많을수록 더 높은 점수를 받게 된다. 그리고 점수가 쌓일수록 아이패드 화면을 꾸미는 장식 또한 더 많아진다. 예를 들어, 한 버전에서는 황량한 사막에서 아름다운 꽃들이 자라나기 시작한다.

리치의 연구팀은 2주에 걸쳐 매일 20~30분 이 게임을 했을 뿐인데도 전전두피질에 자리한 뇌의 집행 센터와 주의 관련 회로 사이의 연결성이 증가한 것을 발견했다.[6] 다른 연구에서는 이 게

는 첫 번째 과학 논문들이 발표를 준비하고 있다.

임을 한 아이들은 타인의 얼굴 표정에 더 잘 집중하고 방해물은 더 잘 무시했다. 이는 공감 능력이 높아졌다는 것을 나타내는 신호다.

이런 변화들이 지속적 집중 수련 없이 유지될 거라고는 믿지 않는다. 그러나 뇌와 행동 모두에서 유익한 변화가 일어났다는 사실은 비디오 게임이 주의력과 공감 능력을 향상시킬 수 있다는 것을 보여준다.

마음을 단련하는 법

리치가 미국 국립보건원에서 했던 강연은 많은 주목을 받았다. 그 강연 포스터에는 이런 문구가 있었다. "몸을 위해 운동을 하듯, 마음을 위해 운동을 할 수 있다면 어떻게 될까?" 아주 흥미로운 질문이다.

피트니스 산업은 건강해지고 싶다는 인간의 소망을 바탕으로 성장한다. 신체적 건강은 우리가 실제로 얼마나 노력하느냐와 상관없이 거의 모든 사람이 이루고자 하는 목표다. 그리고 매일 샤워를 하고 양치질을 하는 등의 개인 위생 습관은 우리에게 제2의 천성이나 마찬가지다. 그렇다면 정신적인 건강도 마찬가지 아닐까?

반복된 경험을 통해 뇌에서 형성되는 신경가소성은 의도하지 않아도 살아가는 내내 무의식적으로 지속된다. 우리는 디지털 기기 화면 속에 있는 것들을 흡수하면서, 또는 생각할 필요 없는 일들을 하면서 시간을 보낸다. 그러는 사이 우리의 뉴런도 관련 뇌 회로를 충실히 강화시키거나 약화시킨다. 따라서 이렇게 아무 생각 없이 하는 정신 활동 역시 마음의 근육에 우발적인 변화를 가져온다.

명상과학은 우리가 더 의도적으로 마음을 돌볼 수 있다고 알려준다. 자애 명상의 결과에서 보았듯, 마음을 의도적으로 사용하면 일찌감치 이점을 얻을 수 있다. 신경과학자 트레이시 쇼어스Tracy Shors는 심신 훈련Mental and Physical Training; MAP이라는 프로그램을 개발했다. 트레이시의 가설에 따르면, 이 프로그램은 새로운 뇌 세포를 성장시키는 신경발생neurogenesis을 증가시킨다.[7] 실험 참가자들은 30분 동안 주의 관련 명상을 집중적으로 실시한 다음, 30분 정도 유산소 운동을 하는 방식으로 8주간 훈련했다. 그 결과 여러 가지 효과가 나타났고, 집행 기능이 향상되었다.

우리는 운동을 집중적으로 하면 근육이 더 많이 생기고 지구력이 좋아지는 반면, 운동을 중단하면 숨이 차고 군살이 늘면서 예전으로 돌아간다는 것을 알고 있다. 이는 내면 운동인 명상과 그로 인한 마음과 뇌의 변화에도 똑같이 적용된다.

그리고 뇌가 운동으로 좋아지는 근육과 같다면 뇌를 위한 피트니스 프로그램, 즉 정신 훈련 프로그램이 있어야 하지 않을까? 정신 훈련이란, 물리적인 공간이 아니라 어디서나 수련을 할 수 있는 앱 정도가 될 것이다.

디지털 시스템으로 명상 수련의 이점을 많은 사람에게 제공할 수 있다. 명상 앱은 이미 널리 사용되고 있지만, 그 효과를 과학적으로 직접 평가한 사례는 없다. 대신 명상 앱 개발자들은 몇몇 종류의 명상법에 관한 연구를 인용하지만, 이러한 연구들이 해당 앱의 효과를 투명하게 밝혀주는 것은 아니다. 정신 능력을 강화하는 것으로 추정되는 어떤 앱을 개발했던 회사가 거액의 벌금을 낸 적도 있다. 정부 기관이 앱 개발 회사의 주장에 이의를 제기했고, 그 회사는 자신들의 주장을 입증하지 못했기 때문이다.

반면 지금까지의 증거들을 보면, 엄격한 검증을 거칠 수 있는 디지털 시스템도 만들어낼 수 있을 듯하다. 예를 들어, (6장에서 살펴보았던 연구에서는) 사람들을 조금 더 느긋하고 관대하게 만드는 자애 명상을 웹을 기반으로 가르친 적이 있다.[8]

그리고 소나 디미지언의 연구팀은 웹을 이용해 약한 정도의 우울증을 앓고 있는 사람들에게 도움의 손길을 내민 적이 있다. 이들은 우울증이 발생할 위험이 평균보다 높은 사람들이었다. 소나의 연구팀은 MBCT에서 파생된 웹 기반 코스로서 마음챙김 기분 균형Mindful Mood Balance이라 불리는 강좌를 개설했다. 8번의 강의로 구성된 이 강좌를 수료한 후에는 쓸데없이 걱정하고 생각하던 버릇이 줄었고 우울감과 불안도 감소했다.[9]

성공 사례들이 있다는 것만으로 모든 온라인 명상 프로그램이 유익하다고 할 수는 없다. 그렇다면 어떤 명상 교육이 더 효과적이고, 그 이유는 무엇일까? 이런 질문들은 실험을 통해서만 답을 구할 수 있다.

그러나 우리가 아는 한 과학에 기반하고 있다고 주장하는 수많은 명상 앱 중 과학적 연구를 통해 그 효과를 직접적으로 평가한 앱은 하나도 없다. 특히 주류 과학계에서 이런 연구가 논문으로 출판된 적은 없었다. 우리는 과학적 평가를 거치는 것이 명상 앱의 표준이 되어, 모든 앱이 주장하는 대로의 효과를 보여주는 날이 오길 바란다.

그럼에도 명상 연구는 마음 훈련의 효과에 대한 증거를 풍부하게 제시한다. 따라서 언젠가는 우리가 몸을 다루는 것과 같은 방식으로 마음을 대하고 우리의 마음을 돌보는 운동이 일상이 되기를 상상해본다.

신경 해킹

3월의 어느 날 아침, 미국 뉴잉글랜드 지방에서는 얼어붙었던 눈이 조금씩 녹고 있었다. 에머스트 대학교 캠퍼스에 자리한 빅토리아풍 건물의 로비에는 작은 노아의 방주가 세워졌다. 종교학자, 실험심리학자, 신경과학자, 철학자가 한 쌍씩 참가하는 학문적 노아의 방주였다.

이들은 마음과 삶 연구소의 후원하에 마음을 구석구석 탐구하려고 모인 사람들이었다. 때로는 마약, 포르노, 쇼핑에 대한 중독처럼, 일상의 욕망보다 한참 더 어두운 마음까지 탐구의 대상이 되었다.

종교학자들은 쾌락에 의존하게 되는 모든 정서적 충동의 문제는 탐욕이 일어나는 순간의 문제임을 지적했다. 탐욕에 사로잡혔을 때, 특히 갈망과 중독을 향해 마음이 질주할 때는, 집착을 부추기는 불안감a sense of uneasiness이 생기고 특정 형태의 욕망 대상이 불편함dis-ease을 해소해줄 것이라는 유혹이 머릿속을 울린다.

탐욕이 생기는 순간은 너무 미묘해서 미친 듯이 소란스러운 보통의 마음 상태에서 알아차리기가 쉽지 않다. 연구에 의하면, 우리의 주의가 산만할 때 살찌는 음식에 손을 뻗을 가능성이 가장 높아진다. 또한 마약 중독자들이 지난번 마약에 취해 있을 때 입고 있던 옷을 본다면, 다시 주사를 맞으려 할 가능성이 높아진다. 그 옷에 의해 밀려드는 기억이 마약을 부추기는 자극제가 되는 것이다.

철학자 제이크 데이비스Jake Davis는 강박적 원인에서 벗어나 완전한 편안함을 느끼는 것과 대조적인 상황이라고 지적했다. "탐욕 없는 마음Mind of non-grasping"은 우리로 하여금 그런 충동의 영향을 받지 않게 해주고, 또 있는 그대로의 자기 자신에게 만족하게 해준다.

마음챙김은 마음속에서 일어나고 있는 일에 끌려다니기보다 마음속에서 일어나는 일을 관찰하게 해준다. 그러면 무언가에 매달리려는 내면의 충동이 눈에 보이기 시작한다. 데이비스는 "마음이 충동을 흘려보내는 순간을 봐야 합니다"라고 말한다. 우리는 마음챙김을 하면서 다른 자연스러운 생각들과 마찬가지로 그러한 충동들이 일어나는 것을 알아차릴 수 있다.

정신과 의사 겸 신경과학자인 저드슨 브루어는 그러한 충동이 일어날 때 후측 대상피질을 중심으로 신경 작용이 일어난다고 추측했다. 그가 막 MBSR의 탄생지인 매사추세츠 의과대학교 마음챙김센터의 연구소장이 된 참이었다. 후측 대상피질이 관여하는 정신 활동으로는 주의가 산만해지는 것, 마음이 방황하는 것, 자기 자신에 대해 집착하는 것, 설사 부도덕한 선택이었을지라도 자신을 정당화하는 것, 죄책감을 느끼는 것 등이 있다. 그리고 갈망도 거기에 포함된다.

브루어의 연구팀은 8장에서 살펴보았던 대로 마음챙김 명상을 하는 사람들의 뇌를 촬영했고, 그때 후측 대상피질이 잠잠해지는 것을 발견했다.[10] 노력이 필요 없는 마음챙김을 하면 할수록 후측 대상피질이 더 조용해졌다. 브루어의 연구실에서 실험한 결과, 마음챙김 명상은 담배에 중독된 사람들이 흡연 습관을 끊는 데 도움을 주었다.[11] 브루어는 후측 대상피질과 관련된 자신의 연구 결과를 중독을 없애는 데 활용해, 과식과 흡연에 빠진 이들을 위한 두 가지 앱을 개발했다.

브루어는 여기서 그치지 않고 이런 신경학적 발견을 '뉴로피드백neurofeedback'을 활용하는 실용적 접근법으로 변모시켰다. 뉴로피드백이란, 개인의 뇌 활동을 모니터링해 특정 부위의 활동이 늘거나 줄면 바로 알려주는 것이다. 이를 통해 후측 대상피질의 활동을 줄이기 위해 마음속으로 무엇을 해야 하는지 실험할 수 있다. 우리는 보통 뇌 안에서 어떤 일이 일어나는지 의식하지 못한다. 뇌 스캐너 같은 장치들에 의해 판독되는 수준까지는 더더욱 알지 못한다. 신경과학의 연구 결과가 중요한 이유다. 그러나 뉴로피드백은 마음과 뇌를 가로막고 있는 장벽을 넘고 뇌의 활동에 대한 창문을 활짝 열어젖혀서 피드백 순환feedback loop이 가능하게 한다. 뉴로피드백 회로를 통해 우리는 정신적 작용이 뇌에 어떤 영향을 미치는지 알 수 있다. 우리는 브루어의 후측 대상피질 뉴로피드백을 모델로 삼고, 관련된 생리적·신경적 과정의 피드백을 활용하는 차세대 명상 앱을 구상하고 있다.

뉴로피드백의 또 다른 대상은 숙련된 명상 고수들의 특징인 감마파가 될 것이다. 명상 고수들의 광활한 개방감vast openness을 감마파 피드백 시뮬레이션으로 구현할 수도 있겠지만, 우리는 뉴로피드백을 명상 고수들의 변성된 특성을 실현해주는 지름길로 생각하지 않는다. 감마파 진동이나 수행자들의 마음 상태에서 측정된 척도는 기껏해야 수행자들이 즐기는 것처럼 보이는 풍부한 충만함rich fullness의 아주 작은 단편만을 제공할 뿐이다. 감마파 피드백이나 다른 요소들에 대한 부분적인 경험이 일반적인 마음 상태와 완전히 다를 수는 있어도, 수년간의 명상 수련으로 생기는 결과물과 같지는 않다.

하지만 또 다른 보상이 있을 수 있다. 명상하는 쥐를 생각해 보자. “쥐가 명상을 한다고?” 오리건 대학교의 신경과학자들은 이런 터무니없는 가능성, 혹은 아주 모호한 유사점을 탐구했다. 쥐가 실제로 명상을 한 것은 아니다. 연구원들은 특정 주파수에 반짝거리는 섬광 전구를 이용해 쥐의 뇌를 특정 상태로 만들었다. 광구동光驅動, photic driving이라 불리는 이 방법은 뇌파 파장의 리듬이 번쩍이는 밝은 빛의 리듬과 맞물리게 하는 것이다.• 불안감이 덜한 설치류를 기준으로 판단할 때, 쥐들은 이런 상태에서 편안함을 느끼는 듯했다.[12] 다른 연구자들은 광구동을 통해 설치류의 뇌가 감마파 주파수에 이르게 만들었더니, 알츠하이머병과 관련된 신경 표지가 감소하는 것을 발견했다. 적어도 노령의 쥐는 그랬다.[13]

그렇다면 명상 고수들에게 많이 나타나는 감마파 피드백이 알츠하이머병의 속도를 줄이거나 역전시킬 수 있을까? 쥐를 대상으로는 한 연구는 성공적이었지만, 인간에게 적용하자 바로 실패로 확인된 약물은 제약 연구 연보에 넘치도록 많다.•• 인간의 알츠하이머병 예방을 위한 감마파 뉴로피드백은, 어쩌면 한낱 몽상

• 파장의 리듬이 때론 발작을 촉발할 수 있기 때문에, 이러한 실험은 간질 증상이 있는 사람들에게 위험할 수 있다.

•• 쥐는 기본적으로 인간과 같은 포유류라 유전자 지도가 인간과 흡사하지만, 완전히 그런 것은 아니다. 뇌와 관련해서는 그 차이가 훨씬 더 크다.

에 불과할지 모른다. 하지만 반대로 몽상이 아닐지도 모른다.

그래도 뉴로피드백 앱으로 인해 극소수의 사람이 경험했던 것을 더 많은 사람이 이용할 수 있을 가능성이 커진 듯하다. 이 시점에서 우리는 그러한 장치가 지속적인 특성이 아닌 일시적인 상태 효과를 만들어낼 것이라는 유의 사항을 다시 기억해야 한다. 수년간 명상을 집중적으로 실시한 것과 잠깐 동안 새로운 앱을 사용하는 것 사이에 커다란 차이가 존재한다는 것은 말할 것도 없다.

그럼에도 우리는 다음 세대에 도움이 되는 응용 프로그램들을 구상하고 있다. 모두 명상과학에 의해 밝혀진 방법과 통찰에서 파생된 것들이다. 그 결과 어떤 형태의 프로그램들이 등장할지는 아직 알 수 없다.

우리의 여정

변성된 특성을 입증해주는 확고한 증거들은 수십 년에 걸쳐 조금씩 나왔다. 제일 처음 변성된 특성의 단서를 잡았을 때 우리는 대학원생이었다. 그리고 우리가 은퇴를 바라보고 있는 지금, 꽤 설득력 있는 증거들이 제시되고 있다.

오랜 기간 동안 우리의 가설을 입증해주는 데이터가 없는 상황에서 과학적 직감만을 따라야 했다. 그동안 우리는 "증거의 부재가 부재의 증거는 아니다"라는 격언에 위로를 받곤 했다. 명상 수련을 통해 얻은 우리 자신의 경험, 변성된 특성을 현실에서 구현한 듯했던 극소수의 명상 고수들, 이러한 긍정적인 존재의 변형을 명시한 명상 문헌들에서 우리는 확신을 얻었다.

하지만 학문적인 관점에서 볼 때는 아무 증거 없는 가설에 불과했다. 편향 없는 실증적 데이터가 전무했기 때문이었다. 우리가 이러한 과학적 여정을 시작했을 때는 변성된 특성을 탐구할 수 있는 방법이 별로 없었다. 1970년대에 변성된 특성이라는 발상을 간접적으로 거론하는 연구만 할 수 있었다. 한 가지 이유는 적절한 연구 대상에 접근하지 못했기 때문이었다. 외딴 산속 은둔처에서 헌신적으로 명상하는 고수들 대신 하버드 대학교 2학년 학생들을 대상으로 실험하는 데 만족해야 했다.

가장 중요한 문제는 당시 신경과학이 확실한 증거도 없는 시작 단계에 있었다는 것이었다. 당시 뇌를 연구한 방법은 오늘날의 기준으로 보면 원시적인 것이었다. '첨단 기술'이라고 해봤자 뇌 활동을 간접적이고 모호하게 측정하는 게 전부였다.

우리가 하버드 대학원을 다니기 몇십 년 전, 철학자 토머스 쿤Thomas Kuhn은 《과학 혁명의 구조The Structure of Scientific Revolution》라는 책에서 새로운 사상과 급진적이고 혁신적인 패러다임이 생각의 변화를 강제함으로써 과학이 갑자기 전환된다고 말했다. 우리는 그의 생각이 마음에 들었다. 당시 우리는 심리학에서는 꿈도 꾸지 못했던 인간의 가능성을 보여주는 패러다임을 찾고 있었기 때문이었다. 쿤의 견해는 과학계에 뜨거운 논쟁을 불러일으켰고, 지도 교수들의 반대 속에서도 우리가 계속 나아갈 수 있게 한 원동력이 되었다.

과학은 모험가를 필요로 한다. 리치가 고엔카와 함께 조용히 명상 방석 위에 꼼짝 않고 앉아 있었을 때, 댄이 수행자들이나 라마승들과 함께 《청정도론》을 수개월간 들여다보고 또 들여다보았을 때, 우리는 바로 이런 모험가가 된 것이었다.

우리는 변성된 특성에 대한 확신이 있었다. 그 직감을 뒷받침해줄 연구들을 찾기 위해 세심하게 깨어 있었다. 그리고 경험을 통해 연구 결과들을 걸러냈다. 그 결과 다른 이들은 알아차리지 못한 중요한 것들을 도출해낼 수 있었다.

과학은 문화에 바탕을 둔 가정의 틀 안에서 작동한다. 이 가정의 틀은 무엇이 가능한지를 생각하는 우리의 견해 또한 제한하게 된다. 특히 행동과학은 가장 강력한 영향을 받는다. 현대 심리학은 동양의 체계 안에 인간의 존재 자체를 변형시킬 수 있는 수단이 있음을 알지 못했었다. 우리는 동양의 렌즈를 통해 새로운 가능성을 보았다.

이제는 경험을 통한 연구가 늘어나면서 우리의 오래된 예감이 맞았음을 확인해주고 있다. 지속적인 마음 훈련은 뇌를 구조적으로도 기능적으로도 변성시킨다. 이로써 수행자들의 문헌들이 수천 년 동안 묘사해온 변성된 특성의 신경적 토대에 대한 개념이 증명되고 있는 것이다. 게다가 우리 모두 이 스펙트럼을 따라 움직일 수 있는데, 노력에 따라 효과가 늘어나는 용량-반응 관계를 따르는 듯하다. 변성된 특성들의 과학적 배경을 뒷받침하는 신흥 분야인 명상신경과학은 이미 성숙기에 이르렀다.

나오며

“마음을 변화시킴으로 자기 자신의 몸과 마음을 건강하게 만들고, 나아가 인간 공동체와 이 넓은 세계까지 나아지게 할 수 있다면 어떨까요?”

리치가 미국 국립보건원에서 강연할 때 포스터에서 이렇게 묻고 있었다. 그렇다면 우리는 어떻게 될까? 우리는 마음속에 정신건강이 보편화되어 사회를 더 나은 방향으로 변성시키는 세상을 그려본다. 우리가 이 책에서 소개한 과학적 연구들이 마음과 뇌를 돌봄으로써 안녕을 지속할 수 있다는 엄청난 잠재력을 보여주길 바란다. 그리고 매일 조금씩만 정신 훈련을 해도 안녕을 지속하는 데 큰 도움이 된다는 확신을 주길 바란다.

이런 변화의 징후는 관대함, 친절함, 집중력이 향상되는 것이다. ‘우리’와 ‘그들’의 구분도 덜 엄격해진다. 다양한 종류의 명상을 통해 공감과 관점 수용이 높아지는 것을 볼 때, 우리는 수련을 통해 인간과 인간은 말할 것도 없고 인간과 지구가 서로 의존하고 있다는 의식으로 확장될 것이라 기대한다.

이런 자질들이, 특히 자애심과 연민심이 함양될 때 필연적으로 우리의 국가, 사회, 지역사회가 더 나은 방향으로 변화할 수 있을 것이다. 이처럼 긍정적인 변성된 특성들은 개인의 번영뿐 아니라 우리 종種의 생존 확률을 높이는 방식으로 세상을 변화시킬 것이다.

우리는 달라이 라마가 여든이 되었을 때 내놓은 비전에 큰 영감을 받았다. 달라이 라마는 사람들에게 평정심을 얻고 연민심을 방향 삼아 세상을 더 좋게 하는 행동에 나서라고 격려했다. 제일 먼저 언급한 내면의 고요함 그리고 두 번째로 언급한 연민심을 방향 삼는 일은 바로 세 번째로 언급한 숙련된 행동, 즉 명상 수련의 산물일 수 있다. 하지만 우리가 어떤 행동을 하느냐는 개개인에 달려 있고 개인의 능력과 가능성에 의존한다. 우리 모두는 선한 힘의 주체가 될 수 있다.[14]

우리는 명상 수련이 공중보건상의 긴급한 요청에 응답하는 하나의 해결책이라고 본다. 탐욕과 이기심을 비롯해 자신과 타인을 나누는 사고방식을 없애고, 임박한 환경 문제를 줄이며, 친절함과 명료성과 평정심을 증진할 수 있는 것이다. 이런 인간의 경향성을 직접 목표 삼아 향상시키는 일은 지속적인 빈곤, 집단 간의 증오, 지구의 안녕에 대한 무관심처럼 해결하기 어려운 사회적 병폐의 악순환을 끊는 데 도움이 될 수 있다.[15]

물론 변성된 특성이 어떻게 생기는지에 대한 의문은 여전히 남아 있고 더 많은 연구가 필요하다. 분명한 것은, 이제 합리적인 과학자라면 변성된 특성을 증명하는 과학적 자료들을 통해 내면의 전환이 가능하다는 것을 인정할 수밖에 없는 수준에 이르렀다는 것이다. 그래도 현재 우리 자신을 위한 그러한 가능성을 받아들이는 것은 고사하고, 이러한 사실을 깨닫고 있는 사람들조차 극소수에 불과하다.

과학적 데이터는 반드시 필요하지만, 그것만으로는 결코 우리가 꿈꾸는 변화를 이루지 못한다. 우리는 점점 더 분열되고 점점 더 위태해지는 세상에서 살고 있다. 선한 행동에 집중하지 못하고 매일 일어나는 나쁜 일에 더 초점을 맞추게 되는 태도와 냉소적 관점을 대체할 대안이 필요하다. 간단히 말해, 우리에게는 변성된 특성들에 의해 함양되는 자질들이 더 절실히 필요하다. 우리에게는 선한 의지를 가진 사람들, 자애심과 연민심이 많고 호의적인 사람들이 더 많이 필요하다. 이런 특질들은 단순히 신봉의 대상이 아니라 우리가 실현할 수 있는 것들이다.

우리는 수많은 동료와 함께 40년 이상 현장과 연구실에서 그리고 우리의 마음속에서 변성된 특성들을 탐구해왔다. 그런데 왜 지금 이 책을 내놓았을까? 이유는 간단하다. 우리는 뇌와 마음 그리고 존재의 향상이 추구될수록 세상이 더 나아질 거라 생각하기 때문이다. 인간의 향상을 위한 이 전략이 유토피아적 계획과 다른 점은 과학을 토대로 한다는 것이다.

우리는 이러한 긍정적인 자질들이 존재의 깊은 곳에서 함양될 수 있고, 우리 중 누구라도 이 내면의 여정을 시작할 수 있다는 증거를 보여주었다. 물론 이 깊디깊은 길을 걷는 데 많은 이가 치열하게 노력하지 않을 수도 있다. 그러나 평정심, 연민심과 같은 자질을 아이들에게 가르칠 수 있고, 우리 자신도 향상시킬 수 있는 여러 방법이 있음을 보았다. 앞으로도 우리는 긍정적인 삶과 더 나은 세상을 향해 나아가면서 걸음걸음마다 고귀한 가치가 담긴 선물을 얻고, 또 기꺼이 나누게 될 것이다.

감사의 글

우리는 영적으로 고귀한 분들, 명상의 길을 저 멀리 앞서 나간 선지자를 여럿 만났다. 일찌감치 그들에게 받은 영감이 없었다면, 이 책을 탄생시킨 우리의 여정도 시작되지 않았을 것이다.

댄이 아시아에서 만난 님 카롤리 바바, 쿠누 라마, 아난다 마이마Ananda Mayee Ma 등이 그런 분이다. 그리고 우리의 스승들인 S. N. 고엔카, 무닌드라, 우 빤디따 사야도, 뇨슐 켄 린포체Nyoshul Khen Rinpoche, 아데우 린포체Adeu Rinpoche도 빠뜨릴 수 없다. 툴쿠 우르겐 린포체와 그의 아들들인 쵸키 니마 린포체, 치키 초클링 린포체, 촉니 린포체, 그리고 밍규르 린포체도 모두 그런 스승이다.

이 외에 연구의 대상이 되고자 리치의 연구실로 먼 길을 여행해온 수많은 티베트 수행자, 프랑스 도르도뉴의 명상 센터에서 집중 수련에 매진하고 있는 서구의 수행자 들 역시 여정을 함께 한 도반들이다. 마티유 리카르에게도 많은 빚을 졌다. 그가 과학의 세계와 명상의 세계를 연결하는 다리 역할을 해주었기에 이런 연구가 가능할 수 있었다.

날로 늘어가는 명상 연구에 기여한 과학자들이 너무 많아서 여기 일일이 다 거명하지 못했다. 그들이 이룬 과학적 연구에 깊이 감사한다. 리치의 연구실에서 일하는 연구자들, 특히 앙투안

루츠, 코틀랜드 달, 존 던, 멜리사 로젠크란츠, 헬린 슬랙터Heleen Slagter, 헬렌 웽Helen Weng 그리고 이 작업에 큰 기여를 했지만 수가 너무 많아 하나하나 이름을 언급하지 못한 수많은 분에게 특별한 감사를 표한다. 리치의 센터가 거둔 성과는 뛰어난 행정직 직원들과 간부들, 특히 이사 돌스키Isa Dolski, 수전 젠슨Susan Jensen, 바브 매티슨Barb Mathison의 끊임없는 기여가 없었다면 불가능했을 것이다.

이 길을 걸어오는 동안 통찰력 있는 의견을 제시해준 친구, 동료 들이 많았다. 잭 콘필드, 조셉 골드스타인, 다와 타친 필립스Dawa Tarchin Phillips, 타니아 싱어, 아비데 샤샤니Avideh Shashaani, 샤론 살스버그, 미라바이 부시, 래리 브릴리언트Larry Brilliant 이외에 언급하지 못한 수많은 친구, 동료 들에게 감사드린다.

그리고 당연한 이야기지만, 우리의 아내 수전과 타라의 애정 어린 지지와 격려가 없었다면 이 책을 쓸 수 없었을 것이다.

마지막으로, 우리가 가장 감사를 표할 분은 바로 달라이 라마다. 그는 존재 자체로 우리에게 영감을 주었을 뿐 아니라, 어떻게 해야 명상 연구로 최대한 많은 사람에게 수련의 가치를 전할 수 있을지 탁견을 제시해주었다.

리치를 처음 만난 건 2016년 마음과 삶 연구소에서 개최한 '샌디에이고 국제명상과학 콘퍼런스'에서다. 그는 친절하고 자상한 명상 수행자이자 치밀하고 엄격한 뇌신경과학자였다. 이 독특하고 흥미로운 이력을 가진 그에게는 남다른 에너지가 있었다. 그 에너지는 깊고 따뜻하며 평온했다.

이듬해 봄, 산타페에 있는 우빠야 선 센터Upaya Zen Center에서 '선禪과 뇌Zen And Brain'라는 수련회 형식의 세미나가 열렸다.

2016년 '샌디에이고 국제명상과학 콘퍼런스'에서 만난 리처드 데이비드슨과 김완두(미산).

5박 6일 동안 수행 공동체의 일과, 즉 좌선 · 포행(한가로이 뜰을 걷는 일) · 울력(힘을 합쳐 청소, 채소 가꾸기 등을 하는 일) 등을 함께하며 명상에 관한 신경과학의 최신 연구 성과를 발표하고 토론하는 색다른 방식의 자리였다. 우리의 두 번째 만남은 여기에서 이뤄졌다. 휴식 시간, 반갑게 인사를 하며 내게 다가온 리치는 곧 《Altered Traits(변성된 속성)》라는 본인의 책이 출간될 예정이라고 알려주었다. 책에 대한 간단한 설명을 듣고 나니, 이 책을 국내에 소개하고 싶다는 생각이 강하게 들었다. 그래서 한국에 돌아오자마자 이미 알고 지내던 몇몇 출판사를 통해 수소문해보았고, 일련의 과정들을 거쳐 그 뜻을 이룰 수 있었다. 그리고 생각보다 많은 시간이 지난 현재 출간을 앞두고 있다.

리치와 댄은 명상과학 분야라는 새로운 지평을 연 서양의 1세대 명상가이자 뇌신경과학자다. 그리고 이 책은 하버드 대학교 학생 시절부터 현재까지 명상 수련과 명상 연구를 동시에 해오고 있는 그들의 기나긴 여정을 담은 이야기로, 명상과학의 어제와 오늘 그리고 내일에 대한 전망을 누구나 이해하기 쉽게 풀어낸다. 특히 다양한 학술 연구를 토대로 하고 있음에도 세계적인 과학 저널리스트인 댄의 스토리텔링 능력으로, 마치 흥미진진한 이야기를 읽는 듯한 몰입감을 선사한다.

두 저자는 그동안 상업화되어 왜곡되고 과장되며 관념적인 선언에 그쳤던 명상 효과에 대해 지극히 실증적인 태도를 보인다.

높은 과학적 엄밀성과 사회적 책임성이라는 잣대를 들이대 설득력이 부족한 연구들을 걸러내고, 능동적 대조군을 활용한 재현실험으로 명상이 할 수 있는 것과 할 수 없는 것을 분명히 한다. 그리고 명상의 실제 효과는 명상을 할 때 혹은 직후에 나타나는 것이 아니라, 명상을 끝낸 후에도 지속되는 것임을 밝힌다. 또한 명상 수련을 통해 함양된 관대함과 친절함, 주의력과 집중력이 공감과 관점 수용의 능력으로 이어지고, 나아가 인간과 인간, 인간과 지구촌 생명이 서로 의존하고 있음을 깊이 자각하게 될 것이라고 본다.

카이스트 명상과학연구소는 2018년 SK인문학재단 플라톤아카데미 지원으로 2018년에 설립되었다. 다사다난했던 3년간의 정착기를 지나 이제 어느덧 성장기에 접어들었다. 이 시기에 국내에 선보이는《명상하는 뇌》는 명상과학의 연구방법론과 연구 방향을 새롭게 모색하는 데 더없이 좋은 계기를 마련해줄 것이라 생각한다.

다보스포럼의 회장 클라우스 슈밥Klaus Schwab은 제4차 산업혁명을 맞이하는 AI 디지털 시대에서 인간들이 반드시 갖추어야 할 4대 지능으로, 신체지능physical intelligence, 감성지능emotional intelligence, 맥락지능contextual intelligence, 영감지능inspired intelligence을 제시했다. 명상과학연구소에서는 이 4대 지능을 기반으로 한 명상법을 개발하고 있다. 회복탄력성을 높여주고 집중할 수 있는 능력을 길러주는 '바디풀니스Bodyfulness 마음챙김 명상', 인간관계 속에 상대와 자기 자신을 사랑과 연민으로 수용하게 하는 '하트풀니스Heartfulness 마음챙김 명상', 사실과 관점을 종합하여 메타인지로 볼 수 있게 하는 '팩트풀니스Factfulness 마음챙김 명상', 전혀 다른 새로운 것을 창조해내는 능력을 길러주는 '크리에티풀니스Createfulness 마음챙김 명상'이 그것이다. 이러한 마음챙김 통합 플랫폼을 바탕으로 명상과학연구소는 마음챙김 명상의 효과성 검증은 물론이고, 내재된 과학적 기제를 밝혀내는 데 연구 역량을 집중할 것이다.

영감을 주는 좋은 책에 더하여, 그야말로 자애심 가득 담긴 한국어판 서문을 보내준 리치와 정성 어린 추천의 글을 써주신 장동선 박사님께 고마운 마음을 전한다. 그리고 문장을 다듬고 책의 꼴을 갖추기 위해 수고하신 김영사 편집부에게도 깊이 감사드린다.

참고 자료

명상 연구에 대한 최신 정보를 얻을 수 있는 사이트

centerhealthyminds.org - 위스콘신 대학교 매디슨 캠퍼스 건강한 마음센터

www.mindandlife.org - 마음과 삶 연구소

nccih.nih.gov - 국립보완통합건강센터

ccare.standford.edu - 스탠퍼드 대학교 연민심 이타심 연구 교육 센터

mbct.com - 마음챙김에 기반한 인지치료

핵심적인 명상 연구팀

centerhealthyminds.org/science/studies - 리처드 데이비드슨의 연구실

www.umassmed.edu/cfm - 저드슨 브루어의 연구실, MBSR 센터

www.resource-project.org/en/home.htlm - 타니아 싱어의 명상 연구실

www.amish.com/lab - 아미쉬 자의 연구실

saronlab.ucdavis.edu - 클리프 세론의 연구실

www.psych.ox.ac.uk/research/mindfulness - 옥스퍼드 마음챙김 센터

marc.ucla.edu - UCLA 마음챙김 인지 연구 센터

사회적 함의

www.joinsforce4good.org - 선한 힘(달라이 라마의 비전)

주

1. 깊고 넓은 명상과학의 세계

1 www.mindlandlife.org.

2 Daniel Goleman, *Desructive Emotion: How Can We Overcome Them?* (New York: Bantam, 2003). www.mindandlife.org도 참조.

2. 고대의 단서

1 그를 아는 서구인들의 눈을 통해 님 카롤리 바바의 다양한 면모를 엿보고 싶다면 다음 책 참조. Parvati Markus, *Love Everyone: The Transcendent Wisdom of Neem Karoli Baba Told Through the Stories of the Westerners Whose Lives He Transformed* (San Francisco: HarperOne, 2015).

2 Mirka Knaster, *Living The Life Fully: Stories and Teachings of Munindra* (Boston: Shambhala, 2010).

3 다음 책 참조. Daniel Goleman, "The Buddha on Meditation and Stastes of Consciousness, Part I: The Teachings," *Journal of Transpersonal Psychology* 4:1(1972): 1-44.

4 Daniel Goleman, "Meditation as Meta Therapy: Hypotheses Toward a Proposed Fifth Stage of Consciousness," *Journal of Transpersonal Psychology* 3:1(1971): 1-25. 40여 년이 지난 지금 이 논문을 다시 읽어본 저자(댄)의 소감을 밝히자면, 그 순진함에 여러 면에서 당혹스러우면서도 어떤 면에서는 선견지명에 흐뭇하기도 하다.

5 B. K. Anand et al, "Some Aspects of EEG Studies in Yogis," *EEG and Clinical Neurophysiology* 13 (1961): 452-56. 이 연구는 일화적인 보고이기도 하지만, 컴퓨터를 이용한 데이터 분석이 등장하기 훨씬 전에 이루어진 것이다.

6 Daniel Goleman, *Emotional Intelligence* (New York, Batam, 1995).

7 William James, *The Varieties of Religious Experience* (CreateSpace Independent Publishing Platform, 2013), p. 388.

8 Charles Tart, ed, *Altered States of Consciousness* (New York: Harper & Row, 1969).

9 마음챙김에 대한 이 정의는 다음 책에서 인용했다. Nyanaponika, *The Power of Mindfulness* (Kandy, Sri Lanka: Buddhist Publication Society, 1986).

3. 하나의 가설

1 Richard J. Davidson and Daniel J. Goleman, "The Role of Attention in Meditation and Hypnosis: A Psychological Perspective on Transformation of Consciousness," *International Journal of Clinical Experimental Hypnosis* 25:4(1977): pp. 291-308.

2 David Hull, *Science as a Process* (Chicago: University of Chicago Press, 1990).

3 Joseph, Schumpeter, *History of Economic Analysis* (New York: Oxford Universiy Press, 1996), p. 41.

4 E. L. Bennett et al, "Rat Brain: Effects of Environmental Enrichment on Wet and Dry Weights," *Science* 163:3869(1969): 825-26. http://www.sciencemag.org/content/163/3869/825.short. 이제 우리는 새로운 뉴런들의 추가 역시 그 뇌 부위들의 크기 증가의 원인일 수 있음을 알고 있다.

5 음악 훈련이 뇌를 어떤 식으로 변화시키는지에 대한 최근의 연구 내용에 대해 알고 싶다면 다음을 참조. C. Pantev and S. C. Herholz, "Plasticity of the Human Auditory Cortex Related to Musical Training," *Neuroscience Biobehavioral Review* 35:10 (2011): 2140-54; doi:10.1016/j.neubiorev.2011.06.010; S. C. Herholz and R. J. Zatorre, "Musical Training as a Framework for Brain Plasticity: Behavior, Function, and Structure," *Neuron* 2012: 76(3): 486-502; doi:10.1016/j.neuron.2012.10.011.

6 Dennis Charney et al.,"Psychobiologic Mechanisms of Post Traumatic Stress Disorder," *Archives of General Psychiatry* 50 (1993): 294-305.

7 D. Palitsky et al., "The Association between Adult Attachment Style, Mental Disorders, and Suicidality," *Journal of Neurons and Mental Disease* 201: 7 2013: 579-86; doi:10.1097/NMD.0b013e31829829.ab.

8 Cortland Dahl et al., "Meditaion and the Cultivation of Wellbeing: Historical Roots and Contemporary Science," *Psychological Bulletin*, in press, 2016.

9 Carol Ryff 인터뷰. http://blogs.plos.org/neuroanthropology/2012/07/19/psychologist-carol-ryff-on-wellbeing-and-aging-the-fpr-interview.

10 Rosemary Kobau et al, "Well-Being Assessment: An Evaluation of Well-Being Scales for Public Health and Population Estimates of Well-Being among US Adults," *Applied Psychology Health and Well-Being* 2:3 (2010): 272-97.

11 Viktor Frankl, *Man's Search for Meaning* (Boston: Beacon Press, 2006).

12 Tonya Jacobs et al., "Intensive Meditaion Training, Immune Cell Telomerase Activity, and Psychological Meditators," *Psychoneuroendocrinology* 2010; doi:10.1016/j.psyneurn.2010.09.010.

13 Omar Singleton et al., "Change in Brainstem Gray Matter Concentration Following a Mindfulness-Based Intervention Is Correlated with Improvement in Psychological Well-Being," *Frontier in Human Neuroscience*, 2014, 2, 18;doi: 10.3389/fnhum.2014.00033.

14 Shauna Shapiro et al., "The Moderation of Mindfulness-Based Reduction Effects by Trait Mindfulness: Results from a Randomized Controlled Trial," *Journal of Clinical Psychology* 67:3 (2011): 267-77.

4. 우리가 가진 최고의 것

1 Richard Lazarus, *Stress, Appraisal and Coping* (New York: Springer, 1984).

2 Danied Goleman, "Meditation and Stress Reactivity," Harvard University PhD thesis, 1973; Daniel Goleman and Gray E. Schwartz, "Meditation as a Intervention in Stress Reactivity," *Journal of Consulting and Clinical Psychology* 44:3 1976, 6: 456-66; http://dx.doi.org/10.1037/0022-006X.44.3.456.

3 Daniel T. Gilbert et al., "Comment on 'Estimating the Reproducibility of Psychological Science,'" *Science* 351:6277 (2016); doi: 10.1126/science.aad7243.

4 Joseph Hendrich et al., "Most People Are Not WEIRD," *Nature* 466.28 (2010). Published online June 30, 2010: doi:10.1038/466029a.

5 Anna-Lena Lumma et al., "Is Meditation Always Relaxing? Investigating

Heart Rate, Heart Rate Variability, Experienced Effort and Likeability During Training of Three Types of Meditation," *International Journal of Psychophysiology* 97 (2015): 38-45.

6 Eileen Luders et al., "The Unique Brain Anatomy of Meditation Practitioners's Alteration in Cortical Gyrification," *Frontiers in Human Neuroscience* 6:34 (2012): 1-7.

7 S. B. Goldberg et al., "Does the Five Facet Mindfulness Questionnaire Measure What We Think It Does? Construct Validity Evidence from an Active Controlled Randomized Clinical Trial," *Psychological Assessment* 28:8 (2016): 1009-14; doi: 10.1037/pas000233.

8 Richard J. Davidson and Alfred W. Kazniak, "Conceptual and Methodological Issues in Research on Mindfulness and Meditation," *American Psychologist* 70:7 (2015): 581-92.

9 Bhikkhu Bodhi, "What Does Mindfulness Really Mean? A Canonical Perspective," *Contemporary Buddhism* 12:1 (2011): 19-39; John Dunne, "Toward an Understanding of Non-Dual Mindfulness," *Contemporary Buddhism* 12:1 (2011) 71-88.

10 다음을 참조. http://www.mindful.org/jon-kabat-zinn-defining-mindfulness/. J. Kabat-Zinn, "Mindfulness-Based Intervention in Context: Past, Present, and Future," *Clinical Psychology Science and Practice* 10 (2003): 145.

11 The Five Facet Mindfulness Questionnaire: R. A. Baer et al., "Using Self-Report Assessment Methods to Explore Facets of Mindfulness," *Assessment* 13 (2009): 27-45.

12 S. B. Goldberg et al. "The Secret Ingredient in Mindfulness Intervetions? A Case for Practice Quality over Quantity," *Journal of Counselling Psychology* 61 (2014): 491-97.

13 J. Leigh et al., "Spirituality, Mindfulness, and Substance Abuse," *Addictive Behavior* 20:7 (2005): 1335-41.

14 E. Antonova et al., "More Meditation, Less Habituation: The Effect of Intensive Mindfulness Practice on the Acoustic Startle Reflex," *PLoS One* 10:5 (2015); 1-16; doi:10.1371/journal.pone.0123512.

15 D. B. Levinson et al., "A Mind You Can Count On: Validating Breath Counting

as Behavioral Measure of Mindfulness," *Frontiers in Psychology* 5:1202 (2014); http://journal.frontiersin.org/Journal/110196/abstract.

16 위와 동일한 자료.

5. 평온한 마음

1 E. Kadloubovsky and G. E. H. Palmer, *Early Fathers from the Philokalia* (London: Faber & Faber, 1971), p. 161.

2 Thomas Merton, "When the Shoe Fits," *The Way of Chuang Tzu* (New York: New Directions, 2010), p. 236.

3 Bruce S. McEwen., "Allostasis and Allostatic Load," *Neuropsychoparmacology* 22 (2000); 108-24.

4 Jon Kabat-Zinn, "Some Reflections on the Oirgins of MBSR, Skillful Means, and the Trouble with Maps," *Contemporary Buddhism* 12:1 (2011); doi: 10.1080/14633947.2011.564844.

5 위와 동일한 자료.

6 Philippe R. Goldin and James J. Gross, "Effects of Mindfulness-Based Stress Reduction (MBSR) on Emotion Regulation in Social Anxiety Disoredr," *Emotion* 10:1 (2010): 83-91; http://dx.doi.org/10.1037/a0018441.

7 Phillipe Goldin et al., "MBSR vs. Aerobic Exercise in Social Anxiety: fMRI of Emotion Regulation of Negative Self-Beliefs," *Social Cognitive and Affective Neuroscience Advance Access*, published August 27, 2012; doi:10.1093/scan/nss054.

8 Alan Wallace, *The Attention Revolution: Unlocking the Power of the Focused Mind*, Somerville, MA: Wisdom Publications, 2006. 마음챙김의 다양한 의미에 대해 탐구하고 싶다면 다음을 참조: B. Alan Wallace, "A Mindful Balance," *Tricycle* (Spring 2008): 60.

9 Gaelle Desbordes, "Effects of Mindful-Attention and Compassion Meditation Training on Amygdala Response to Emotional Stimuli in an Ordinary, Non-Meditative State," *Frontiers in Human Neuroscience* 6:292 (2012): 1-15; doi:10.399/fnhum.2012.00292.

10 V. A. Taylor et al., "Imapct of Mindfulness on the Neural Responses to Emotional Pictures in Experienced and Beginner Meditators," *NeuroImage* 57:4 (2011): 1523-1533; doi:10.1016/j.neuroimage.2011.06.001.

11 Tor D. Wager et al., "An fMRI-Based Neurologic Signature of Physical Pain," *NEJM* 368:15 (2013, 4, 11): 1388-97.

12 James Austin, *Zen and the Brains: Toward an Understanding of Meditation and Consciousness* (Cambridge, MA: MIT Press, 1999).

13 Isshu Miura and Ruth Filler Sasaki, *The Zen Koan* (New York: Harcourt, Brace & World, 1965), p. xi.

14 Joshua A. Grant et al., "A Non-Elaborative Mental Stance and Decoupling of Executive and Pain-Related Cortices Predicts Low Pain Sensitivity in Zen Meditators," *Pain* 152 (2011): 150-56.

15 A. Golkar et al., "The Influence of Work-Related Chronic Stress on the Regulation of Emotion and on Functional Connectivity in the Brain," *PLoS One* 9:9 (2014): e104550.

16 Stacey M. Schaefer et al., "Purpose in Life Predicts Better Emotional Recovery from Negative Stimuli," *PLoS One* 8:11 (2013); doi:10.1371/journal.pone.0080329.

17 Clifford Saron, "Training the Mind-The Shamatha Project," in A. Fraser, ed., *The Healing Power of Meditation* (Boston, MA: Shambhala Publications, 2013), pp. 45-65.

18 Baljinder K. Sahdra et al., "Enhanced Response Inhavition During Intensive Meditation Training Predicts Improvements in Self-Reported Adaptive Socio-emotional Functioning," *Emotion* 11:2 (2011): 299-312.

19 Margaret E. Kemeny et al., "Contemplative/Emotion Training Reduces Negative Emotional Behavior and Promotes Prosocial Responses," *Emotion* 1:2 (2012): 338.

20 T. R. A. Kral et al., "Meditaion Training Is Associated with Altered Amygdala Reactivity to Emotional Stimuli," under review, 2017.

6. 사랑할 준비

1 Sharon Salzlberg, *Lovingkindness: The Revolutionary Art of Happiness* (Boston: Shambhala, 2002).

2 Arnold Kotler, ed., *Worlds in Harmony: Dialogue on Compassionate Action* (Berkely: Parallax Press, 1992).

3 Jean Decety, "The Neurodevelopment of Empathy," *Developmental Neuroscience* 32 (2010): 257-63.

4 Olga Klimecki et al., "Functional Neural Plasticity and Associated Changes in Positive Affect after Compassion Training," *Cerebral Cortex* 23:7 (2013, 7) 1552-61.

5 Olga Klimecki et al., "Differential Pattern of Functional Brain Plasticity after Compassion and Empathy Training," *Social Cognitive and Affective Neuroscience* 9:6 (2014, 6): 8735-79; doi:10.1093/scan/nst060.

6 Thich Nhat Hanh, "The Fullness of Emptiness," *Lion's Roar*, 2012, 8, 6.

7 Gaelle Desbordes, "Effects of Mindful-Attention and Compassion Meditation Training on Amygdala Response to Emotional Stimuli in an Ordinary, Non-Meditative State," *Frontiers in Human Neuroscience* 6:292 (2012): 1-15; doi:10.399/fnhum.2012.00292.

8 Cendri A. Hutcherson et al., "Loving-Kindness Meditation Increases Social Connectedness," *Emotion* 8:5 (2008): 720-24.

9 Helen Y. Weng et al., "Compassion Training Alters Altruism and Neural Responses to Suffering," *Psychological Science*, Published online 2013, 5. 21; http://pss.sagepub.com/content/early/2013/05/20/0956797612469537.

10 Julieta Galante, "Loving-Kindness Meditation Effects on Well-Being and Altruism: A Mixed Methods Online RCT," *Applied Psychology: Healthe and Well-Being* (2016); doi:10.1111/aphw.12074.

11 Antoine Lutz et al., "Regulation of the Neural Circuityr of Emotion by Compassion Meditation: Effects of Meditative Expertise," *PLoS One* 3:3 (2008): e1897; doi:10.1371/journal.pone.0001897.

12 J. A. Brefczynski-Lewis et al., "Neural Correlates of Attetional Expertise in Long-Term Meditation Practitioners," *Proceedings of the National Academy*

of Sciences 104:27 (2007): 11483-88.

13 Clifford Saron, presentation at the Second International Conference on Contemplative Science, San Diego, 2016, 11.

14 Abigail A. Marsh et al., "Neural and Cognitive Characteristics of Extraordinary Altruists," *Proceedings of the National Academy of Sciences* 111:42 (2014), 15036-41;doi: 10.1073/pnas.1408440111.

15 Tania Singer and Olga Klimecki, "Empathy and Compassion," *Current Biology* 24:15 (2014): R875-R878.

16 Weng et al., "Compassion Training Alters Altruism and Neural Responses to Sufferinf," 2013.

17 Tania Singer et al., "Empathy for Pain Involves the Affective but Not Sensory Components of Pain," *Science* 303:5661 (2004): 1157-62; doi:10.126/science.1093535.

18 Klimecki et al., "Functional Neural Plasticity and Associated Changes in Positive Affect after Compassion Training."

19 Bethany E. Kok and Tania Singer, "Phenomenological Fingerprints of Four Meditations: Differential State Changes in Affect, Mind-Wandering, Meta-Cognition, and Interoception Before and After Daily Practice Across 9 Months of Training," *Mindfulness*, published online 2016, 8, 19; doi: 10.1007/S12671-016-0593-9.

20 Yoni Ashar et al., "Effects of Compassion Meditation on a Psychological Model of Charitable Donation," *Emotion*, published online 2016, 3, 28, http://dx.doi.org/10.1037/emo0000119.

21 Paul Condon et al., "Meditation Increases Compassion Response to Suffering," *Psychological Science* 24:10 (2013, 8): 1171-80; doi:10.1177/0956797613485603.

22 다음을 참조. Derntl et al, "Multidimensional Assessment of Empathic Abilities: Neural Correlates and Gender Differences," *Psychoneuroimmunology* 35 (2010): 67-82.

23 L. Christov-Moore et al., "Empathy: Gender Effects in Brain and Behavior," *Neuroscience & Biobehavioral Reviews* 4:46 (2014): 604-27; doi:10.1016/j.neubiorev.2014.09.001.Empathy.

24 M. P. Espinosa and J. Kovářík, "Prosocial Behavior and Gender," *Frontiers in Behavioral Neuroscience* 9 (2015): 1-9; doi:10.3389/fnbeh.2015.00088.

25 A. J. Greenwald and M. R. Banaji. "Implicit Social Cognition: Attitudes, Self-Esteem, and Stereotypes," *Psychological Review* 102:1 (1995): 4-27; doi:101037/0033-295X.102.1.4.

26 Y. Kang et al., "The Nondiscriminating Heart: Lovingkindness Meditation Training Decreases Implicit Intergroup Bias," *Journal of Experimental Psychology* 143:3 (2014): 1306-13; doi:10.1037/a0034150.

27 달라이 라마가 이 말을 한 것은 2013년 6월 뉴질랜드 더니든에서였다. www.dalailama.org에서 Jeremy Rusell이 녹음함.

7. 탁월한 교육

1 Charlotte Joko Beck, *Nothing Special: Living Zen* (New York: HarperCollins, 1993), p. 168.

2 Akira Kasamatsu and Tomio Hirai, "An Electroencephalographic Study on Zen Meditation (Zazen)," *Psychiatry and Clinical Neuroscience* 20:4 (1966): 325-36.

3 T. R. A. Kral et al., "Meditation Training Is Associated with Altered Amygdala Reactivity to Emotional Stimuli," under review, 2017.

4 Amishi Jha et al., "Mindfulness Training Modifies Subsystem of Attention," *Cognitive, Affective, & Behavioral Neuroscience* 7:2 (2007): 109-19; http://www.ncbi.nlm.gov/pubmed/17672382.

5 Catherine E. Kerr et al., "Effects of Mindfulness Meditation Training on Anticipatory Alpha Modulation in Primary Somatosensory Cortex," *Brain Research Bulletin* 85 (2011): 98-1-3.

6 Antoine Lutz et al., "Mental Training Enhances Attentional Stability: Neural and Behavioral Evidence," *Journal of Neuroscience* 29:42 (2009): 13418-27; Heleen A. Slagter et al., "Theta Phase Synchrony and Conscious Target Perception: Impact of Intensive Mental Training," *Journal of Cognitive Neuroscience* 21:8 (2009); 1536-49.

7 Katherine A. MacLean et al., "Intensive Meditation Training Improves Perceptual Discrimination and Sustained Attention," *Psychological Science* 21:6 (2010): 829-39.

8 H. A. Slagter et al., "Mental Training Affects Distribution of Limited Brain Resources," *PLoS Biology* 5:6 (2007): e138; doi:10.1371/journal.pbio.0050138.

9 Sara van Leeuwen et al., "Age Effects on Attentional Blink Performance in Meditation," *Consciousness and Cognition*, 18 (2009): 593-99.

10 Lorenzo S. Colzato et al., "Meditation-Induced States Predict Attentional Control over Time," *Consciousness and Cognition* 37 (2015): 57-62.

11 E. Ophir et al., "Cognitive Control in Multi-Tskers," *Proceedings of the National Academy of Science* 106:37 (2009): 15583-87.

12 Clifford Nass, in an NPR interview, *Fast Company*(2014, 4)에서 인용.

13 Thomas E. Gorman and C. Shawn Gree, "Short-Term Mindfulness Intervention Reduces the Negative Attentional Effects Associated with Heavy Media Multitasking," *Scientific Reports* 6 (2016):24542; doi:10.1038/srep24542.

14 Michael D. Mrazek et al., "Mindfulness and Mind Wandering: Finding Convergence through Opposing Constructs," *Emotion* 12:3 (2012): 442-48.

15 Michael D. Mrazek et al., "Mindfulness Training Improves Working Memory Capacity and GRE Performance While Reducing Mind Wondering," *Psychological Science* 24:5 (2013): 776-81.

16 Bajinder K. Sahdra et al., "Enhanced Responsed Inhibition During Intensive Meditation Predicts Improvements in Self-Reported Adaptive Socioemotional Functioning," *Emotion* 11:2 (2011): 299-312.

17 Sam Harris, *Waking Up: A Guide to Spirituality Without Religion* (NY: Simon & Schuster, 2015), p. 144.

18 Daniel Kahneman, *Thinking, Fast and Slow* (New York: Farrar, Straus and Giroux, 2011).

19 R. C. Lapate et al, "Awareness of Emotional Stimuli Determines the Behavioral Consequences of Amygdala Activation and Amygdala-Prefrontal Connectivity," *Scientific Reports* 20:6 (2016): 25826; doi:10.1039/srep25826.

20 Benjamin Baird et al, "Domain-Specific Enhancement of Metacognitive

Ability Following Meditation Training," *Journal of Experimental Psychology; Genenral* 143:5 (2014): 1972-79; http://dx.doi.org/101037/a0036882.

21 Amishi Jha et al., "Mindfulness Training Modifies Subsystems of Attention," *Cognitive, Affective and Behavioral Neuroscience* 7:2 (2007): 109-19; doi:10.3759/cabn.7.2.109.

8. 존재의 가벼움

1 Marcus Raichle et al., "The Ddfault Mod of Brain Function," *Proceedings of the National Academy of Science* 98 (2001): 676-82.

2 M. F. Mason et al., "Wandering Minds: The Default Neworks and Stimulus-Independent Thought," *Science* 315:581 (2007): 393-95; doi:10.1126/science.1131295.

3 Judson Brewer et al., "Meditation Experience Is Associated with Differences in Default Mode Network Activity and Connectivity," *Proceedings of the National Academy of Science* 108:50 (2011): 1-6; doi:10.1073/pnas.1112029108.

4 다음 책에서 재인용. James Fadiman and Robert Frager, *Essential Sufism* (New York: HarperCollins, 1997).

5 다음 책에서 재인용. P. Rice, *The Persian Sufis* (London: Allen & Unwin, 1964), p. 34.

6 David Creswell et al., "Alterations in Resting State Functional Connectivity Link Mindfulness Meditation with Reduced Interleukin-6: A Randomized Controlled Trial," *Biological Psychiatry* 80 (2016): 53-61.

7 Brewer et al, "Meditation Experience Is Associated with Differences in Defalul Mode Network Activity and Connectivity," *Proceedings of the National Academy of Science* 108:50 (2011): 1-6; doi:10.1073/pnas.1112029108.

8 Kathleen A. Garrison et al., "BOLD Siganls and Functional Connectivity Associated wih Loving-Kindness Meditation," *Brain and Behavior* 4:3 (2014): 337-47.

9 Aviva Berkovich-Ohana et al., "Alterations in Task-Induced Activity and

Resting-State Fluctuations in Visual and DMN Areas Revealed in Long-Term Meditators," *NeuroImage* 135 (2016): 125-34.

10 Giuseppe Pagnoni, "Dynamical Properties of BOLD Activity from the Ventral Posteromedial Cortex Associated with Meditation and Attentional Skills," *Journal of Neuroscience* 32:15 (2012): 5242-49.

11 V. A. Taylor et al., "Impact of Meditation Training on the Default Mode Network during a Restful State," *Social Cognitive and Affective Neuroscience* 8 (2013): 4-14.

12 D. B. Levinson et al., "A Mind You Can Count on: Validating Breathe Counting as a Behaviroal Measure of Mindfulness," *Frontiers in Psychology* 5 (2014); http://journal.frontiersin.org/Jouranl/110196/abstract.

13 Cole Koparnay, Center for Healthy Minds, University of Wisconsin.

14 Arthur Zajonc, 사적 대화.

15 Kathleen Garrison et al., "Effortless Awareness; Using Real Time Neurofeedback to Investigate Correlates of Posterior Cingulate Cortex Activity in Meditators' Self-Report," *Frontiers in Human Neurosicence* 7:440 (2013, 8): 1-9.

16 Anna-Lena Lumma et al., "Is Meditation Always Relaxing? Investigating Heart Rate, Heart Rate Variability, Experienced Effort and Likeability During Training of Three Types of Meditation," *International Journal of Psychophysiology* 97 (2015): 38-45.

17 Daniel Goleman, *Destructive Emotion: How Can Overcome Them?* (New York: Bantam, 2003).

9. 마음과 몸 그리고 게놈

1 Natalie A. Morone et al., "A Mind-Body Program for Older Addults with Chronic Low Back Pain: A randomized Trail," *JAMA INTERNAL Medicine* 176:3 (2016): 329-37.

2 M. M. Veehof, "Acceptance-and Mindfulness-Based Interventions for the Treatment of Chronic Pain: A Meta-Analytic Review, 2016," *Cognitive*

Behavior Therapy 45:1 (2016): 5-31.

3 Paul Grossman et al, "Mindfulness-Based Intervention Does Not Influence Cardiac Autonomic Control or Pattern of Physical Activity in Fibromyalgia in Daily Life: An Ambulatory, Multi-Measure Randomized Controlled Trial," *Clinical Journal of Pain* (2017); doi: 10.1097/AJp. 0000000000000420.

4 Elizabeth Cash et al., "Mindfulness Meditation Alleviates Fibromyalgia Symptoms in Women: Results of a Randomized Clinical Trial," *Annals of Behavioral Medicine* 49:3 (2015): 319-30.

5 Melissa A. Rosenkranz et al., "A Comparison of Mindfulness-Based Stress Reduction and an Active Control in Modulation of Neurogenic Inflammation," *Brain, Behavior, and Immunity* 27 (2013): 174-84.

6 Melissa A. Rosenkranz et al., "Neural Circuitry Underlying the Interaction Between Emotion and Asthma Symptom Exacerbation," *Proceeding of the National Academy of Science* 102:37 (2005): 13318-24; http://doi.org/10.1073/pnas.0504365102.

7 Jon Kabat-Zinn et al., "Influence of a Mindfulness Meditation-Based Stress Reduction Intervention on Rates of Skin Clearing in Patient with Moderate to Severe Psoriasis Undergoing Phototherapy (UVB) and Photochemotherapy(PUVA)," *Psychosomatic Medicine* 60 (1988): 625-32.

8 Melissa A. Rosenkranz et al., "Reduced Stredd and Inflammatory Responsiveness in Experienced Meditators Compared to a Matched Healtht Control Group," *Psychoneuroimmunology* 68 (2016): 117-25.

9 E. Walsh, "Brief Mindfulness Training Reduces Salivary IL-6 and TNF-α in Young Womens with Depressive Symptomatology," *Journal of Consulting and Clinical Psychology* 84:10 (2016) 887-97; doi:10.1037/ccp0000122; T. W. Pace et al., "Effects of Compassion Meditation on Neuroendoctrine, Innate Immune and Behavioral Responses to Psychological Stress," *Psychoneuroimmunology* 34 (2009): 87-98.

10 David Creswell et al., "Alterations in Resting-State Functional Connectivity Linek Mindfunless Meditation with Reduced Interleukin-6: A Randomized Controlled Trial," *Biological Psychiatry* 80 (2016): 53-61.

11 Daniel Goleman, "Hypertension? Relax," *New York Times Magazine*, 1998, 12, 11.

12 Jeanie Park et al., "Mindfulness Meditation Lowers Music Sympathetic Nerve Activity and Blood Pressure in African-American Males with Chronic Kidney Disease," *American Journal of Psychology–Regulattory, Integrative and Comparative Psychology* 307:1 (2014, 7, 1), R93-R101, published online 2014, 5, 14: doi:10.1152/aipregu.00558.2013.

13 John O. Younge, "Mind-Body Practices for Patient with Cardiac Disease: A Systematic Review and Meta-Analysis," *European Journal of Preventive Cardiology* 22:11 (2015): 1385-98.

14 Perla Kaliman et al., "Rapid Changes in Histone Deacetylases and Inflammatory Gene Expression in Expert Meditators," *Psychoneuroendocrinology* 40 (2014): 96-107.

15 J. D. Creswell et al., "Mindfulness-Based Stress Reduction Training Reduces Loneliness and Pro-Inflammatory Gene Expression in Older Adults: A Small Randomized Controlled Trial," *Brain, Behavior, and Immunity* 26 (2012): 1095-1101.

16 J. A. Dusek, "Genomic Counter-Stress Changes Induced by the Relaxation Response," *PLoS One* 3:7 (2008): e2576; M. K. Bhasin et al., "Relaxation Response Induces Temporal Transcriptome Changes in Energy Metabolism, Insulin Secretion and Inflammatory Pathways," *PLoS One* 8:5 (2013): e62817.

17 H. Lavretsky et al., "A Pilot Study of Yogic Meditation for Family Dementia Caregivers with Depressive Symptoms: Effects on Mental Health, Cognition, and Telomerase Activity," *International Journal of Geriatric Psychiatry* 28:1 (2013): 57-65.

18 N. S. Schutte and J. M. Malouff, "A Meta-Analytic Review of the Effects of Mindfulness Meditation on Telomerase Acitivity," *Psychoneuroendocrinology* 42 (2014): 45-48; http://doi.org/10.1016/j.psyneuen.2013.12.017.

19 Tonay L. Jacobs et al, "Intensive Meditation Training, Immene Cell Telomerase Activity, and Psychological Meditators," *Psychoneuroendocrinology* 36:5 (2011): 664-81; http//doi.org/10.1016/psyneun.1010.09.010.

20 Elizabeth A. Hoge et al., "Loving-Kindness Meditation Practice Associated with Longer Telomeres in Women," *Brain, Behavior, and Immunity* 32 (2013): 159-63.

21 Christine Tara Peterson et al., "Identification of Altered Metabolomics

Profiles Following a *Panchakarma*-Based Ayurvedic Intervention in Healthy Subjects: The Self-Directed Biological Transformation Initiatives (SBTI)," *Nature: Scientific Reports* 6 (2016): 32609; doi:10.1038/srep. 32609.

22 A. L. Lumma et al., "Is Meditation Always Relaxing? Investigating Heart Rate, Heart Rate Variability, Experienced Effors and Likeability During Training of Three Types of Meditation," *International Journal of Psychophysiology* 97:1 (2015): 38-45.

23 Antoine Lutz et al., "BOLD Signal in Insula Is Differentially Related to Cardiac Function during Compassion Meditation in Experts vs. Novices," *NeuroImage* 47:3 (2009): 1038-46; http://doi.org/10.1016/j.neuroimage.2009.04.081.

24 J. Wielgosz et al., "Long-Term Mindfulness Training Is Associated with Reliable Differences in Resting Respiration Rate," *Scientific Reports* 6 (2016):27533; doi:10.1038/srep27533.

25 Sara Lazar et al., "Meditation Experience Is Associated with Increased Cortical Thickness," *Neuroreport* 16 (2005): 1893-97.

26 Kieran C. R. Fox, "Is Meditation Associated with Altered Brain Structure? A Systematic Review and Meta-Analysis of Morphometric Neuroimaging in Meditation Practitioners," *Neuroscience and Biobehavioral Reviews* 43 (2014): 48-73.

27 Eileen Luders et al., "Estimating Brain Age Using High-Resolution Pattern Recognition: Younger Brains in Long-Term Meditation Practitioners." *NeuroImage* (2016); doi:10.1016/j.neuroimage.2016.04.007.

28 Eileen Luders et al., "The Unique Brain Anatomy of Meditation Practitioners' Alteration in Cortical Gyrification," *Frontiers in Human Neuroscience* 6:34 (2012): 1-7.

29 B. K. Holzel et al., "Mindfulness Meditation Leads to Increase in Regional Grey Matter Density," *Psychiatry Research: Neuroimaging* 191 (2011): 36-43.

30 S. Coronado-Montoya et al., "Reporting of Positive Results in Randomized Controlled Trails of Mindfulness-Based Mental Health Intervesntions," *PLoS One* 11:4 (2016):e0153220; http://doi.org/10.1371/journal.pone.0153220.

31 A, Tusche et al., "Decoding the Charitable Brain: Emapthy, Perspective Takin, and Attention Shifts Differentially Predict Altruistic Giving," *Journal of*

Neuroscience 36:17 (2016): 4719-32. doi:10.1523/JNEUROSCI.3392-15.2016.

32 S. K. Sutton and R. J. Davidson, "Prefrontal Brain Asymmetry: A Biological Substate of the Behavioral Approach and Inhibition Systems," *Psychological Science* 8:3 (1997): 204-10; http//doi.org/10.1111/j.1467-9280.1997.tb00413x.

33 Daniel Goleman, *Destructive Emotion: How Can We Overcome Them?* (New York: Bantam, 2003).

34 P. M. Keune et al., "Mindfulness-Based Cognitive Therapy (MBCT), Cognitive Style, and the Temporal Dynamics of Frontal EEG Alpha Asymmetry in Recurrently Depressed Patients," *Biological Psychology* 88: 2-3 (2011): 243-52; http://doi.org/10.1016/j.biopsycho.2011.08.008.

35 P. M. Keune et al., "Approaching Dysphoric Mood: State-Effects of Mindfulness Meditation on Frontal Brain Asymmetry," *Biological Psychology* 93:1 (2013): 105-13; http://doi.org/10.1016/j.biopsycho.2013.01.016.

36 E. S. Epel et al., "Meditation and Vacation Effects Have an Imapct on Disease-Associated Molecular Phenotype," *Nature* 6 (2016): e880; doi:10.1038/tp.2016.164.

37 The Stephen E. Straus Distinguished Lecture in the Science of Complementary Health Therapies.

10. 심리치료로서의 명상

1 Tara Bennett-Goleman, *Emotional Alchemy: How the Mind Can Heal the Heart* (New York: Harmony Books, 2001).

2 Zindel Segal, Makr Williams, John Teasdale, et al., *Mindfulness-Based Cognitive Therapy for Depression* (New York: Guilford Press, 2003); John Teasdale et al., "Prevention of Relapse/Recurrence in Major Depression by Mindfulness-Based Cognitive Threapy," *Journal of Consulting and Clinical Psychology* 68:4 (2000): 615-23.

3 Madhav Goyal et al., "Meditation Programs for Psychological Stress and Well-Being: A Systematic Review and Meta-Analysis," *JAMA Internal Medicine*, published online 2014, 1, 6; doi:10.1001/jamainternmed.2013.13018.

4 J. Mark Williams et al., "Mindfulness-Based Cognitive Therapy for Preventing Relapse in Recurrent Depression: A Randomized Dismantling Trial," *Journal of Cosulting and Clinical Psychology* 82:2 (2014): 275-86.

5 Alberto Chiesa, "Mindfulness-Based Cognitive Therapy vs. Psycho-Education for Patient with Major Depression Who Did Not Achieve Remission Following Anti-Depression Treatment," *Psychiatry Research* 226 (2015): 174-83.

6 William Kuyken et al., "Efficacy of Mindfulness-Based Cognitive Therapy in Prevention of Depressive Relapse," *JAMA Psychiatry* (2016, 4, 27); doi:10.1001/jamapsychiatry.2016.0076.

7 Zindel Segal, presentation at the International Conference on Contemplative Science, San Diego, 2016, 11, 18-20.

8 Sona Dimidjian et al., "Stayin Well During Pregnancy and the Postpartum: A Pilot Randomized Trian of Mindfulness-Basted Cognitive Threapy for the Prevention of Depressive Relapse/Recurrence," *Journal of Consulting and Clinical Psychology* 84:2 (2016): 134-45.

9 S. Nidich et al., "Reduced Trauma Symptoms and Perceived Stress in Male Prison Inmate through the Transcendental Meditation Program: A Randomized Controlled Trial," *Permanente Journal* 20:4 (2016): 43-47; http://doi.org/10.7812/TPP/16-007.

10 Filip Raes et al., "School-Based Prevention and Reduction of Depression in Adolescents: A Cluster-Randomized Controlled Trial of a Mindfulness Group," *Mindfulness*, 2013, 3; doi:10.1007/s12671-013-0202-1.

11 Philippe R. Goldin and James J. Gress, "Effects of Mindfulness-Based Stress Reduction (MBSR) on Emotion Regulation in Social Anxiety Disorder," *Emotion* 10:1 (2010): 83-91; http://dx.doi.org/10.1037/a0018441.

12 또 다른 일화적 보고. P. Gilbert and S. Procter, "Compassionate Mind Training for People with High Shame and Self-Criticism: Overview and Pilot Study of a Group Therapy Approacg," *Clinical Psychology & Psychotherapy* 13 (2006): 35-79.

13 Daniel Goleman, "Meditation as Meta-Therapy: Hypotheses Toward a Proposed Fifth State of Consciousness," *Journal of Transpersonal Psychology* 3:1 (1971); 1-26.

14 Jack Kornfield, *The Wise Heart: A Guide to the Universal Teachings of Buddhist Psychology* (New York: Bantam, 2009).

15 Daniel Goleman and Mark Epstein, "Meditation and Wel-Being: An Eastern Model of Psychological Health," *ReVision* 3:2 (1980): 73-84. Reprinted in Roger Walsh and Deane Shapiro, *Beyond Health and Normality* (New York: Van Nostrand Reinhold, 1983).

16 *Thoughts Without a Thinker: Psychotherapy from a Buddhist Perspective* (New York: Basic Books, 1995)은 마크 엡스타인의 첫 번째 책이었다. *Advice Not Given; A Guide to Getting over Yourself* (New York: Penguin Press, 2018)는 그의 두 번째 저서다(한국에는《진료실에서 만난 붓다》라는 제목으로 번역 출간되었다—옮긴이).

11. 수행자의 뇌

1 Antoine Lutz et al., "Long-Term Meditators Self-Induce High-Amplitude Gamma Synchrony During Mental Practice," *Proceedings of the National Academy of Science* 101:46 (2004):16369; http://www.pnas.org/content/101/46/16369.short.

2 Dilgro Khyentse Rinpoche (1910-1991).

3 Lawrence K. Altman, *Who Goes First?* (New York: Random House, 1987).

4 Francisco J. Varela and Jonathan Shear, "First-Person Methodologies: What, Why, How?" *Journal of Consciousness Studies* 6:2-3 (1999): 1-14.

5 H. A. Slagter et al., "Mental Training as a Tool in the Neuroscientific Study of Brain and Cognitive Plasticity," *Frontiers in Human Neuroscience* 5:17 (2011); doi:10.3389/fnhum.2011.00017.

6 Antoine Lutz et al., "Long-Term Meditation Self-Induce High-Amplitude Gamma Synchrony During Mental Practice," *Proceedings of the National Academy of Science* 101:46 (2004): 16369. http://www.pnas.org/content/101/46/16369.short.

12. 숨겨진 보물

1 Third Dzogchen Rinpoche, trans. Cortland Dalhl, *Great Perfection, Volume Two: Separation and Breakthrough* (Ithaca NY: Snow Lion Publications, 2008), p. 181.

2 F. Ferrarelli et al., "Experienced Mindfulness Meditators Exhibit Higher Parietal-OccipItal EEG Gamma Activity during NREM Sleep," *PLoS One* 8:8 (2013): e73417; doi10.1371/journal.pone.0073417.

3 Antoine Lutz et al., "Long-Term Meditators Self-Induce High-Amplitude Gamma Synchrony During Mental Practice," *Proceedings of the National Academy of Science* 101:46 (2004): 16369; http://www.pnas.org/content/101/46/16369.short.

4 Antoine Lutz et al., "Regulation of the Neural Circuitry of Emotion by Compassion Meditation: Effects of Meditative Expertise," *PLoS One* 3:3 (2008): 31897; doi:10.1371/journal.pone.0001897.

5 Lutz et al., "Regulation of the Neural Circuitry of Emotion by Compassion Meditation: Effects of Meditative Expertise."

6 Judson Brewer et al., "Meditation Experience Is Associated with Difference in Default Mode Network Activity and Connectivity," *Proceeding of the National Academy of Science* 108:50 (2011): 1-6; doi:10.1073/pnas.1112029108.

7 http://www.freebuddhistaudio.com/texts/meditation/Dilgo_Khyentse_Rinpoche/FBA13_Dilgo_Khyentse_Rinpoche_on_Maha_Ati.pdf.

8 The Third Khamtrul Rinpoche, trans. Gerardo Abboud, *The Royal Seal of Mahamudra* (Boston: Shambhala, 2014), p. 128.

9 Anna-Lena Lumma et al., "Is Meditation Always Relaxing? Investigating Heart Rate, Heart Rate Variability, Experienced Effort and Likeability During Tarining of Three Types of Meditation," *International Journal of Psychophysiology* 97 (2015): 38-45.

10 R. van Lutterveld et al., "Source-Space EEG Neurofeedback Links Subjective Experience with Brain Activity during Effortless Awareness Meditation," *NeuroImage* (2016); doi:10.1016/j.neuroimage.2016.02.047.

11 K. A. Garrion et al., "Effortless Awareness Using Real Time Neurofeedback to Investigate Correlates of Posterior Cingulate Cortex Activity in Meditators'

Self-Report," *Frontiers in Human Neuroscience* 7 (2013, 8): 1-9; doi:10.3389/fnhum.2013.00440.

12 Antoine Lutz et al., "BOLD Signal in Insula Is Differentially Related to Cardiac Function during Compassion Meditation in Expert vs. Novices," *NeuroImage* 47:3 (2009):1038-46; http://doi.org/10.1016/j.neuroimage.2009.04.081.

13. 변성된 특성

1 Milarepa in Mathieu Ricard, *On the Path to Enlightenment* (Boston: Shambhala, 2013), p. 122.

2 Judson Brewer et al., "Meditation Experience Is Associated with Differences in Default Mode Network Activity and Connectivity," *Proceedings of the National Academy of Science* 108:50 (2011): 1-6; doi:10.1073/pnas.1113039108. V. A. Taylor et al., "Impact of Mindfulness on the Neural Responses to Emotional Pictures in Experienced and Beginner Meditators," *NeuroImage* 57:4 (2011): 1524-33; doi:101016/j.neuroimage.2011.06.001.

3 다음에서 재인용함. Aldous Huxley, *The Perennial Philosophy* (New York: Harper & Row, 1947), p. 285.

4 웬디 하센캠프와 그 팀은 이 각각의 단계와 관련된 뇌 영역들을 식별해내기 위해 fMRI를 활용했다. Wendy Hasenkamp et al., "Mind Wandering and Attention during Focused Mediatation: A Fine-Grained Temporal Analysis during Fluctuation Cognitive States," *NeuroImage* 59:1 (2012): 750-60; Wendy Hasenkamp and L. W. Barsalou, "Effects of Meditation Experience on Functional Connectivity of Distributed Brain Newors," *Frontiers in Human Neuroscience* 6: 38 (2012); doi:10.3389/fnhum.2012.00038.

5 달라이 라마가 이 이야기를 들려주며 그 함의에 대해 설명한 것은 2011년 다람살라에서 있었던 '마음과 삶' 23차 모임에서였다. Daniel Goleman and John Dunne, eds, Ecology, *Ethics and Interdependence* (Boston: Wisdom Publications, 2017).

6 Anderson Ericsson and Robert Pool, *Peak: Secrets from the New Science of Expertise* (New York: Houghton Mifflin Harcourt, 2016).

7 T. R. A. Kral et al., "Meditation Training Is Associated with Altered Amygdala Reactivity to Emotional Stimuli," under review, 2017.

8 J. Wielgosz et al., "Long-Term Mindfulness Training Is Associated with Reliable Differences in Resting Respiration Rate," *Scientific Reports* 6 (2016): 27533; doi:10.1038/srep27533.

9 Jon Kabat-Zinn et al., " The Relationship of Cognitive and Somatic Components of Anxiety to Patient Preference for Alternative Relaxation Technique," *Mind/Body Medicine* 2 (1997): 101-9.

10 Richard Davidson and Cortland Dahl, "Varieties of Contemplative Practice," *JAMA Psychiatry* 74:2 (2017): 121; doi:10.1001/jamapsychiatry.2016.3469.

11 Cortland J. Dahl, Antoine Lutz, and Richard J. Davidso, "Reconstructing and Deconstructing the Self: Cognitive Mechanisms in Meditation Practice," *Trends in Cognitive Science* 20 (2015): 1-9, http://dx.doi.org/10.1016/j.tics.2015.07.001.

12 다음 자료에서 재인용함. Thomas Cleary, *Living and Dying in Grace Counsel of Hazrat Ali* (Boston Shambhala, 1996).

13 다음 책의 구절을 바꾸어 표현함. Martin Buber, *Tales of the Hasidim* (New York: Schocken Books, 1991), p. 107.

14 The Third Khamtrul Rinpoche, trans. Gerardo Abboud, *The Royal Seal of Mahamudra* (Boston: Shambhala, 2014).

15 J. K. Hamlin et al., "Social Evaluation by Preverbal Infants," *Nature* 450: 7169 (2007): 557-59; doi:10.1038/nature06288.

16 F. Ferraelli et al., "Experienced Mindfulness Meditators Exhibit Higher Parietal-Occipital EEG Gamma Activity during NREM sleep," *PLos One* 8:8 (2013): e73417; doi:10.1371/journal.pone.0073417.

17 과학과 종교는 권위의 범위와 앎의 방식이 서로 다르다는 관점을 주창한 예는 다음을 참조. Stephen Jay Gould, *Rocks of Ages: Science and Religion in the Fullness of Life* (New York: Ballantine, 1999).

14. 건강한 마음

1 L. Flook et al., "Promoting Prosocial Behavior and Self-Regulatory Skills in Preschool Children through a Mindfulness-Based Kindness Curriculum,"

Developmental Psychology 51:1 (2015): 44-51; doi:http://dx.doi.org/10.1037/a0038256.

2 R. Davidson et al., "Contemplative Practices and Mental Training Prospects for American Education," *Child Development Perspective* 6:2 (2012): 146-53; doi:10.1111/j.1750-8606.2012.00240.

3 Daniel Goleman and Peter Senge, *The Triple Focus: A New Approach to Education* (Northampton, MA: MoreThanSound Productions, 2014).

4 Daniel Rechstschaffen, *Mindful Education Workbook* (New York: W. W. Norton, 2016); Patricia Jennings, *Mindfulness for Teachers* (New York: W. W. Norton, 2015); R. Davidson et al., "Contemplative Practices and Mental Training: Prospects for American Education."

5 D. B. Levinson et al., "A Mind You Can Coun On: Validating Breach Counting as a Behavioral Measure of Mindfulness," *Frontiers in Psychology* 5 (2014); http://journal.frontiersin.org/Journal/110196/abstract. 더 많은 정보를 원한다면 다음을 참조. http://centerhealthyminds.org/.

6 E. G. Patsenko et al., "Resting State (rs)-fMRI and Diffusion Tensor Imaging(DTI) Reveals Training Effects of a Meditation-Based Video Game on Left Fronto-Parietal Attentional Network in Adolescents," 2017년 제출.

7 B. L. Alderman et al., "Mental and Physical (MAP) Training: Combining Meditation and Aerobic Exercise Reduces Depression and Rumination while Enhancing Synchronized Brain Activity," *Translational Psychiatry* 2 (2016). e726-9; doi:10.1038/tp. 2015.225.

8 Julieta Galante, "Loving-Kindness Meditation Effects on Well-Being and Altruism: A Mixed-Methods Online RCT," *Applied Psychology: Healthe and Well-Being* 8:3 (2016): 322-50; doi:10.1111/aphew.12074.

9 Sona Dimidjian et al., "Web-Based Mindfulness-Based Cognitive Therapy for Reducing Residual Derpessive Symptoms: An Open Trial and Quasi-Experimental Comparison to Propensity Score Matched Controls," *Behavior Research and Therapy* 63 (2014): 83-89; doi:10.1016.j.brat.2014.09.004.

10 Kathleen Garrison, "Effortless Awareness: Using Real Time Neurofeedback to Investigate Correlates of Posterior Cingulate Cortex Activity in Meditators' Self-Report," *Frontiers in Human Neuroscience* 7:440 (2013, 8): 1-9.

11 Judson Brewer et al., "Mindfulness Training for Smoking Cessation: Result from a Randomized Controlled Trial," *Drug and Alcohol Dependence* 119 (2011b): 72-80.

12 A. P. Weible et al., "Rhythmic Brain Stimulation Reduces Anxiety-Related Behavior in an Mouse Model of Meditation Training," *Proceedings of the National Academy of Science*, 2017.

13 H. F. Iaccarino et al., "Gamma Frequency Entrainment Attenuates Amyloid Load and Modifies Microglia," *Nature* 540:7632 (2016): 230-35; doi:10.1038/nature.20587.

14 더 자세한 정보는 다음 책 참조. Daniel Goleman, *A Force for Good: The Dalai Lama's Vsion for Our World* (New York: Bantam, 2015); www.joinforce4good.org.

15 이 전략이 옳음을 입증하는 증거. C. Lund et al, "Poverty and Mental Disorders: Breaking the Cycle in Low-Income and Middle-Income Countries," *Lancet* 378:9801 (2011): 1502-14; doi:10.1016/S0140-6736(11)60754-X.

찾아보기

ㄴ

ㄷ

ㅂ

ㅅ

ㅇ

ㅈ

ㅊ

ㅋ

ㅌ

ㅍ

ㅎ

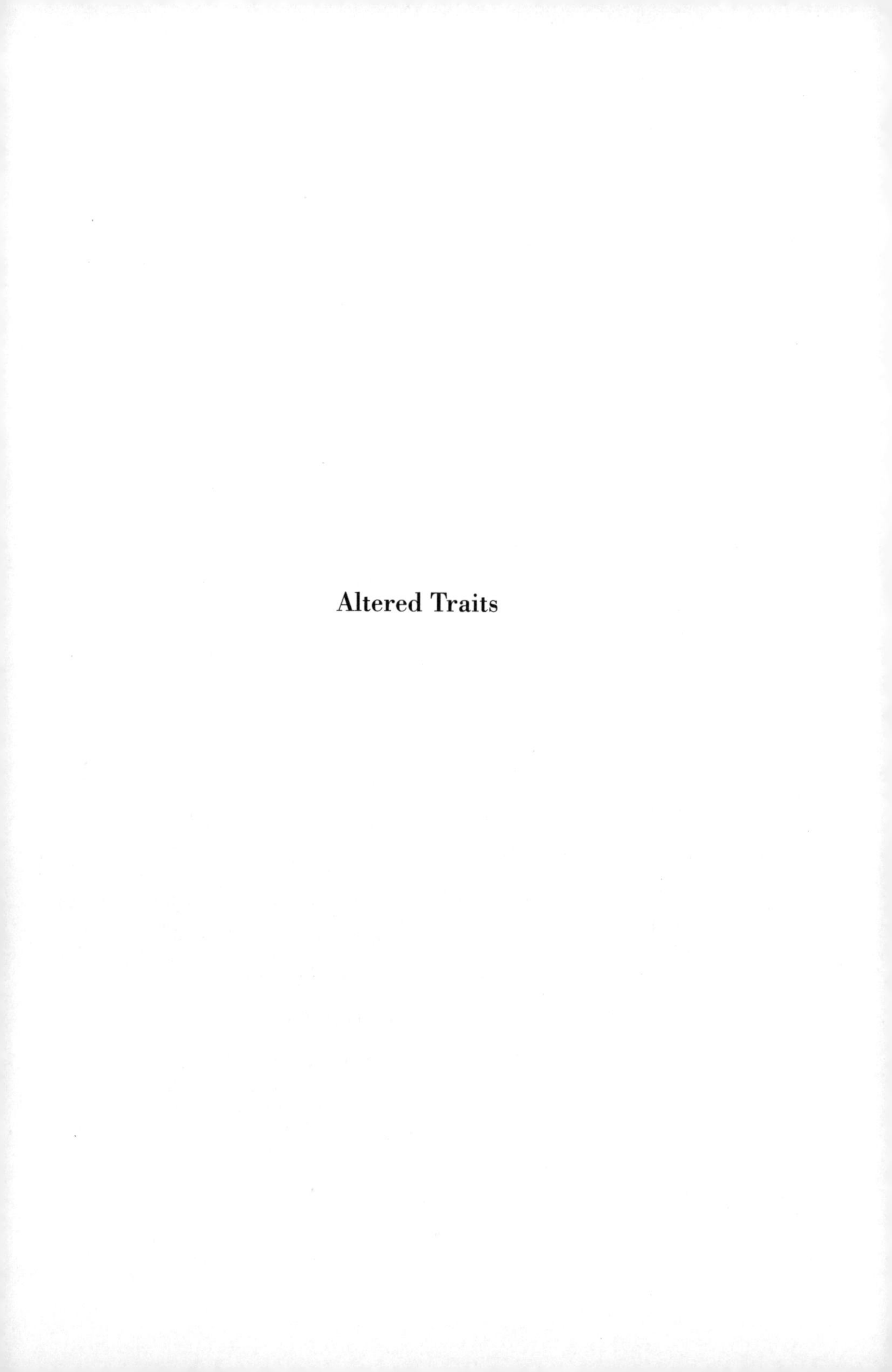

Altered Traits